嵌入式系统智能：
一种方法论的方法

［意］凯撒·阿利皮（Cesare Alippi）著

张永辉 等译

机械工业出版社

本书从方法论的角度提出了在嵌入式系统平台上实现智能的方法，针对在现实世界中具有不确定性、非稳态和演进的环境中的嵌入式系统所面临的基本问题，引入适应策略、主动和被动学习能力、鲁棒性能力、嵌入式和分布式认知故障诊断系统的设计，以及用于评估嵌入式应用中的性能和约束满意度的技术。本书的重点是将给定问题形式化，提出解决问题最相关的策略，以及关于理论、方法、途径"背后问题"的讨论，以便研究人员、从业者和学生学习、理解和完善智能背后的基本机制，以及如何将它们用于设计下一代嵌入式系统和嵌入式应用程序。

　　本书主要面向嵌入式系统智能相关领域的研究人员、从业者以及攻读硕士或博士学位的研究生，书中的部分内容也可以供相关专业本科生阅读。

译 者 序

人工智能自诞生以来，理论和技术日益成熟，应用领域也不断扩大，特别是近年来人工智能得到迅猛的发展，主要得益于两大技术的发展：其一是大数据技术；其二是算力的提升。嵌入式系统在人工智能的发展中更是起了巨大的作用，首先实现人工智能所需的大数据主要来源于多种多样的嵌入式设备；其次人工智能的行为方式的实现，也广泛地依靠嵌入式系统；另外随着嵌入式系统的算力资源越来越强大，人工智能的算法部署逐渐从云端向边缘设备迁移，并出现了很多基于嵌入式系统的"离线"人工智能设备。可以预见，人工智能的未来是嵌入式系统智能。

译者一直在嵌入式系统领域从事研究工作，如何在嵌入式系统上实现"智能"也一直是众多嵌入式系统研究人员和从业者非常关心的问题。学习、理解和完善"智能"背后的基本机制，以及如何将其用于设计下一代嵌入式系统和嵌入式应用程序，对实现嵌入式系统智能具有重要的意义。

本书从方法论的角度提出了在嵌入式系统平台上实现智能的方法，针对在现实世界中具有不确定性、非稳态和演进的环境中的嵌入式系统所面临的基本问题，引入适应策略、主动和被动学习能力、鲁棒性能力、嵌入式和分布式认知故障诊断系统的设计、用于评估嵌入式应用中的性能和约束满意度的技术。本书所提的方法是方法论的，与技术无关，是一本指导在嵌入式系统上实现智能的非常全面、系统的著作，并且给出了设计实例，作者以其丰富的实践经验向读者展示了嵌入式系统智能的设计方法和需要考虑的各种因素以及相关的处理方法，本书的出版对从事嵌入式智能系统设计的人员来说无疑是一大喜讯。

非常感谢海南大学杜锋教授的推荐，使译者有幸得以翻译这本著作，译者在翻译过程中受益良多。翻译本书是一个团队合作的过程，感谢机械工业出版社顾谦编辑的信任和支持，本书由张永辉教授组织翻译，陈敏、张健、杨永钦、郭霞、王容、史梦婷、谢宇威、张帅岩和邢进参与了本书的翻译、整理和审校工作。本书的出版是集体智慧的结晶，感谢各位同仁的不懈努力。

由于时间关系及译者水平有限，书中不足之处在所难免，恳请读者批评指正。

张永辉
2020 年 7 月于海口

原 书 前 言

本书是在考虑到研究人员、从业者和学生学习、理解和完善智能背后的基本机制，以及如何将它们用于设计下一代嵌入式系统和嵌入式应用程序的背景下编写的。

适应策略、主动和被动学习能力、鲁棒性能力、嵌入式和分布式认知故障诊断系统的设计、用于评估嵌入式应用中的性能和约束满意度的技术是智能嵌入式系统和嵌入式应用为了处理那些现实世界正在提出的不确定的、非稳态的和演进的环境而需要面对的一些基本问题。

本书所提出的方法是方法论的，因此是与技术无关的，可以适当地用于软件、硬件或两种方法的实现，这取决于应用程序的约束。

虽然方法的实现不是本书的重点，但是所提出的方法论还可以有效地用来指导硬件/软件协同设计阶段，以定义在专用硬件上应用程序的哪些部分更适合实现，以及找到在软件中哪些部分实现得最充分。

从本质上讲，本书跨越了几个学科，从测量和计量学到机器学习、从计算机科学到概率和系统识别。因此，本书旨在为电子工程师、计算机科学家和物理学家建立起这些基础领域之间的桥梁。

读者很快就会清楚本书既没有以针对覆盖某个具体问题的所有论题提出一个教程为目的写作，也没有详细列出所有与给定的参数相关的论文和方法论。相反，本书的重点是将一个给定问题形式化，提出解决它最相关的策略，以及关于理论、方法、途径"背后问题"的讨论。如果读者在阅读了智能背后的主要策略、思想和挑战之后掌握了如何将智能方法用于促进下一代嵌入式应用程序，那么可以认为本书是成功的。

设计本书的目的是填补在计算机学科间存在的一个空白，这是一个计算机科学家特别是设计嵌入式应用的科学家在工作生活中将会面临的。

作者认为本书的许多章节应尽可能地成为计算机科学和电子工程师课程中的教材内容，但是在嵌入式系统或机器学习课程中没有这个必要。本书应提供给硕士或博士阅读，使其最大可能从本科课程获得的技能和知识中受益。

本书大部分是独立的，期望读者熟悉数学的基础知识（积分、线性代数、梯度和偏导数），并掌握概率和统计（均值、方差、分布）以及运筹学（函数优化）的原理。即使在这一方面并不要求具备深入的知识，读者也必须熟悉计算机科学和电子学的基础知识。考虑到这一点，本科生也可以利用本书中提到的许多知识。例如，第2章、第3章、第8章和第10章可以作为嵌入式系统或计算机科学在本科课程内教授的适当材料，同时其他章节的内容给出了其深层含义。本书中介绍的知识将构成高级嵌入式系统的完整课程。

　　如果从内容角度描述本书，最恰当的形容词是多学科的，那么它诞生和写作的背景肯定是全球化。在接受了 Gérard Dreyfus 教授的邀请之后，本书在法国巴黎高等物理化工学院（ESPCI）构思并写作，然后它在意大利的米兰理工大学以及莱科校区得到完善。随着 Dongbin Zhao 教授的研究团队开展的研究实验的进行，第一稿在中国北京的中国科学院自动化研究所（CASIA）完成。本书在意大利佛罗伦萨的国家图书馆和新加坡的信息通信研究所（I^2R）A＊STAR 进行了修改，感谢 Huajin Tang 先生邀请进行短期访问。包括瑞士大学高等学校和研究所，中国的清华大学、北京大学和台湾大学，新加坡国立大学以及美国洛斯阿拉莫斯实验室在内都给出了帮助和指导。

　　我很感激我的家人一直都支持我对本书编写工作的挑战。

　　我也非常感谢我的合作者在一些章节审读方面做出的巨大贡献以及对所介绍的例子背后大部分实验的验证。首先需要提及意大利米兰理工大学的 Manuel Roveri 博士，然后是 Maurizio Bocca 博士、Giacomo Boracchi 博士、Antonio Marullo 博士、Ouejdane Mejri 夫人和 Francesco Trovò 先生的宝贵合作。

　　在感谢我的同事之前我要借此机会感谢那些帮助我审查一些章节的朋友。这里我要特别感谢 Mariagiovanna Sami（意大利米兰理工大学，瑞士提契诺大学）一直以来对我的研究生涯的支持。还有 Ali Minai 教授（美国辛辛那提大学），他擅长批判性地评估认知相关内容的基础，以及 Roberto Ottoboni 教授（意大利米兰理工学院）对计量和测量相关内容的校对。

　　最后，感谢以不同的方式促进基础研究和应用研究的各机构的支持。具体来说，这项工作得到欧盟第七框架计划 Project – i – SENSE Making Sense of Nonsense（合同号为 INSFO – ICT – 270428）、中国科学院的客座教授、区域间的欧盟合作项目 M. I. A. R. I. A（即支持高山综合风险计划的自适应水文地质监测）和 KIOS 塞浦路斯资助项目的部分支持。

Cesare Alippi
米兰

目　　录

缩 略 语

2cp 二进制补码（2's Complement）

ACC 前扣带皮层（Anterior Cingulate Cortex）

ADC 模 – 数转换器（Analog to Digital Converter）

AOA 到达角（Angle Of Arrival）

AR 自回归（Auto Regressive）

ARL 平均运行长度（Average Run Length）

ARMAX 自动回归移动平均外部（AutoRegressive Moving Average eXternal）

ARX 自动审阅外部（AutoRegressive eXternal）

BLB 小自举包（Bag of Little Bootstraps）

cdf 累积密度函数（cumulative density function）

CDT 变化检测测试（Change Detection Test）

CI – CUSUM 计算智能的累积和控制图（Computational Intelligence CUSUM）

CLT 中心极限定理（Central Limit Theorem）

CPM 变点法（Change Point Method）

CPTM 受控功率传输模块（Controlled Power Transfer Module）

CUSUM 累积和控制图（CUmulative SUM Control Chart）

DCS 离散控制器综合（Discrete Controller Synthesis）

DPR 动态部分重配置 FPGA（Dynamic Partial Reconfiguration – FPGA）

DV/FS 动态电压/频率调整（Dynamic Voltage/Frequency Scaling）

ECM 电子控制模块（Electronic Control Module）

EM 电磁（ElectroMagnetic）

FDS 故障诊断系统（Fault Diagnosis Systems）

FFT 快速傅里叶变换（Fast Fourier Transform）

FIR 有限冲激响应（Finite Impulse Response）

FOA 到达频率（Frequency of Arrival）

FPGA 现场可编程序门阵列（Field – Programmable Gate Array）

FSM 有限状态机（Finite State Machine）

FTSP 洪泛时间同步协议（Flooding Time Synchronization Protocol）

GPS 全球定位系统（Global Positioning System）

GPU 图形处理单元（Graphics Processing Units）

H – CDT 分层 CDT（Hierarchical CDT）

HMM 隐马尔可夫模型（Hidden Markov Model）

ICI 置信区间的交集（Intersection of Confidence Intervals）

JIT	即时（Just in Time）
k NN	k 近邻法（k – Nearest Neighbors）
LOO	交叉验证留一法（Leave – One – Out）
LPAC	外侧前额叶和联合皮层（Lateral Prefrontal and the Association Cortices）
LTI	线性时不变（Linear Time Invariant）
LTS	基于轻量级树的同步（Lightweight Tree – based Synchronization）
LUT	查找表（Look Up Table）
M2M	机器对机器（Machine – to – Machine）
MAPE（K）	监测、分析、规划、执行、（知识）［Monitoring, Analysis, Planning, Execution,（Knowledge）］
MEMS	微机电系统（Micro Electro – Mechanical Systems）
MIPS	每秒百万条指令（Million Instructions Per Second）
MLE	最大似然估计（Maximum Likelihood Estimation）
MPPT	最大功率点跟踪器（Maximum Power Point Tracker）
MSE	方均误差（Mean Squared Error）
NTP	网络时间协议（Network Time Protocol）
OFC	眶前额叶皮层（Orbital preFrontal Cortices）
PACC	可能近似正确计算（Probably Approximately Correct Computation）
pdf	概率密度函数（probability density function）
ppm	百万分之几（Parts Per Million）
QoS	服务质量（Quality of Service）
RBS	参考广播同步（Reference Broadcast Synchronization）
RSS	接收信号强度（Received Signal Strength）
RSSI	接收信号强度指示器（Received Signal Strength Indicator）
SE	平方误差（Squared Error）
SEPIC	单端一次电感转换器（Single Ended Primary Inductor Converter）
SNR	信噪比（Signal to Noise Ratio）
SPU	传感和处理单元（Sensing and Processing Units）
TDOA	到达时间差（Time Difference Of Arrival）
TOA	到达时间（Time Of Arrival）
UCEM	经验均值的一致收敛性（Uniform Convergence of Empirical Mean）
UWB	超宽带（Ultra – Wide Band）
VM – PFC	腹侧 – 中眶前额叶皮层（Ventral – Medial PreFrontal Cortices）
w. p. 1	以概率 1（with probability one）

物理量与符号

$\mathbf{N}^d$	自然数 d 维向量空间
$\mathbf{Z}^d$	整数 d 维向量空间
$\mathbf{Q}^d$	有理数 d 维向量空间
$\mathbb{R}^d$	实数 d 维向量空间
E	所有随机变量期望值
E_x	x 的期望值
$\text{Var}(x)$	x 方差
$\lceil x \rceil$	大于或等于 x 的最小整数
$\|\cdot\|$	范数算子
δx	影响 x 的扰动
$\mathcal{N}$	高斯分布
$\circ$	逐点乘法算子
$\overline{V}$	结构性风险
V_N	经验性风险
$\ln$	自然对数
$O(\cdot)$	大写 O 表示法
$\text{trace}(A)$	矩阵 A 的迹
$\text{erf}(\cdot)$	误差函数
$\left.\dfrac{\partial f(\theta,x)}{\partial \theta}\right|_{\theta^0}$	在 θ^0 处求函数 $\dfrac{\partial f(\theta,x)}{\partial \theta}$
$f(x)\,\vert\,x$	$f(x)$ 条件为 x

第1章 绪 论

随着时间的推移，重要的嵌入式传感单元（比如那些嵌入在智能手机和其他日常用品中的单元）、网络化嵌入式系统和传感器/执行器网络（比如那些运行在手机和无线传感器网络的网络）的出现已经使一些复杂应用的设计和实现成为可能，这些应用可以收集大量实时数据构成一个大数据图。获取的数据在本地处理后，由单元集群或服务器级采取适当的行动或做出最合适的决定。

获得的数据可能会受到不可控变量的影响，而且外部环境因素也会损害数据的可用性、有效性和易用性。传感器受不确定性和故障的影响，无论是暂时的还是永久的，都会对随后的决策过程有负面影响。此外，数值计算水平的有限精度表达和裁剪算法是为了满足执行时间和内存的限制，以及数据中算法和参数的使用，额外引入了影响决策算法精度的不确定性。

在技术方面，嵌入式处理器的发展使嵌入式系统拥有复杂智能机制的运算能力和控制多传感器的能力成为可能，从而在应用上提供了一个新的自由度。例如，智能手机可能会由一个用于调节显示亮度的环境光传感器（可节省电池电量）、一个接近传感器（例如用来关闭显示器）、一个微机电系统（MEMS）加速度计（例如将一张从景观到肖像的图片可视化）、一个指南针（确定磁极和定位地图中的方向）和全球定位系统（GPS，提供所在位置的坐标）所组成。应该强调的是，传感器甚至可以是虚拟的，例如一个通过处理现有的三轴式微机电加速度计的输出来侦测倾斜变化的传感器、一个提供网络用户简况的传感器或一个进行垃圾邮件监测的处理器。

有趣的是，当与感知系统相关联时，形容词"智能"可能会因参考群体的不同而发生不同程度的变化。就其本身而言，它可能在某种程度上意味着：决策的能力、对外部刺激的学习能力、适应变化的及时性或执行计算智能算法的可能性。所有上述定义，直接地或间接地依赖于一个计算范例或应用程序，这个程序通过接收和处理采集到的数据来完成所请求的任务。在此框架下，文献通常假定传感器无故障，数据是确定的、随时间变化的和可用的，并准备好被使用，并且应用程序能够提供输出和决策。不幸的是，关于数据质量和有效性的假设被学者非常含蓄地视为有效，大多数时间，甚至它们的存在是假设这个前提也被遗忘。

从设计师和用户的角度来看，人们希望编译的应用程序可以良好地运行，并完全满足技术和应用的限制，例如功耗、成本、执行时间和精确性。但是在有未知解的设计空间，需要用不同级别的自由度去解决给定问题，此时应该如何评估算法的质量？设想一下，数字化的嵌入式应用程序运行在一个充满不确定性影响的世界：难道真的需要浪费资源来处理这种不确定性？应该做的是在复杂度和准确度之间寻找平衡点。

进而我们将兴趣聚焦于设计一个具有鲁棒性特征的应用程序，可以很好地接受影响其计算的干扰和不确定性的存在并且减弱它们的影响。问题是如何为应用程序的鲁棒性求取一个有效的指标，使得能够选择或驱动设计逐步走向最合适的实现方案。由于影响数值计算的不确定性具有不同形式，代码的执行只能提供一个近似的输出，进一步研究就会发现，进行嵌入式数值计算的很自然的方式是提供一个尽可能接近正确的结果，这就是所说的近似正确计算。

自适应是所有智能系统应具备的另一个主要特征，它代表了最低形式的智能，一种被动的、不受控制的智能机制，与人类大脑中对情感的处理类似。一些适应机制是大家所熟悉的，例如在硬件运行层面上来控制功耗，可以采用电压和时钟频率优化的方式。然而自适应必须在一个以学习机制为主要工具来跟踪环境演进的嵌入式框架下才有更广泛的意义。虽然自适应在设法处理进化应用程序上起着重要作用，但对于那些需要更复杂的反应来满足更高的服务质量（QoS）和性能的应用程序可能是不够的。这里，充当受控意识处理的认知机制必须被正视。由于强烈地意识到下一代的嵌入式系统将以基于认知的方法为基础，认知的基础地位和本书中包含的其他特定机制一样将被明确定位。

另一个问题是在非稳态环境下的学习。对大多数应用程序，假设要处理的数据流是时不变的，因此设计一个基于时不变的应用程序即可解决问题。尽管时不变这个假设可能会保持一小段时间，但可能不会持续太长时间，永远不可能一直持续时不变。不应该感到惊讶，就像身体随着时间的推移在变化一样，由于传感器和执行器随着外界环境的变化，嵌入式系统以及和它们之间的交互方式同样也会发生变化。这是由传感器水平、故障和环境变化造成的老化效应和/或嵌入式系统和环境之间的交互所造成的结果。这样的机制引起在数据产生过程中结构的变化，就是在进化。如果不考虑学习机制，执行应用程序的结果将很快变成无用的。在一个演进环境中学习旨在解决这一问题，使输入数据所携带的信息不仅用于决策，也用于追踪变化并做出相应的反应。当把变化作为一个故障类型时，需要采用适当的故障诊断程序进行干预，其有效性取决于对环境的先验信息、通过传感器获取的测量数据的性质和预期的故障类型。

以上大部分，无论是基本的还是高级的，都需要智能形式去在一个时变的演进环境中学习和诊断故障的发生。这些方面将在第 2 章介绍。

1.1 本书是如何组织的

下面简要总结在本书中讨论的重要议题来使读者获得一个对组织和内容的初步印象。根据本书内容，图 1.1 给出了各章之间的功能关系图。

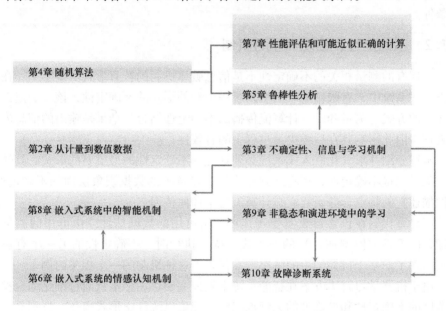

图 1.1　书中各章的功能依赖关系。从第 i 章到第 j 章的连线意味着两章之间强大的功能依赖关系，第 i 章中相关的材料在第 j 章中可以完全被理解

1.1.1 从计量到数值数据

大多数嵌入式系统利用传感器平台执行适当的任务。然而安装的传感器可能不仅是像用户所看到的应用程序所要求的，因为特殊的传感器通常被设想为能够提高应用程序所需的 QoS 或减少可能会损害整体性能的技术问题。与前者类似的案例，在无线通信中，采用接收信号强度指示器（RSSI）传感器来测量接收无线电信号的功率。利用 RSSI 提供的信息，可以获得通信链路的质量并且为其达到最大化确定合适的行动。作为后者的一个实例，为了进行热效应补偿，传感器设备要测量传感器的温度，要使温度传感器内化到传感器设备中（不要与安装在采集板上的温度传感器混淆）。事实上，如果部署一个倾角仪去检查建筑物的健康状况，那么传导机制和模 – 数转换都会受到温度的寄生影响，温度传感器允许引入温度测量补偿行为。因此，数据流受来自从传导机制到数字化实例的不

确定性的影响。

本章介绍测量和量度背后的基本概念，例如准确度、分辨率和精度等，阐明了组成测量链的元素（传感器、调理阶段、模 – 数转换器和估计模块）。由于测量受不确定性影响，需要探讨不确定性是如何破坏最终获得的数据的，该分析设置了在计算链内不确定性连续传递的基准，并且引入了最终嵌入式解决方案的约束条件。

1.1.2　不确定性、信息和学习机制

与现有的测量相关的不确定性不是信息破坏机制的特有形式。事实上，在数字嵌入式系统中，有限精度表示引入了一个额外形式的不确定性，该不确定性以非线性的方式与测量和随着计算流传播的不确定性结合。结果是输出的信息内容被破坏，因此影响其在后续决策过程中的有效性。

本章介绍并形式化嵌入式系统必须处理的不确定性的最重要的形式。具体来讲，除了测量不确定性，还将遇到影响数字设备中的数据表象层面的不确定性，我们描述它的特点，并研究它在计算流程中如何传递。

当计算代码在包含参数模型（其参数由可用的数据估计或由可用的测量直接配置的无参数模型估计）的嵌入式系统上执行时，不确定性的另一个有趣的形式出现了。基于机器学习的解决方案代表了这种机制的一个相关的例子。

由于机器学习解决方案在智能系统中发挥主要作用，本章通过细化综合模型复杂度的不确定性和准确度的关键点将学习理论以统计学形式表达。特别是，将看到驻留在学习机制背后不同形式的不确定性，这取决于影响数据的噪声、学习算法的有效性、学习算法使用的可用实例的数量以及面对建模数据该模型系的适用性。

最后，当从输入的数据构建模型或设计应用程序的解决方案时，在应用级引入不确定性，这对其本质而言几乎是未知的。应用级的不确定性意味着可以为一个应用设计不同的解决方案，根据给定的品质因数在性能方面也可能是等效的（即考虑评估系统解决方案或方法的性能的量）。决定哪一种解决方案应该在可行解集之间作为首选的问题留给性能估计和可能近似正确的计算一章（见第 7章）。这里不同的是，我们有兴趣发现一个高层次的不确定性来源，在许多情况下，它支配着任何提高性能的尝试。

综上，所有这些不确定性的来源以一种非线性的方式相结合，并影响在嵌入式系统上执行计算的结果。结果不再是不确定性，而是受不确定性影响的，因为嵌入式系统提供的不再是准确的确定性结果，而是受不确定性影响的结果。

1.1.3 随机算法

本章介绍每个工程师都应该知道的直观的关键机制：随机化。该方法背后的想法非常直观。在每次无法解决一个复杂的问题时，可能是因为它太复杂或计算困难，于是就探讨该问题在若干情况下的行为方式。这里需要一个输入实例，并将其输送到与提供结果的问题相关的算法，然后通过采样其他实例重复该过程。

人们发现可以很自然地相信，通过许多实例或样例，应该能够对最初的问题多一些了解，这就是蒙特卡洛方法。然而随机确实不仅仅是从实例空间盲采样，事实上，通过合并蒙特卡洛方法与概率论的学习，推导出解决概率框架内的一大类难题所需的样本数量。

人们所提出的方法是通用的，并定位了非常大的一类应用程序和 Lebesgue 可测量优点的描绘（即所有涉及与物理和工程问题相关的数值计算）。人们希望在嵌入式系统世界定位问题的例子是由嵌入式应用所达到的性能水平的评估、由算法所消耗的能量的评价、执行任务所需时间的估计、提供结果的平均延迟的确定和应用程序的实时执行约束的满意度。

在介绍了随机理论和使采样数量收敛到准确值的主要结果之后，本章将介绍基于解决一大类性能评估问题的随机算法的一般方法。大多数未知的结果与采样空间的维数和采样空间上的概率密度函数（pdf）无关，且在预设样本数的任意准确度和置信度函数范围内概率上是成立的。

1.1.4 鲁棒性分析

鲁棒性分析处理的问题是一个给定的解是否能够容忍影响到自身的不确定性/扰动的存在（例如执行嵌入式系统上的计算流量）。许多嵌入式应用依赖于模拟方案实现的子系统，是什么影响到了元件的生产过程，并最终影响到了系统的性能呢？

如果在高分辨率平台上设计一个计算解决方案，例如，数据被表示成浮点型或双精度型，然后希望将应用移植到一个以定点符号为特征的嵌入式系统上，是否可以放任应用性能的损失？上述问题的答案是，没有一个先验的结论可以断言，除非进行一个鲁棒性分析对与引入的扰动影响相关联的性能的损失进行评估/估计。一些从事人工神经网络工作的高级人员，试图将神经网络模型系列从一个高精度的平台移植到一个较低精度的嵌入式系统时，很明显在准确度上性能损失是如此巨大，以致超出了我们的接受范围。显然，该问题远远超出了特定的应用本身。

基于鲁棒性分析的大部分可用的结果做了小扰动假设，以便能够运用数学方法推导出影响计算流/变量和性能损耗引起的扰动之间的封闭形式的关系。然而由于小扰动假设通常是不现实的，当面对嵌入式系统中算法的移植时，这种结果被证明其是有限的。本章基于随机算法通过在大量分析中引入扰动解决了这个问题，该算法使得能够获得应用程序所具有的鲁棒性指数的估计值。

1.1.5　嵌入式系统的情感认知机制

本章介绍了情感认知的基础，因为人们坚信下一代嵌入式系统将在硬件或软件中集成一种机制允许设备/应用程序揭示复杂的智能行为，重点是通过建模人类大脑对于情感处理能力的功能获得的基本认知机制。后面所提到的所有方法继承或揭示的智能水平与同一个形式的智能相关联，无论是无意识还是有意识的。例如，在大脑杏仁体中发现它对应的神经生理学副本——适应机制代表智能的最低水平。输入激励的反应是由一个不受控制的过程约束的，该过程允许一个立即减少延迟的动作，可建模为情感反应的感知。然而在许多应用中，适应机制的使用是远远不够的，这主要是由于错误动作的产生（反应都基于保守原则），该错误动作必须在随后被更高的认知水平验证，此时有意识的受控过程被激活。举例来说，这种作用与大脑中纵向内侧眶皮质的功能类似。同样的过程将在第9章"非稳态和演进环境中的学习"中发挥重要的作用。

1.1.6　性能评估和可能近似正确的计算

可能近似正确的计算（Probably Approximately Correct Computation，PACC）理论规范了在不确定性影响的环境中进行计算的方式。因此，它代表了嵌入式系统中那些数值算法或在第2章中提到的那些受不确定性形式影响的部分算法的自然特性。

大多要求满足最坏情况的场景下，认为一个确定的计算通常是不可接受的，因为得到一个确定性结果所需的成本不能根据解决方案所要求的高复杂性进行调整。结果表明，通过放宽对确定性的要求，可以形式化一个比较简单的双概率框架要求计算在概率上是正确的，其中规定应用程序的输出是确定正确的。与确定性问题相比，概率问题具有较低复杂度的特征。

PACC背后的想法（而不是它的构想）来自鲁棒控制领域，这里指出设计一个确定性的控制器引入了不必要的复杂性（相对概率设计来说）。这种额外的复杂性在大多数实际应用中不能被已获得的确定性抵消。

现在回顾一下，概率计算是一个嵌入式系统处理数字信息的自然方式，因为影响计算流量的不同形式的不确定性本身提供了一些温和的假设下概率上正确的输出结果。下面举一个简单的例子。假设有一个标量函数 $f(x)$，它对应每个输入的确定性输出 y，涵盖输入域 X：

$$y = f(x), \ \forall x \in X$$

若 $f(x)$ 需要在嵌入式系统上执行，假定破坏其发展的不确定性存在，此时如果

$$\Pr(y \approx f(x)) \geq \eta, \ \forall x \in X$$

则是令人满意的。其中 η 是假设的无限接近 1 的置信度，而 ≈ 表示近似符号。换句话说，如果嵌入式系统依据一个合适的品质因数给出了近似正确的输出结果，则是令人满意的。然而这种情况下必须保持高概率，以确保至少在概率上设备的行为正如预期的那样。这正是嵌入式系统（例如面向家用电器而设计的系统）所要做的。

该框架不应该与模糊逻辑和模糊算法相混淆，模糊可以应用在 PACC 框架下，但除非 PACC 被激活，否则它不自发提供置信度 η。这里随机算法用来解决与函数 $f(x)$ 的 PACC 水平特征有关的复杂问题。

另一个严格相关的问题是性能估计与评估。如何才能评估性能？例如在精度和在嵌入式系统中执行的计算等方面。如何才能解决只有一个给定的有限数据集可用来估计嵌入式应用声明具有的性能指标的情况？如果嵌入式应用声明是准确度达到 95%，哪个才是与这种情况关联的置信度？本章也将提供针对这些问题的答案。

1.1.7　嵌入式系统中的智能机制

适应机制与由杏仁体实现的自动处理有关，从而让人们的大脑在不需要激活有意识的受控处理情况下迅速做出决定。本章重点介绍一些智能嵌入式系统根据应用程序所要求的功能约束而应该具有的自适应和意识决策的例子。在最低的抽象级别，拥有那些影响系统电压/时钟频率的适应形式，以及引入以保持嵌入式系统所消耗的功率在控制之下的主要策略。进而带着减少进行数据采样所需能量的目的偶然发现在采集层同样具有自适应，这个问题在能量受限的（energy-eager）传感器方面尤为重要。这里，适应机制主要是影响采样频率以减少功耗。

智能在最大化能量获取中起着根本的作用，此时嵌入式系统可以将它从环境中清除并且在调整系统时钟中与相邻单元互连时启用。智能机制有利于在没有 GPS 传感器的环境中定位传感器单元，前提是其他通信单元必须部署在附近，并以协调方式合作实现定位。

功能的可编程性是另一种形式的智能，允许嵌入式应用程序在需要时随时进行更改。虽然这种机制主要是在软件层面进行的，代码根据需要进行远程更新。硬件上的发展使基于 FPGA 的技术更易用，硬件级别可编程性变得更可期待。

1.1.8　非稳态和演进环境中的学习

第 9 章特别及时地处理了以下情况，这种情况在现实生活中相当常见，其中

环境是可变的，但是嵌入式应用不变（它是通过假设环境是时不变进行配置的）。

这种思维方式的影响是富有成效的。在发布嵌入式系统之前，应该问自己，设计的应用是否假设设备与外部世界之间的相互作用及环境将随时间改变。由于所有物理过程都是时变的，至少涉及老化现象和环境大多数情况是时变的，除非施加适当的控制（并且是可控的），应该考虑在嵌入式应用的生命期内是否存在一个变化是可预期的。如果答案是肯定的，那么应该询问这种变化是否可以忽略不计或者会严重影响嵌入式应用的性能。如果是这种情况，则必须重新访问应用程序以使它能够处理环境的变化或干预以减轻这种变化带来的影响。

本章提出和详细介绍了允许应用在非稳态/时变环境中学习的主要的方法论。如果必须处理大数据，其中嵌入式系统可以用于提取特征并在等级触发机制内进行第一级决策（嵌入式系统快速检测事件和相关实例并激活报警信号，以便更有经验的和更复杂的代理干预接受/拒绝该假设），本章是至关重要的。此时认知机制将发挥关键作用，因为自适应本身可能不足以赋予系统预期的性能水平。

1.1.9　故障诊断系统

本书的最后重点介绍故障诊断系统，将特别研究传感器的容错问题以及应用程序如何建立机制来检测故障的发生。这里将使用一种认知方法，因为人们希望克服困难，但真实情况是其中很少有先验信息可用，并且必须与直接来源于数据的故障诊断系统一起学习变化和故障特征。

研究表明，除非做出强有力的假设，否则在单个传感器级别可以做得很少。然而如果嵌入式系统安装了丰富的传感器平台或插入传感器网络中，情况则不同。在这种情况下，可以利用传感器之间的信息内容和功能性附属物的冗余来将变化分类为故障、环境变化或变化检测方法的无效性（模型偏差）。

第2章　从计量到数值数据

2.1　测量和测量值

未知量 x_0 的测量操作可以建模为一个实例：x_i 表示一个 ad hoc 传感器 S 在 i 时刻的测量值。尽管 S 已被适当地设计和实现，组成它的物理元素远远达不到理想情况，而且测量过程中会引入不确定性来源。作为结果，x_i 仅仅表示 x_0 的一个估计值。在极端情况下，x_0 的值甚至可能不存在[109]或者不能被简单地测量，即根据 Heisenberg 的不确定性原则表述为其不可能同时准确测量一个粒子任意准确度的动量和位置[112]。

作为结果，尽管测量过程是直观规范化的，在声明通用的测量值 x_i 是 x_0 的准确和可靠的近似值之前，需要研究和解决几个主要方面。例如，要求测量值 x_i 要以某种方式围绕 x_0 分布，其中心必须根据选择的品质因数而确定。换句话说，需要一个没有引入偏移误差的准确的传感器（准确度性能），然后希望这个传感器能够提供与采集数据相关的一个恰当数据位数的长数字序列。很明显，一个能感知 1mg 量变化的重量传感器比一个能提供 10g 分辨率的天平更好（分辨率性能）。最后每个测量值仅代表真实未知量的一个估计值，两个值的差（或误差）取决于传感器的特性和测量时的工作情况（精度性能）。注意，可能拥有一个高分辨率且高准确度的传感器，但与测量过程相关的精度很差，导致了很差的测量结果。此外，利用高分辨率的传感器可能会获得一个精确的测量值，但当传感器准确度不高时也会产生很差的测量结果。

当考虑一个传感器时，还应该审视其他特性，如重复性。重复性要求在相同操作条件下获得的测量值在与传感器相关的不确定水平范围内应该是区分不出来的。关于计量方面的深入分析，读者们可以参考文献 [180，182]。

在本章中，介绍了组成测量链的主要元素，从被测物理量 x_0，到用于后续数据处理和决策阶段的最终测量值 x_i。接下来，测量框架将被适当地建模，并且期望从补偿数据得到的特性将被形式化。

2.1.1　测量链

测量链的主要功能元素是传感器、调理电路、模 – 数转换器和数据估计模块。图 2.1 代表测量链的一种常见结构。该测量链的输入是被测物理量 x_0，输出

是数字量 x_i。

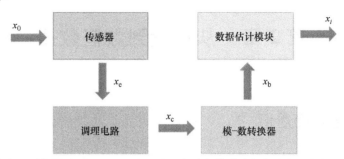

图 2.1　传感器的完整测量链（测量链的核心部分是传感器，把未知的物理量 x_0 转换为模拟电参量 x_e，信号调理阶段提供一种增强的模拟量 x_c，模–数转换器把模拟量 x_c 转换为二进制码 x_b，最后数据估计模块产生相关数据的输出值 x_i）

　　图 2.1 的功能链呈现了一个最常见的现代电子传感器的模型描述。然而应该注意到，根据成本、所需的复杂程度以及模–数转换发生的位置，组成测量链的某些部分在特定的设计中可能会被删减。后面将会详细介绍这些方面的情况。

2.1.1.1　传感器

　　传感器是将一种形式的能量转换成另一种形式的能量的装置，这里是指把一种物理量 x_0 转化成一种电量或与电相关的量 x_e（在某些情况下传感器的输入和输出均为电量）。

　　例如，环境温度被转换成电压（电压输出传感器）、压力或湿度被转换成电流（电流输出传感器），特定目标电量类型取决于所选择的传感器的类型和设计的方式。对于不同类型传感器的详细分析，感兴趣的读者可以参考文献 [108]。很明显，传感阶段介绍了转换量的不确定性，这取决于用于将一种形式的能量转换成电量的机制。

　　作为例子，如图 2.2 所示，根据力传感器的转换原理，可以由一个弹簧和

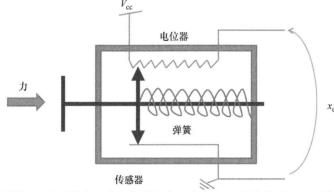

图 2.2　力传感器由一个弹簧和一个电位器组成（大小为 x_0 的力移动一个可移动元件去压缩/释放弹簧。由于分压器的作用，电位器引起的位移被转换成电压 x_e。V_{cc} 表示参考电压）

一个电位器组成：弹簧把力转换成位移，电位器将位移转换成电压变化量。

传感器在转换机制中可以是有源的或者无源的：一个有源传感器需要能量来执行操作并且需要供电，相反一个无源传感器则不需要供电。另一个相关信息是与产生一个稳定的测量所需要的时间有关。例如，这个时间取决于转换机制的动态特性或者完成引入的自校准/补偿阶段以改善传感器输出的质量所需要的时间。

2.1.1.2　调理电路

调理电路[110]的目的是提供 x_e 的一个增强的电量 x_c，以提高传感器的灵敏度，使噪声的影响减轻，使电参量的范围适应模 - 数转换器的需求。更详细地说，调理电路是一个与传感器模块并列的模拟电路，通常先放大 x_e，然后将输出滤波（如低通滤波器）来提高信号 x_c 的信噪比（SNR）和质量并传递到模 - 数转换阶段。

调理电路也可能包含一个旨在帮助补偿影响读出值的寄生热效应的模块，同时引入输入 x_0 和 x_c 之间线性化关系的修正。当非理想的行为是通过微控制器进行补偿时，称传感器是增强的（增强型传感器）。然而应该指出的是，对于增强型传感器，微控制器的输出也是一个模拟信号。

在某些情况下，传感器有模拟输出，此时输出 x_i 是 x_e 或 x_c 取决于调理电路是否可用。模 - 数转换通常在微处理器利用片上模 - 数转换器进行。一般情况下，很多嵌入式系统微处理器提供模拟输入引脚，同时提供内部片上模 - 数转换模块。显然，输入信号在提供给微控制器之前必须经过适当处理和调理。与嵌入式系统设计相关的详细介绍，读者可以参考文献［5］。

2.1.1.3　模 - 数转换器

功能链的第 3 个阶段是转换模块，也就是模 - 数转换器。这个模块的输入是模拟电信号 x_c，输出是码字 x_b，用二进制格式表示。有各种各样架构的模 - 数转换器[107]，通常它们有分辨率（码字的位数）和作为目标输出的采样率。在模 - 数转换阶段，输入 x_c 必须保持恒定，操作由"采样保持"机制执行（模拟值采样和保持以避免在输入信号中危险的波动）。转换引入了一个与量化水平有关的误差，其统计特性可能取决于特定的模 - 数转换器架构。不确定性的来源是多样的，例如它取决于参考信号的质量（可以随电源的波动而变化）、转换的速率和质量、热变化的存在使电路的工作点从一个理想参考点切换进入一个不同的状态等。有兴趣的读者可以参考文献［107，111］。

2.1.1.4　数据估计模块

最后一个模块介绍了在数字层面进一步修正 x_b 的操作，特别是针对提高最终数据 x_i 的质量而进行进一步校准的阶段。当传感器中存在一个微处理器用于解决数据估计模块的需求时被定义为"智能传感器"。依靠简单而有效的算法，微处理器可以执行更复杂的处理，通常旨在引入修正和结构误差补偿。例如，除了主传感器，可以板载一个热传感器以补偿在主传感器读出上的热效应。微处理器通过读温度值进行热补偿，与定义在设计时的额定工作温度进行比较和引入读出值的修正，多数情况是采用额定温度与当前值之间的差异的一个多项式校正函数使最终值 x_i 更接近 x_0 并显示出更好的性能。当已知信号的动态变化不太快（相比模-数转换器转换一个值所需要的时间）或信号是恒定的时，微控制器可以指示传感器连续读取 n 个读数，通过式（2.1）进行平均，输出数据序列 $x_{b,j}$（$j=1，\cdots，n$）可被用来提供 x_0 的一个改进的最终估值：

$$x_i = \frac{1}{n}\sum_{j=1}^{n}x_{b,j} \tag{2.1}$$

当数据估计模块不可用时，x_0 的最佳估计值是由模-数转换器提供的值，即 $x_i = x_b$。嵌入式应用设计师可以决定在应用程序中用软件方式实施这个操作。

2.1.2 测量过程建模

根据 2.1.1 节给出的传感器的函数描述，整个测量过程可以被视为一个黑盒，用最简单的输入/输出模型适当描述，但通常有效的形式是

$$x = x_0 + \eta \tag{2.2}$$

式中，$x \in X \subset \mathbb{R}$ 是一个通用的获得实例；x_0 是理想无噪声的未知值；$\eta = f_\eta(0, \sigma_\eta^2)$ 是一个零均值的独立同分布（i.i.d）随机变量，有限方差 σ_η^2 来自概率密度函数 f_η，影响了测量结果。附加信号加噪声模型式（2.2）代表了一种简单而现实的模型，把测量过程描述为由传感器执行，加上 η 代表与测量过程相关的不确定性。模型隐含着假定噪声与工作点 x_0 无关。

事实上独立同分布假说通常是假定，在很多情况下，它可能不满足对一个特定的传感器/应用程序的先验。已经看到很多不确定性因素影响传感器组件，独立性假设可能是不现实的。应用程序设计师的任务之一是验证传感器适当的模型以及确定现有的计量属性。这个任务是通过首先检查传感器数据表和运行条件，并在需要时进行适当的数据采集和计量分析。

传感器的另一个常见模型是乘法模型，如下：

$$x = x_0 + \eta x_0 = x_0(1 + \eta) \tag{2.3}$$

此处，噪声取决于工作点 x_0。按绝对值计算，噪声对信号的影响是 ηx_0，但相对成分是 η，并不取决于 x_0。关于模型类型的考虑取决于可用的仪表/传感器的结构以及设计和实现的方式，工作条件也可能影响模型的选择。

随后专注于加法模型和引入其他适当的模型，前面提到的"信号加噪声"模型的有效性相关细节将在本章稍后讨论。尽管每个传感器都有其特性，但仍然期望保留一些基本特性。为了历史数据更直观和共用，主要的特性是归一化。然

而只要有可能，就应该讨论传感器测量的不确定性，尤其是需要提供采用有噪声影响的信号模型和与不确定性密切相关的概率密度函数。有兴趣的读者可以通过参考文献［180］来深入研究这些问题。

2.1.3　准确度

考虑到式（2.2）的信号加噪声模型，若对于噪声的期望值满足

$$E[x] = x_0 \qquad (2.4)$$

则说这个测量是准确的。

为了得到一个准确的测量，仪器和测量过程不能引入任何偏差成分。然而在现实生活中并非总是如此：例如由于室温影响或者不恰当的量程设置，尽管尝试多次采集但仍会遇到传感器给出错误测量结果的问题。在这种情况下，传感器的简单模型变成

$$x = x_0 + k + \eta \qquad (2.5)$$

误差值 k 与测量有关。取式（2.5）的期望值得到

$$E[x] = x_0 + k \qquad (2.6)$$

即使能够消除测量的不确定性，获得的测量值还是错误的，因为这里引入了一个未知的偏移（偏差）值 k。当测量过程有偏差时，需要从读出值中减去期望值（或估计值）。然而当 k 未知时，必须依靠参考值去估计它。例如如果能够将传感器置于被控状态，该状态的期望值是已知的，记为 x_0，然后根据式（2.6）得到 $k = E[x] - x_0$。这一阶段被称为传感器校准[109,182]。

当希望测量不包含任何偏移误差时，准确度是一个测量系统应该具有的一个主要属性。如果有一个准确的测量系统，如式（2.6）所描述的，通过一个带噪声的期望值，可以消除噪声对特定值 x 的影响，这个阶段期间，x 的值不能改变：实际上，必须以远高于传感器采集的动态信号的频率采样。如果传感器是智能的，则这个操作由数据估计模块完成，否则必须在嵌入式系统的主控制器上用软件写一个特定的代码来完成。

采用相同数量的 x 的 n 次重复测量结果 x_1，x_2，$\cdots$，x_n 序列的平均值来获得一个更好的估计值是一个很好的做法，$\hat{x} = \dfrac{1}{n} \displaystyle\sum_{i=1}^{n} x_i$，可以通过测量一个单个实例 x_i 获得 x_0，也就是 $n = 1$ 的情况下，导出 $\hat{x} = x_i$。应该考虑样本 n 的数量以及 4.2 节所研究的平均期望值的收敛性。

示例：传感器校准

买了一个低成本的温度传感器且不确定其准确度。希望量化可能的偏差值以确定后续测量的零点。

为了达到这个目的，使传感器工作在一个已知的参考值 x_0（例如由实验室

级温度标准设定），直到与状态变化相关的动态效应消失。在稳定状态下该传感器与环境温度相同。那么从传感器采样 n 个样本，记 $n = 40$。偏差 k 的一个估计值 $\hat{k}$ 是

$$\hat{k} = \frac{1}{n}\sum_{i=1}^{n} x_i - x_0 \tag{2.7}$$

如果对 x_0 不同的值迭代这个过程以拓展输入域，则可以构造一条通过这些点的曲线，于是就得到一条专门用于给定传感器的很好的校正曲线。

尽管这个例子直观，如果更密切关注其固有机制，校准会是一个更复杂的问题。例如对于一个集成温度传感器，读出值取决于测量电压的值，是通过对比参考电压值来确定温度的变化的，这两个值之间的任何结构性差异在最后的输出上都会引入偏移误差。此外，测量电压不是传感器供电电压，也不可以进行调理和用模-数转换器修改它的值。另外，测量电压和感知温度之间的非线性关系取决于转换机制。偏置、增益和线性化作为对上述现象的补偿在相关文献中是普遍使用的。

2.1.4 精度

根据信号加噪声框架和上面的假设，每一次测量均被看作一个随机变量的实现。测量值将分布在一个给定的值（在传感器准确的情况下是 x_0，在不准确的情况下是 $x_0 + k$）的周围，标准方差定义一个分散水平指数（其他指数也可被定义，如在参考文献［181］里所提出的）。结果，在传感器准确和不准确的情况下，精度均是对分散度的衡量，也是噪声 σ_η 的标准方差的一个函数。

给定一个置信度 δ，精度是为 x_0 定义的一个区间 I，由于不确定性 η 的存在区间内所有值都是无区别的，换句话说，所有值 $x \in I$ 均是 x_0 的等价近似值。振幅区间取决于置信度 δ，即 $I = I(\delta)$，这样就立即清晰明了了。

为了更简单地理解，可认为，首先 η 是来自一个平均值为 0、方差为 σ_η^2 的高斯分布 $f_\eta(0, \sigma_\eta^2)$。除非传感器数据手册特别说明，高斯假设在许多现成的集成传感器中都支持并可以被安全地引入。高斯假设[181]，通过设置一个置信度 $\delta = 0.95$，有 x_0 的一个实现 x_i 在 $I = [x_0 - 2\sigma_\eta, x_0 + 2\sigma_\eta]$ 区间存在的概率至少为 0.95。随着选择的置信区间为 $I = [x_0 - 3\sigma_\eta, x_0 + 3\sigma_\eta]$，置信度增加到 0.997（得到的 x_i 属于 I 的概率至少有 0.997）。这个区间定义了在一个给定的置信度 δ 下测量的精度（区间）。在后一种情况下，传感器的精度（传感器公差）定义为 $3\sigma_\eta$，如此 $x = x_0 \pm 3\sigma_\eta$。

当 f_η 是未知的时，不能使用高斯分布的强大而有效的结果。在这种情况下，需要在自由概率密度函数框架内定义 δ 的一个函数区间 I。通过调用切比雪夫（Tchebychev）定理[2]可以解决这个问题，给定一个正数 λ 和置信度 δ，得出如

下不等式：

$$\Pr(|x_0 - x| \leqslant \lambda\sigma_\eta) \geqslant 1 - \frac{1}{\lambda^2} = \delta$$

通过选择一个期望的置信度 δ，例如 $\delta = 0.95$，选择结果 $\bar{\lambda}$。精度区间 I 现在变为 $x = x_0 \pm \bar{\lambda}\sigma_\eta$。很明显，函数分布先验的缺乏使得在一个更大的公差区间上付出代价。由表 2.1 可以清楚地看到，比较由"紧凑"分布（比如高斯分布）和基于切比雪夫不等式的自由分布方式获得的结果，通过获得噪声分布的先验信息，精度区间很容易具有一个更好的精度特征。

表 2.1　在精度区间 $I = [x_0 - \lambda\sigma_\eta,\ x_0 + \lambda\sigma_\eta]$ 内，高斯和自由分布（切比雪夫不等式）情况下可实现的置信度

分布	$\lambda = 1$	$\lambda = 2$	$\lambda = 3$	$\lambda = 4$
高斯分布	0.682	0.954	0.997	1
自由分布	无意义	0.750	0.889	0.938

2.1.5　分辨率

鉴于精度是与测量相关的属性，分辨率与仪表/传感器有关，且代表了通过给定置信度而可以被感知和量化的最小值。

如果仪表的分辨率为 1g，则将无法测量 1mg 的值，这是由于仪表的限制：天平将以 1g 为步长（所有在这样间隔的值都将相等且不能区分）。然而拥有一个高分辨率既不意味着测量是准确的也不意味着测量是精密的。实际上，如果天平安装不好，也会在读数时引入一个 $k = 100$g 的系统误差（天平是不准确的）。此外，如果天平是模拟的，则可以感知 10g 左右（精度误差）的变化，但可能无法感知可视化不足影响到克的变化，因为表针的宽度可能会超过克的刻度。

因为我们最关心的是传感器的准确度和精度，传感器设计者主要提供精度标准（自动地考虑了影响测量的分辨率）。也就是说，读者必须意识到在市场上出现的概念混淆，在选择传感器之前必须注意。而且如果我们对所提供的数据图表不确定，则应该执行计量分析阶段。

示例：一个真实的传感器

表 2.2 介绍了水生动物测量的温度传感器的主要特性。仪器的分辨率高，但是读出值的噪声影响同样也大。传感器提供在 $[-4\text{℃}, 36\text{℃}]$ 范围内的值和附加误差模型（影响读数达到 ± 0.3）。根据数据手册信息，传感器是符合高斯分布的，于是立即得到 $\sigma_\eta = 0.1$，且认为 $\lambda = 3$。否则应该调用切比雪夫不等式，设置一个置信度，例如 0.997（为了符合高斯分布的情况），导出 $\lambda = 5.77$。传感器需要预热的时间达到 2s：任何在预热之前的读值都会产生错误（重复测量

是不允许的)。工程师应该注意这一问题。

表 2.2　水生动物测量的温度传感器

特性	值
范围	$-4 \sim 36℃$
分辨率	$0.01℃$
准确度	$\pm 0.3℃$
响应时间	$\leq 2s$

2.2　数据表示的确定性与随机性

当设计一个嵌入式应用时，面临的一个常见问题关系到给定的码字的可用有效数字的位数。由二进制表示法引入的不确定性将在 3.1 节详细讨论。不同的是，在这里专注于不确定性存在并是如何影响数据的。如果数据估计模块的输出 x_i 用 n 位表示，并且不确定性会影响读数，n 位中的有效位 p 是多少？这个问题的答案需要更深入的分析，可以通过可用数据的性质考虑两个相关场景的办法来解决，它在后续会变得更清晰。

考虑 $x_0 = x_0(t) \in X \subset \mathbb{R}$ 是一个随时间变化的信号，假定测量过程比信号动态特性快得多，使样本 $x = x(t)$ 的每个数据在采样过程中均保持恒定。

2.2.1　确定性表示：无噪声影响的数据

这种情况下，数字量数据 x_i 被限制在一个确定性的域，即获得数据的值是无误差的且属于闭区间 $[a, b]$。如果用 n 位来表示数据且没有噪声影响，那么每 2^n 个可用码字都是有效的。通过考虑一个合理的统一赋值的码字信息，两个后续数据实例之间的距离 Δx 是

$$\Delta x = \frac{b - a}{2^n - 1}$$

如果想表示区间的两个端点值情况，用这种方法，2^n 个码字被分别指定为 $x_1 = a$，$x_2 = a + \Delta x$，$\cdots$，$x_{2^n} = b$。很明显，根据特定的应用可以做不同的设定，给定一个值 x_0，最大误差是 $\frac{\Delta x}{2}$，平均误差是 0。如果值均匀分布在区间 $[x_0 - \frac{\Delta x}{2}, x_0 + \frac{\Delta x}{2}]$ 内，那么误差表示的方差是 $\frac{\Delta x^2}{12}$。

不同的是，如果希望所表示的数据受到噪声的影响，一般情况下，并不是所有的码字都是有效的，小于 n 位的有效数据才应该保留。

2.2.2　随机性表示：有噪声影响的数据

正如在测量链中看到的那样，从传感器获得的数据受噪声影响。显然人们写数据时，对耗费数据位来表示噪声并不感兴趣。同一时间，精度对采集的不可区分的数据最小值进行了限制。事实上，只要两个数据之间的差距大于精度区间 I，它们就是有区别的，应由独立的码字表示，精度区间 I 取决于预定置信区间 δ 和 2.2.1 节中确定的 Δx。独立值的个数可以写成数据域区间和概率性不可分辨区间 $I_m = 2\lambda\sigma_\eta$ 的比，σ_η 是与测量过程相关的不确定度的标准偏差。最后如果给定了区间的两个端点数值，独立点个数 I_p 为

$$I_p = \frac{b-a}{2\lambda\sigma_\eta} + 1$$

如上所示，直接赋值为 $x_1 = a$，$x_2 = a + I_m$，$\cdots$，$x_{I_p} = b$。有效位的个数是

$$p = \lceil \log_2 I_p \rceil$$

式中，$\lceil \cdot \rceil$ 是上限算子。

用 $p \leqslant n$ 表示概率为 δ 的情况下 n 位数中的有效位的个数。图 2.3 显示了在假设噪声是正态分布的条件下（零均值、统一标准差和 $\lambda = 3$），在 $x_0 = 6$ 附近的数据是如何被噪声影响的。越靠近 x_0，数据被错误分配到 x_0 的概率越小。这里码字为 $x_0 = 0$、6、12、18，但是误差分布仅在对应码字为 6 和 12 时显示。在一个给定分布的重尾部分，可能会将概率为 $1-\delta$ 的错误的码字赋予一个给定值。

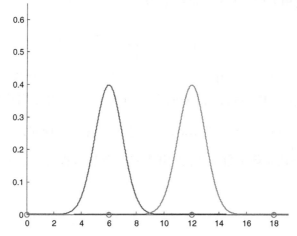

图 2.3　当函数在距 $x_0 = 6$ 处的正态分布噪声的影响（分布重尾的存在意味着可能错误地将码字 x_0 赋予了数值 x，而这个数值 x 应该被赋值给另一个不同的码字。举一个例子，和码字 $x_0 = 12$ 有关的数值 $x = 9.1$ 也可能是由 $x_0 = 6$ 产生的）

在图 2.3 中举了一个概率为 0.003 的例子，9 附近的数字既可以被赋值到 $x_0 = 6$，也可以被赋予到 $x_0 = 12$，尽管这两处概率不同。然而在大多数合理的分布（和大多数嵌入式应用系统）中，引入的误差是有限的，因为赋值不当的概率在迅速降低。

2.2.3　信噪比

现在要考虑的情况是，信号在确定性的项中不是有界的，而且测量被建模为从稳态并且可能未知的概率密度函数中得出的一个实例。概率区间确定为 x_0，它的概率极值和 $\lambda_x \sigma_x$ 有关，σ_x 是信号的标准偏差，λ_x 是调节区间宽度的项，以确定置信度 δ。如前所述，独立点个数 I_p 取决于两个不同码字之间的间隔，码字之间的不同可以通过置信度 δ 来分辨：

$$I_p = \frac{2\lambda_x \sigma_x}{2\lambda \sigma_\eta} + 1$$

将信号和噪声看作有相同的 λ 值，可以将信噪比（SNR）定义为

$$\text{SNR} = \log \frac{\sigma_x}{\sigma_\eta}$$

这里，对数的底数是 2 还是 10 取决于后面的应用。

有趣的是，2SNR 代表的是信号和噪声能量的对数比值。SNR 是没有概率密度函数的，只要是同一个 λ 值，根据切比雪夫不等式，SNR 就可以适用于任意分布。二进制码相关位 p 的个数最终变为

$$p = \left\lceil \log_2 \left(\frac{\sigma_x}{\sigma_\eta} + 1 \right) \right\rceil \leq \lceil \text{SNR}_2 \rceil + 1 \qquad (2.8)$$

如果 $p \geq n$，那么在 x_i 中的所有位都是统计相关的，否则只有 n 位中的 p 位是相关的，$n - p$ 位是和噪声相关的。在所有有意义的应用程序中，均认为式（2.8）保持 $\frac{\sigma_x}{\sigma_\eta} > 1$。Alippi 和 Briozzo[37] 通过实现两个向量之间的标量积说明了 SNR 是如何被用来衡量数字结构的维数的，处理过程由一个人工神经元完成。

第3章 不确定性、信息和学习机制

现实世界很容易产生不确定性。在采集数据时、在通过执行器与环境交互时、在有限精度的处理器上显示信息时，还有在设计对问题的未知解决方案时，都会经历不确定性。本章首先提出和论述了不确定性的概念以及其通过计算流程传递的方式，之后介绍了统计学习的基础知识。显示了在学习过程中不同来源的不确定性是如何被引入的，包括选择的模型系列、可获得数据的数量和质量及问题的复杂性等。

3.1 不确定性和扰动

3.1.1 从误差到扰动

每当有一个近似的量时就会产生不确定性，近似量是在某种程度上估计的一个理想值（可能是未知的）。这种情况下，可以引入理想的不受不确定性影响的量和真实的受不确定性影响的量来评估误差，即按照一个合适的品质因数检测两者之间的差异。由于误差严格依赖于特定的点态实例，例如一个表征误差对应一个给定值、一个模型误差对应一个特定输入或一个传感器误差对应一个特定的采集的数据，用扰动的概念抽象了点态误差，在适当的域中定义变量，其点态误差表示特定的实现。

一个泛型扰动 δA 通过修改实体从其名义结构 A 所假定的状态来干预计算，对扰动量 A_p 来说，其域和基数取决于具体情况。由扰动引起的影响可以通过一个品质因数 $\|A, A_p\|$ 来评估，它检测出了两种状况之间的差异。例如假设正在观测一个真实传感器的输出可以提供恒定标量值 $a \in \mathbb{R}$，理想的名义值和扰动之间的差异就可以表示为准时误差（punctual error）$\|A, A_p\| = e = |a_p - a|$。如果去读另一个传感器，逐点误差会呈现不同的值。在这种情况下，会引起不确定性的机制，可以模拟为信号加噪声模型 $a_p = a + \delta_a$ 和 $\|A, A_p\| = |a_p - a| = |\delta_a| = |e|$。从这个例子可以很明显地看出，$\delta_a$ 在很多情况下可以被描述为一个随机变量，它的概率密度函数充分展示了不确定性干扰信息的方式。

3.1.2 扰动

在3.1.1节，已经直观地介绍了扰动作为一个随机变量的概念，扰动 δA 可以定义为扰动算子作用于结构变量 A 的结果。

根据扰动模型，给定一个泛型变量 $\psi \in \Psi \subset \mathbb{R}^d$，扰动量 $\delta\psi$ 使 ψ 进入干扰状态 ψ_p。通常可以将 $\delta\psi$ 模拟为从扰动概率密度函数 $f_\psi(M, C_{\delta\psi})$ 得出的一个多元随机变量，此函数特征由均值 M 和协方差矩阵 $C_{\delta\psi}$ 来描述。Ψ 可以是离散的或连续的，连续的情况在信号/图像处理中最常见。

定义：连续扰动

这里认为如果 $\mathrm{Pr}(\delta\psi = \overline{\delta\psi}) = 0$，$\forall\psi \in \Psi$，那么这个扰动是连续的。该定义表明，采样一个连续扰动空间的概率值，并且能精确地得到一个给定的扰动是一个概率为空的事件。

定义：剧烈扰动

这里认为由扰动矩阵 A 获得的方阵 A_p 是剧烈的（伴随矩阵是剧烈的），当且仅当

$$\lim_{A_p \to A} \mathrm{rank}(A_p) = \mathrm{rank}(A)$$

换句话说，剧烈扰动不改变矩阵的秩[51]。如果扰动 δA 是由扰动 $\delta\psi$ 引起的，即 $\delta A = \delta A(\delta\psi)$，也认为 $\delta\psi$ 是剧烈的。

本书中将沿用上面的定义，尤其是在第 5 章。

3.2　在数据表示层的扰动

由传感器采集并且由模 – 数转换器数字化的数值根据给定的转换表示为一个比特序列的编码，这一给定转换取决于需要表示的数值信息。在下面的内容中，将介绍用于数值表示的主要变换，以及在用数字格式表示数据时所引入的不确定性的类型和特征。

3.2.1　自然数 $\mathbb{N}$：自然二进制

假设用 n 位来表示一个有限值 $a \in \mathbb{N}$，可以立即得出，只能表示属于一个子集 $\mathbb{N}(n) \subset \mathbb{N}$ 的数字，这里 n 是有限的。因为 n 位提供了 2^n 个独立码字，子集 $\mathbb{N}(n)$ 包含 2^n 个实例，这 2^n 个实例用符号表示为 $\mathbb{N}(n) = 0, 1, \cdots, 2^n - 1$。例如，如果有 $n = 8$ 则可以代表开始的 256 个自然数，从 0 开始（或任何其他 256 个数字取决于信息 – 码字关联的数量）。在 $\mathbb{N}(n)$ 中的数值表示遵循自然二进制代码表示[206]，数字是用位置和加权表示的，自然二进制代码表示就很容易被推导出来。

在本节中，假设与自然数相关的信息不受不确定性影响（数字实例是无噪声的），并且不确定性的唯一来源是由有限精度的算子引入的，比如截断或舍

入，被用来减少与信息相关的比特位的个数，从 n 减到最高有效位数 $q \leqslant n$。

3.2.1.1　映射到子区间

定义表示空间为由包含元素比特或位数的向量所组成的空间，比特或位数代表一个数值。如果 n 是比特位，那么 $\mathbf{N}(n) = \{0, 1, 2, \cdots, 2^n - 1\}$ 是空间中的点的集合，每个点被通用向量引用变为 $[a_{n-1}, \cdots, a_1, a_0]$ 形式。

因此，映射到较低维数的空间可以通过将与 a 相关的 n 位码字中的最低有效的 $n - q$ 位简单设置为 0 这种方式来实现［最低有效的 q 位被设置为 0 得出了 $a(q)$］。该映射引入了一个绝对误差，其值为

$$e(q) = a - a(q) < 2^q$$

逐点误差是一个特定的数字实例函数，其随机特性取决于所假设的应用程序的特殊性，即生成数值 a 过程中的概率密度函数。然而通常假设 a 为均匀分布，映射算子引入了绝对误差，可以被建模为定义在区间 $[0, 2^q)$ 的均匀分布的一个随机变量，误差的期望值是 $\frac{2^q - 1}{2}$，其方差由式 $\frac{2^{2(q-1)}}{3}$ 界定[208]。

3.2.1.2　截断

作为截断算子的截断操作是将低于有效位 q 的比特位从 n 位码字中移除。然而如果截断仅仅是从数字中移除比特位，那就没有什么意义了。例如，考虑十进制数 123，截断最低有效的数字将产生数 12，根据绝对信息内容，这个数和之前的数甚至都没有关系，甚至误差都没有意义，因为在上述情况下，相对误差是 $\frac{123 - 12}{123}$。然而截断在嵌入式系统中却是一个关键的算子，现在来解释原因。

与自然二进制码字相关的符号是位置和加权：在 a_0 位置上的数值 1 和在 a_{n-1} 上的 1 有不同的意思（位置记数法）。对应位 a_i，用加权来量化比特位携带的信息，那就是 2^i（加权法）。具体的含义依据下面两个步骤进行应用。

- 在维数为 $n - q$ 的子空间中码字的映射。
- 运用截断算子移除 q 最右边的位。

变换的最终结果是数字被定义为一个 $n - q$ 维数空间。在数据表示中，保存 q 位来表示信息，并且以引入不确定性源为代价（如果原始数据是没有不确定性的，那么会造成信息的缺失）。例如，十进制数 1234 和 2545，定义在 $n = 4$ 维空间。希望减少空间到 $n - q = 2$ 位数。通过把映射运用到子空间变换中，得到数字 1200 和 2500，截断后，数字变为 12 和 25。换句话说，通过在一个二维的子空间中运算，保持了信息内容中最重要的部分，该子空间以某种方式保持了截断信息网络中数字之间的距离。数字可以与定义在同一子空间中的其他数字进行比较。

两个码字之间的相对距离几乎是保持不变的，尽管引入了误差。事实上，通过观测变换后的数字，可以清楚地发现它们可以被看作 q 右移生成的，结果是每

个约化空间的实例被加权 10^2 才能回到原来的那个数。二进制数 $[a_{n-1}, a_{n-2}, a_q, \cdots, a_1, a_0]$ 变换后成为 $[a_{n-1}, a_{n-2}\cdots, a_q]$。每个约化空间的实例可以通过乘以数 2^q 变回原来的空间维度。在原始空间引入的绝对误差是 $e(q) = a - 2^q a$ $(q) < 2^q$，因此误差均匀分布在区间 $[0, 2^q)$。

3.2.1.3 舍入

一个正数的舍入截断最低有效位 q 位，当且仅当截断部分的最高有效位是 1 时在非截断部分加 1，否则经舍入的值是在 $n-q$ 位范围内定义的值。在二进制自然数表示中，沿用子空间的映射和截断算子的注解方式，舍入带来了一个有偏差的均匀误差，但舍入的优点是 $e(q)$ 的方差为 $\dfrac{2^{2(q-2)}}{3}$ 是截断的一半。

3.2.2 整数$\mathbb{Z}$：二进制补码

3.2.3 二进制补码记数法

现在对表示一个 n 位范围内的数值 $a \in \mathbb{Z}(n) \subset \mathbb{Z}$ 感兴趣。对通用数值 a 的直接表达是用符号和模数来记数。尽管形式上不准确，这样的记数法基于这样一个事实：$\mathbb{Z} = -\mathbb{N} \cup \mathbb{N}$。一般数字可以用它的符号（需要 1 位）和模数（可以是用二进制表示的自然数）来表示。在使用两个码字来代表零（ -0 和 $+0$ ）并且需要不同的硬件结构来执行加法和减法的情况下，符号和模数表示是多余的。与此不同，在大多数嵌入式系统中采用二进制补码（2cp）法解决这两个问题。

给定 n 个比特位，一共有 2^n 个可用的码字，这里决定用一半来表示负数，剩下的一半编码正数（包括 0）。也就是说，子集$\mathbb{Z}(n)$变成了
$$\mathbb{Z}(n) = -2^{n-1}, \cdots, 0, \cdots, 2^{n-1} - 1$$
用二进制补码表示的数字 $a \in \mathbb{Z}(n)$ 定义为
$$a_{2cp} = \begin{cases} a_{b,n} & a \geq 0 \\ 2^n - |a|_{b,n} & a < 0 \end{cases}$$
式中，下标 b，n 代表 n 个比特位的自然二进制表示。

变换的显著特性使得二进制补码表示法成为嵌入式系统中最为常用的方法。根据上述变换推导出的其他表达方式更易直接生成二进制补码。特别有趣的是，因为它利用了数字 a 的相反数 $-a$ 这个概念。通过 n 个比特位的二进制补码使 a 变为通用数字 a_n，它的相反数 $-a_n$ 为 $-a_n = \overline{a_n} + 1$，这里的$\overline{a_n}$是应用于码字 a_n 的按位求补运算符（1 和 0 在 a_n 处互换），直接结果是，减法运算变为了加法。事实上，用二进制补码定义两个 n 位的数字 a_n 和 b_n，减法 $a_n - b_n$ 变为 $a_n - b_n = a_n + (-b_n) = a_n + \overline{b_n} + 1$，加法运算和减法运算都变成了代数和运算，其算法是

简单的加法运算。

为了表征有限精度表示误差的性质，首先考虑截断算子，从原始的 n 位中去掉 q 个比特位。$\mathbb{Z}$ 中截断算子的限制在 $\mathbb{N}$ 中呈现出来。截断应该是可以将 n 维空间数据衰减为一个 $n-q$ 维空间的算子。在此框架下，与截断值 $a(n-q)$ 相关的截断误差总是正的，假定值为 $0 \leqslant a - 2^q a(n-q) < 2^q - 1$。由截断算子引入的误差均匀分布在区间 $[0, 2^q - 1)$，并且引入了偏差值。相反，舍入引入了无偏差误差，是一个在计算中非常受欢迎的特性：显然，人们希望计算的结果是准确的，或最坏的情况下，只有一点误差。因此在二进制补码表示法中，舍入优于截断。这也使它在嵌入式系统中成为一个有趣的算子，尽管需要额外的计算成本，如果应用舍入，表示误差均匀分布在区间 $[-2^{q-1}, 2^{q-1})$。

3.2.4　有理数 $\mathbb{Q}$ 和实数 $\mathbb{R}$

正如前面所指出的，如果 n 是可用的比特数，机器的有限性限制码字的个数为 2^n。因此只能近似一个常用数字 a，属于 $\mathbb{Q}$ 或 $\mathbb{R}$，数字 $a(n)$ 因为它的有限性，属于 $\mathbb{Q}$。

3.2.4.1　定点表示法

任何有理数 $a \in \mathbb{Q}$ 都可以看作由整数部分和小数部分组成。a 的自然近似值 $a(n)$ 是一个数字，在这里 l（$=n-k-1$）位分配给整数部分，1 位给符号位，k 位给小数部分。这种符号被称为定点，因为隔开整数和小数部分的"点"通常是固定的符号，k 位是从最低有效位向左（注意点只是虚拟的，不存储信息）。也注意到数字 $a(n)2^k$ 是整数，因此可以用二进制补码法表示。事实上，一个常用的定点数和一个整数之间并没有不同。

示例：定点表示法

例如，考虑十进制数 $a = 1.56$ 并且认为愿意花费 $n = 5$ 位用二进制补码法表示它。这里决定用 2 个比特位表示小数部分（$k = 2$）。这个数字可以表示为定点二进制序列 $[00110]$，也就是说码字 $[001.10]$ 和十进制数字 $a(n) = 1.5$ 是有关联的。如果用二进制码乘以因数 2^k，去掉小数点，获得了码字 $[00110]$，它和二进制数 $a(n)2^2$ 是相关的。引入的绝对误差是 $|e(q)| = |a - a(n)| = 0.06 < 2^{-2}$。

现在考虑用二进制补码法对 n 位包括非小数部分相关 l 位（不包括符号位）的数字进行数字编码。首先希望通过截断 q 位最低有效位来使 n 位减少到 $n-q$ 位（截断可能不仅影响小数部分，也可能影响整体信息）。

将 a 乘以 2^{-l} 使 $2^{-l}a$ 完全变成一个小数。可以知道，如果保持 k 位给小数部分，引入的误差将低于 2^{-k}。因为希望保持 $n-q$ 位并有一个符号位，所以要使截断误差始终为正（对于负数也是），并且满足不等式

$$0 \leqslant e(q) < 2^l [2^{-(n-q-1)}]$$

举一个有趣的例子，由 $n=5$、$l=0$ 来表示十进制数 0.45，二进制补码表示成 $[00111]$。人们希望在更小的空间里表示这个数字，选择 $q=2$。截断后获得的数字是 $[001]$，即十进制数字 0.25。因为 $l=0$，必须使表示误差满足 $0 \leqslant e(q) = 0.2 < 2^{-2} = 0.25$。如果应用了舍入，误差 $e(q)$ 应满足

$$-2^l[2^{-(n-q)}] \leqslant e(q) < 2^l[2^{-(n-q)}]$$

舍入的误差独立于二进制表示，它的平均值是零。更为重要的是，相比截断，舍入引入了一个较小的方差。

第二个例子，考虑十进制数字 6.9，用 $n=7$ 个比特位的二进制补码定点表示法，二进制补码表示为 $[0110111]$。希望在一个更小的空间表示这个数字，选择 $q=2$ 并且舍入。舍入之后的数字变为 $[01110]$，即十进制数字 7。因为 $l=3$、$n=7$、$q=2$，表示误差 $e(q) = 6.9 - 7$ 的量级比 2^{-2} 小。

最后一个例子，考虑数字 -6.666，用 $n=7$ 个比特位的二进制补码定点表示法，二进制补码表示为 $[1001011]$。希望在一个更小的空间表示这个数字，选择 $q=1$ 和舍入作为空间缩减方式。正数的码字为 $[0110101]$；$q=1$ 舍入后，得到码字 $[011011]$，和舍入的负数的码字 $[100101]$ 有关系。因为 $l=3$、$n=7$、$q=1$，表示误差 $e(q) = -6.666 - (-6.75) = 0.084$○的量级比 2^{-3} 小。

总的来说，用二进制补码表示法，对于截断算子，由量化引入的误差均匀分布[208]在区间

$$[0, \ 2^{l-n+q+1})$$

对于舍入算子，均匀分布在区间

$$[-2^{l-n+q}, \ 2^{l-n+q})$$

以上分布将用在第 7 章测试嵌入式计算的噪声影响和在第 5 章评价计算流量特性的鲁棒性上。

3.3   传播的不确定性

在本节中，分析在计算流 $y = f(x)$，$x \in X \subset \mathbb{R}^d$，$y \in Y \subset \mathbb{R}$ 中影响传感器数据的扰动的传播方式。灵敏度分析在影响输入的扰动在量级上比输入小的条件下（小扰动假设）对线性函数提供了封闭形式的表达式，对非线性函数提供近似结果。大扰动的分析，即任意量级的扰动，对于非线性的情况，不能以一个封闭形式获得，除非 $y = f(x)$ 假定一个特定的结构，并且有服从数学表达的属性。在大框架下，对扰动的扩展分析将在第 7 章介绍。

――――――――

○ 原书等式右边为 -0.084，有误，应为 0.084。――译者注

3.3.1　线性函数

考虑线性函数 $y = f(x) = \theta^T x$，其中 $\theta \in \Theta \subset \mathbb{R}^d$ 和 x 分别是表示参数的 d 维列向量和线性函数的输入。在接下来的表示中，假定参数向量 θ 是常数并且已给定，否则会另有说明。

3.3.1.1　加法扰动模型

扰动 δx 影响输入，根据一个信号加噪声扰动模型 $x_p = x + \delta x$，生成扰动值 $y_p = \theta^T x_p$。由于模型是线性的，逐点误差 $\delta y = y_p - y$ 可以重新被写为

$$\delta y = \theta^T \delta x \tag{3.1}$$

注意，用参数向量 θ 描述特征的线性函数在结构上不受扰动影响，扰动只影响函数输入。式（3.1）表明，函数输出的传播误差是线性的扰动向量。扰动 δx 可以建模为服从概率密度函数 $f_{\delta x}(0, C_{\delta x})$ 的一个随机变量，其中 $C_{\delta x}$ 是扰动的协方差矩阵。

扰动误差 δy 的特征也变为一个随机变量，可以通过提供函数输出端传播误差的平均值和标准偏差得到，在可能的情况下，也可以得到它的概率密度函数，使

$$E_{\delta x}[\delta y] = E_{\delta x}[\theta^T \delta x] = \theta^T E_{\delta x}[\delta x] = 0$$

和

$$\mathrm{Var}(\delta y) = E_{\delta x}[\theta^T \delta x \delta x^T \theta] = \theta^T E_{\delta x}[\delta x \delta x^T]\theta = \theta^T C_{\delta x}\theta = \mathrm{trace}(\theta^T \theta C_{\delta x})$$

在独立性假设扰动影响输入的前提下，$C_{\delta x}$ 恰好是方差为 $\sigma_{\delta x, i}^2$ 的第 i 项对角矩阵。那么定义 θ_i 为向量 θ 的第 i 项元素

$$\mathrm{Var}(\delta y) = \sum_{i=1}^{d} \theta_i^2 \sigma_{\delta x, i}^2$$

在特定的情况下，所有的扰动均具有相同的方差 $\sigma_{\delta x}^2$，例如，扰动均匀地定义在相同的有界区间，上述表达式变为

$$\mathrm{Var}(\delta y) = \delta_{\delta x}^2 \theta^T \theta \tag{3.2}$$

传播误差的概率密度函数不能在一个封闭的形式下被先行评估，除非假设维数 d 足够大。在这种情况下，可以调用在 Lyapunov 假设[35]下的中心极限定理（CLT），δy 可以建模为从高斯分布得出的一个随机变量。

在 Lyapunov 条件下的 CLT

令 Y_i，$i = 1 \cdots d$ 这一独立随机变量集具有有限期望值 $E[Y_i]$ 和方差 $\mathrm{Var}(Y_i)$ 特征，表示为 $s_d^2 = \sum_{i=1}^{d} \mathrm{Var}(Y_i)$ 和 $Y = \sum_i Y_i$。如果存在 $l > 0$ 使得

$$\lim_{d\to\infty}\left(\frac{1}{s_d^{2+l}}\sum_{i=1}^{d}E[\,|Y_i-E[Y_i]|^{2+l}]\right)=0$$

那么 $Z=\dfrac{(Y-E|Y|)}{\sqrt{\mathrm{Var}(Y)}}$ 收敛为标准正态分布。

从直观的角度来看，CLT 告诉人们，许多不太大的和不相关的随机项的总和以平均值输出。Lyapunov 条件是一种可以通过观测在一些 $2+l$ 时的表现量化不太大的项的方法。在大多数情况下，可以测试 $l=1$ 条件下的满意度。

根据定理，选择 $Y_i=\theta_i\delta x_i$，在满足 Lyapunov 条件的情况下，δy 可以近似为从高斯分布 $\delta y=\mathcal{N}(0,\sum_{i=1}^{d}\theta_i^2\sigma_{\delta x,i}^2)$ 中得出的一个随机变量。如果所有 $\sigma_{\delta x,i}^2$ 项均和 $\sigma_{\delta x}^2$ 是相同的，那么 $\delta y=\mathcal{N}(0,\sigma_{\delta x}^2\theta^{\mathrm{T}}\theta)$。

显而易见，如果每组随机变量 δx 都均匀分布在一个给定的区间内，Lyapunov 条件可以满足，这在很多应用实例中已证实（考虑在二进制补码运算中舍入算子和截断算子引入的误差分布）。举个例子模拟这样一种情况，嵌入式系统中的所有输入都代表相同的比特位，采用二进制补码表示法，舍入被认为是引入误差分布是均匀和中心分布的截断算子。

示例：在 Lyapunov 条件下的 CLT

设 δx 是一个独立同分布的随机变量，每个元素均匀定义在区间 $[-1,1]$（如果考虑嵌入式系统的例子，由舍入引入的误差也定义在这样一个区间）。假定 $\theta_m^2\neq0\leq\theta_i^2\leq\theta_M^2$，即泛型参数有相同的最小值和最大值。使 $\delta y=\theta^{\mathrm{T}}\delta x$ 并且定义 $Y_i=\theta_i\delta x_i$，有 $E[Y_i]=0$ 和方差 $\mathrm{Var}[Y_i]=\dfrac{\theta_i^2}{3}$。

表示：

$$s_d^2=\sum_{i=1}^{d}\mathrm{Var}[Y_i]=\frac{1}{3}\sum_{i=1}^{d}\theta_i^2$$

计算 $l=2$ 下的 $E[\,|Y_i|^{2+l}]$：

$$E[\,|Y_i|^4]=\theta_i^4\int_0^1\delta x_i^4\mathrm{d}\delta x_i=\frac{\theta_i^4}{5}$$

因为

$$\frac{1}{(s_d^2)^2}\sum_{i=1}^{d}E[\,|Y_i|^4]=\frac{1}{(s_d^2)^2}\sum_{i=1}^{d}\frac{\theta_i^4}{5}$$

且

$$\sum_{i=1}^{d}\frac{\theta_i^4}{5}\leq\frac{d}{5}\theta_M^4$$

$$(s_d^2)^2 = \left(\frac{1}{3}\sum_{i=1}^{d}\theta_i^2\right)^2 \geqslant \frac{d^2\theta_m^4}{9}$$

界定

$$\left[\frac{1}{(s_d^2)^2}\sum_{i=1}^{d}E\big[\,|\,Y_i\,|^4\,\big]\right] \leqslant \frac{9\theta_M^4}{5d\theta_m^4}$$

其范围为 $O\!\left(\dfrac{1}{d}\right)$，当 $d\to\infty$ 时，趋近于 0，满足 Lyapunov 条件，保证了 $\delta y = \mathcal{N}(0,\sigma_{\delta x}^2\theta^{\mathrm{T}}\theta)$。

在上面的例子中，一个足够大的 d，比如 $d>10$，在很多情况下被证明是一个很好的近似值。图 3.1 和图 3.2 各提供了一个例子展示了 $d=5$ 和 $d=15$ 时近似值

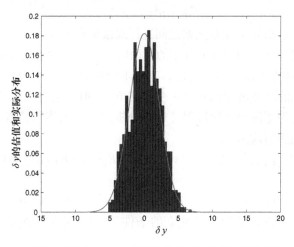

图 3.1　δy 的经验分布和 CLT 数据集的比较（参数空间的维数 $d=5$）

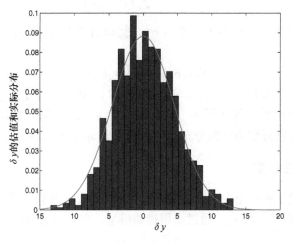

图 3.2　δy 的经验分布和 CLT 数据集的比较（参数空间的维数 $d=15$）

的质量。应用程序设定为 $\theta_{d=5} = [2.47, -2.55, 0.52, 1.10, -0.50]$ 和 $\theta_{d=15} = [-2.81, 1.23, -2.65, -2.66, -1.99, -2.32, -1.50, 0.13, -1.48, -0.30, -1.67, -2.55, -2.89, 0.45, 2.47]$。1000 个 δx 向量已经根据均匀分布从 $[-1, 1]^d$ 超立方体矩阵中选取，绘制了 δy 的柱状图，并且和从 CLT $[\delta y = \mathcal{N}(0, \frac{1}{3}\theta^T\theta)]$ 中获得的高斯曲线进行了比较。可以看到，对于低维数 d，经验分布也很好地近似于高斯分布。

3.3.1.2 乘法扰动模型

在一个乘法模型下，δx 影响输入产生的扰动值为 $x_p = x(1 + \delta x)$。逐点误差 $\delta y = y_p - y$ 可以重新写作

$$\delta y = \theta^T(x \circ \delta x)$$

其中，$\circ$ 是矩阵点乘算子（在元素之间进行乘法运算）。

像之前一样，这里描述误差分布的前两阶矩阵，假设输入和扰动分别是根据分布 $f_x(0, C_x)$ 和 $f_{\delta x}(0, C_{\delta x})$ 获得的，它们本应该是独立的，只需要协方差矩阵 C_x 和 $C_{\delta x}$ 是已知的（或者可以提供一个预估值），但不是概率密度函数。输入以零为中心，仅是为了减少推导过程（进行分析之前引入零均值减法）。现在考虑输入和扰动，期望值成为

$$E_{x,\delta x}[\delta y] = E_{x,\delta x}[\theta^T x \circ \delta x] = \theta^T E_x[x] \circ E_{\delta x}[\delta x] = 0$$

方差

$$\mathrm{Var}(\delta y) = E_{x,\delta x}[\theta^T xx^T \circ \delta x \delta x^T \theta] = \theta^T C_x \circ C_{\delta x}\theta \tag{3.3}$$

在假设扰动对输入的影响是独立的条件下，$C_{\delta x}$ 是对角线的。如果是这样，式（3.3）变为

$$\mathrm{Var}(\delta y) = \sum_{i=1}^{d} \theta_i^2 \sigma_{\delta x,i}^2 \sigma_{x,i}^2$$

在特殊情况下，所有输入方差是 σ_x^2，扰动方差是 $\sigma_{\delta x}^2$，在输出级的方差简化为

$$\mathrm{Var}(\delta y) = \sigma_{\delta x}^2 \sigma_x^2 \theta^T \theta \tag{3.4}$$

如果比较式（3.4）中的方差和在式（3.2）中给出的方差，会发现前者是依据乘法模型产生的，等于后者（加法模型）放大 σ_x^2 倍。在加法模型的情况下，误差分布可以近似为高斯分布，使得满足 Lyapunov 条件。

3.3.2 非线性函数

现在定义关于 x 的至少两次可微的函数 $y = f(x)$，并且 x 是一个列向量，被扰动 δx 影响，假定值为 x_p。通过采用扰动模型，在 δx 的影响下，输出 δy 为

$$\delta y = f(x_p) - f(x)$$

δy 很难用一种封闭的形式表示，除非做出了关于函数 $f(\cdot)$ 性质或扰动 δx 的强烈的假设。采用非线性函数分析扰动传播在文献中是通过小扰动假设的方式实现的，例如，参考文献［129］所做的敏感性分析研究了扰动影响输入对函数输出造成的后果。

虽然小扰动假设可能会在几个情况下实现，这表明在一般情况下，如在第 5 章提到的，一个强假设需要被弱化。然而小扰动假设使数学性合理，可以根据 x 附近的泰勒定理展开 $f(x_p) = f(x + \delta x)$，且不进行二次项的展开，如下：

$$f(x + \delta x) = f(x) + J(x)^T \delta x + \frac{1}{2} \delta x^T H(x) \delta x + o(\delta x^T \delta x)$$

式中，$J(x) = \dfrac{\partial f(x)}{\partial x}$ 是梯度向量；$H(x) = \dfrac{\partial^2 f(x)}{\partial x^2}$ 是 Hessian 矩阵。

通过舍去高于二阶的项，在输出中传播的扰动变为如下形式：

$$\delta y = J(x)^T \delta x + \frac{1}{2} \delta x^T H(x) \delta x \tag{3.5}$$

在一个确定的框架内没有更多的内容可以介绍，除非对 $f(x)$ 或 δx 引入强烈的假设。然而转到一个随机的框架内，x 和 δx 被认为是相互独立同分布的随机变量，分别从分布 $f_x(0, C_x)$ 和 $f_{\delta x}(0, C_{\delta x})$ 中得出，δy 分布的前两阶矩可以计算出来。

事实上，在以上假设和采用关于 x 和 δx 的期望下，扰动输出的期望值式（3.5）变为

$$E[\delta y] = \frac{1}{2} E[\delta x^T H(x) \delta x] = \frac{1}{2} \text{trace}(E[H(x) \delta x \delta x^T]) = \frac{1}{2} \text{trace}(E[H(x)] C_{\delta x})$$

如果对于 Hessian 矩阵 $H(x) = \dfrac{\partial f(x)}{\partial x} \dfrac{\partial f(x)^T}{\partial x}$ 的拟牛顿近似成立，那么 $H(x)$ 是一个半定正二次型，并且

$$E[\delta y] = \frac{1}{2} \text{trace}(C_x C_{\delta x}) \tag{3.6}$$

式（3.6）中，如果考虑二次型的扩展（通过仅保持线性项获得一阶近似，提供一个空值），每个扰动对 $E[\delta y]$ 引入一个增量。为了计算 $\text{Var}(\delta y)$，只考虑扩展的一次项，这意味着只需保持函数 $f(x)$ 的线性近似。在以上假设和采用关于 x 和 δx 的期望下，扰动输出的方差变为

$$\text{Var}(\delta y) = E[J(x)^T \delta x \delta x^T J(x)] = \text{trace}(E[J(x) J(x)^T] C_{\delta x})$$

很显然，如果 $f(x) = \theta^T x$，推导就化简成线性函数的情形了。

3.4 从模型级的数据和不确定性中学习

本节研究的情况是参数化模型是从一系列噪声数据中建立的。使用有限的数

据量来估计模型，即确定最佳参数配置的估计值，对估计参数（见前面内容，参数已给定）除了噪声外引入了额外的不确定性来源。事实上，给定具有相同基数的不同数据集，将得到具有概率为 1 的不同参数配置，在线性模型情况中也是如此。当选择一个非最优（"错误"）的模型来描述数据时会发生什么呢？由所选择的模型系列限制的最优参数配置和在有限数据集上的配置的当前参数配置的关系是怎样的？由于估计的参数向量是一个以最优为中心的随机变量的实现，所以从可用数据中获得的模型可以被看作是一个扰动模型，是由扰动影响参数向量引起的。那么这种扰动对模型性能的影响是什么？本节旨在解决上述几个方面的问题。

3.4.1 学习基础：固有风险、近似风险和估计风险

设 $Z_N = \{(x_1, y_1), \cdots, (x_N, y_N)\}$ 为由 N 对输入 - 输出组成的集合。机器学习的目的是建立最简单的近似模型，能够解释过去的 Z_N 数据和未来由数据产生过程提供的实例。

然后考虑这样的情况，数据生成的过程（系统模型）由

$$y = g(x) + \eta \tag{3.7}$$

来规定，其中 η 如果真的存在，是对未知的非线性函数 $g(x)$ 有不确定性影响中的噪声项的模型。一旦通用的数据 x_i 可用，式（3.7）提供值 $y_i = g(x_i) + \eta_i$，η_i 是随机变量的一个实现。在实际的情况下，系统的功能是建立一个模型，通过接收输入值 x_i，提供输出值 y_i。本书认为输入和输出都是通过传感器测量出来的量。学习的最终目标是通过参数向量 $\theta \in \Theta \subset \mathbb{R}^p$ 参数化的模型系列：

$$f(\theta, x) \tag{3.8}$$

根据数据集 Z_N 中已有的信息，建立一个 $g(x)$ 的近似值。一个合适的模型系列 $f(\theta, x)$ 的选择可以通过一些和系统模型相关的可用的先验信息来推动。如果数据可能是由一个线性模型或一个非线性模型产生的，那么就应该考虑这类模型。在这种情况下，系统依赖于由系统识别理论提供的大量结果，例子见参考文献 [130]。学习过程的结果是参数配置 $\hat{\theta}$，所以模型 $f(\hat{\theta}, x)$ 的质量/准确度必须被评估。

如果准确度性能不能满足并存在改进的余地，那么必须选择一个新的模型系列，并重复学习过程。例如，如果在一个新数据集中，重建值 $f(\hat{\theta}, x)$ 和测得的值 $y(x)$ 之间的残差不是一个白噪声（测试程序），那么有信息是模型 $f(\hat{\theta}, x)$ 不能捕捉到的。一个新的更丰富的模型系列应该被选择，并且应该重新开始学习。在这个方面，前馈神经网络已被证明是通用函数逼近器 [131]，即可以近似任意非线性函数，是解决上述学习问题 [39] 理想的候选方案。然而神经模型系列的复杂性是要与数据提供的信息内容相匹配的，否则可能会得到很差的近似准确度，这

种性能缺失和过度拟合相关（相比有效需求，由模型系列暴露的自由度是超维度的，使噪声影响数据的情况也被学习）或与欠拟合有关（关于可用数据和模型的维度是不足的，模型不能提取存在于数据中的所有信息）。

接下来，基于 Vapnik[132-134] 提出的统计公式集，提出了关于数据机制的经典学习。

定义结构风险函数为

$$\overline{V}(\theta) = \int L(y, f(\theta, x)) p_{x,y} \mathrm{d}xy \qquad (3.9)$$

式中，$L(y, f(\theta, x))$ 是评估 $g(x)$ 和 $f(\theta, x)$ 之间距离的差异损失函数；$p_{x,y}$ 是与概率密度函数 $f(x,y)$ 随机变量向量相关的独立同分布。

结构风险式（3.9）根据损失函数 $L(y, f(\theta, x))$ 评估了一个给定模型的准确度。

服从于由模型系列 $f(\theta, x)$ 的特别选择约束的最优模型 $f(\theta°, x)$ 的最佳参数 $\theta°$ 是

$$\theta° = \arg \min_{\theta \in \Theta} \overline{V}(\theta)$$

然而不能使用 $p_{x,y}$，仅数据集 Z_N 是可用的。这一信息可以使得构建经验分布：

$$\hat{p}_{x,y} = \frac{1}{N} \sum_{i=1}^{N} D_\delta(x - x_i, y - y_i) \qquad (3.10)$$

式中，$D_\delta(x - x_i, y - y_i)$ 是狄拉克函数。

式（3.10）中估计值 $\hat{p}_{x,y}$ 应用在式（3.9）中会得出经验风险：

$$V_N(\theta) = \frac{1}{N} \sum_{i=1}^{N} L(y_i, f(\theta, x_i)) \qquad (3.11)$$

最后，最小化的经验风险提供了 $\hat{\theta}$ 估计值：

$$\hat{\theta} = \arg \min_{\theta \in \Theta} V_N(\theta) \qquad (3.12)$$

反过来，模型 $f(\hat{\theta}, x)$ 近似于准确度性能为 $\overline{V}(\hat{\theta})$ 的函数 $g(x)$。在式（3.12）中定义的经验风险最小化也被称为学习过程，最小化过程则称为学习算法。

允许 $\hat{\theta}$ 收敛到 $\theta°$ 的条件以及关于收敛速度的观测将在本章的后面提出。这里首先介绍和后续分析相关的固有风险、近似风险和估计风险的概念。

定义 $V_I = \overline{V}(\theta°)|_{g(x) = f(\theta°, x)}$ 为固有风险，即一个非空的固有风险，当未知函数 $g(x)$ 属于已选择的模型系列时，$g(x) = f(\theta°, x)$。改写和模型 $f(\hat{\theta}, x)$ 相关的结构风险 $\overline{V}(\hat{\theta})$，即所得到模型的性能为

$$\overline{V}(\hat{\theta}) = [\overline{V}(\hat{\theta}) - \overline{V}(\theta°)] + [\overline{V}(\theta°) - V_I] + V_I \qquad (3.13)$$

与该模型相关的风险由 3 项组成：

- 固有风险 V_I。这个风险仅取决于学习问题的结构，由于这个原因，它只

有通过改善问题本身，即通过作用于生成数据的过程（例如通过设计一个更精确的传感器架构）来改善自己。此外别无他法，这是可以得到且能够得到的最小风险（意味着在函数逼近中最佳的准确度性能）没有引起其他两个风险的不确定性的来源。

- 近似风险 $\overline{V}(\theta°) - V_\mathrm{I}$。这个风险取决于模型系列（也称假设函数空间）对生成数据过程的封闭程度。为了改善其性能，需要选择表现力越来越强的模型系列，即根据品质因数 $L(·,·)$ 选择包含或非常接近 $g(x)$ 的模型。给定一个未知函数 $g(x)$，需要选择通用函数逼近器为近似函数族，如前馈神经网络。
- 估计风险 $\overline{V}(\hat{\theta}) - \overline{V}(\theta°)$。估计风险取决于学习机制选择一个接近 $\theta°$ 的参数向量 $\hat{\theta}$ 的能力。如果有一个有效的学习过程，则希望能够得到一个接近于 $\theta°$ 的 $\hat{\theta}$，使模型风险所产生的影响可以忽略不计。

该理论使人们能够了解学习固有的局限性。学习问题是受误差的 3 个来源影响的，其中固有误差源是由问题的性质决定的，因此不能通过学习来改善。其余的误差源，即那些由近似和估计过程引入的，则是学习过程的真正目标。

如果学习方法有一些基本的一致性的特征（正如时间性最强的方法具有的那样），逐渐逼近可用数据 N 的个数，近似和估计误差都可以被有效控制。但是当数据集较小时，学习误差的主要成分是确定的，前提是如果这个方法和采用近似误差一致，即采用模型系列 $f(\theta, x)$ 接近于生成数据 $g(x)$ 的程度。换句话说，模型风险是由逼近函数 $f(\theta, x)$ 而不是由训练程序的选择决定的。所以，在没有先验信息的情况下，没有理由选择一致性的学习方法而排除另一种方法。应用于学习问题是分类的这一具体情况的具体细节可以参考参考文献［135］。

示例：固有、近似和估计风险

考虑一个二次损失函数 $L(y, f(\theta, x)) = [y - f(\theta, x)]^2$ 和生成由 $g(x) = x$，$x \in [0, 1]$ 规定的数据的过程，其受高斯噪声影响，所以 $\eta = \mathcal{N}(0, \sigma_\eta^2)$：

$$y = x + \eta$$

考虑函数族 $f(\theta, x) = k$，$\theta = [k]$。结构风险变为

$$\overline{V}(\theta) = \int (x + \eta - k)^2 \frac{1}{\sqrt{2\pi}} e^{\frac{-\eta^2}{2}} dx d\eta \qquad (3.14)$$

经过微积分，结果为

$$\overline{V}(\theta) = \frac{1}{3} + \sigma_\eta^2 + k^2 - k \qquad (3.15)$$

图 3.3 针对情况 $\sigma_\eta^2 = 0.01$ 绘出了结构风险为 k 的函数。曲线由最小值 $\theta°$ 表征。

最优值

$$\theta° = \arg\min_{\theta \in \Theta} \overline{V}(\theta)$$

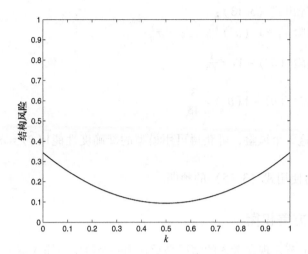

图 3.3　结构风险作为 k 的函数（结构风险提出了一个唯一的最小值 θ°，对应 $k = \dfrac{1}{2}$）

可以通过利用稳态关系 $\dfrac{\partial \overline{V}(\theta)}{\partial \theta} = 0$ 推导出 $\theta^\circ = \left[\dfrac{1}{2}\right]$。假设学习过程已经提供了值

$\hat{\theta} = \left[\dfrac{1}{4}\right]$，学习情况如图 3.4 所示，有一些通过系统模型 $y = x + \eta$ 生成的点，最

佳模型结构风险最小化 $y = \dfrac{1}{2}$，另一个可用的是 $y = \dfrac{1}{4}$。

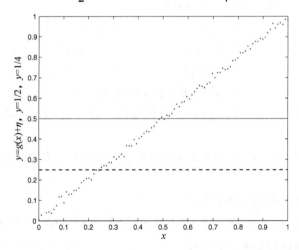

图 3.4　学习过程的关键要素（这个过程产生数据 $y = x + \eta$，最优模型结构风险最小化

$y = f(\theta^\circ, x) = \dfrac{1}{2}$，由学习过程提供的一个 $y = f(\hat{\theta}, x) = \dfrac{1}{4}$）

现在容易导出式（3.13）：

- 固有风险 $V_{\mathrm{I}} = \bar{V}(\theta^{\circ})|_{g(x)=\frac{1}{2}} = \sigma_{\eta}^2$;

- 近似风险 $\bar{V}(\theta^{\circ}) - V_{\mathrm{I}} = \dfrac{1}{12}$;

- 估计风险 $\bar{V}(\hat{\theta}) - \bar{V}(\theta^{\circ}) = \dfrac{3}{48}$ 。

通过增加这 3 个风险，可获得可用模型的准确度性能 $\bar{V}(\hat{\theta}) = \sigma_{\eta}^2 + \dfrac{7}{48}$ 。符合

对于 $\hat{\theta} = \left[\dfrac{1}{4}\right]$ 时使用式（3.15）的预期。

3.4.2 偏移方差权衡

结合 3.4.1 节，现在考虑的情况是旨在为一个给定的输入值 x 确定预期的预测误差为一个二次损失函数平方误差（SE），即这个误差应该可以在一个未知实例 x 上测试。训练模型 $f(\hat{\theta}, x)$ 已经通过根据经验公式最小化式（3.12）导出，对在给定样本 x 关于噪声取期望值，即

$$\mathrm{SE}_{\mathrm{PE}(x)} = E\left[y(x) - f(\hat{\theta}, x)\right]^2 \qquad (3.16)$$

这里提出一个在文献中被称为偏移方差权衡的主要结论。SE 可以看作分解成由模型引入的固有误差或由估计过程引入的近似误差。详细阐述式（3.16）如下：

$$\begin{aligned}
\mathrm{SE}_{\mathrm{PE}} &= E\left[y(x) - f(\hat{\theta}, x)\right]^2 \\
&= E\left[y(x) - g(x) + g(x) - f(\hat{\theta}, x)\right]^2 \\
&= E\left[(y(x) - g(x))^2\right] + E\left[(g(x) - f(\hat{\theta}, x))^2\right] \\
&\quad + 2E\left[(y(x) - g(x))(g(x) - f(\hat{\theta}, x))\right] \\
&= E\left[\eta^2\right] + E\left[(g(x) - f(\hat{\theta}, x))^2\right]
\end{aligned}$$

由于 $E\left[(y(x) - g(x))(g(x) - f(\hat{\theta}, x))\right] = 0$ 。实际上，可以把这项重新写成

$$E\left[y(x)g(x)\right] + E\left[y(x)f(\hat{\theta}, x)\right] - E\left[g(x)g(x)\right] + E\left[g(x)f(\hat{\theta}, x)\right]$$

且

$$\begin{aligned}
E\left[y(x)g(x)\right] &= g^2(x) \\
E\left[y(x)f(\hat{\theta}, x)\right] &= E\left[(g(x) + \eta)f(\hat{\theta}, x)\right] = E\left[g(x)f(\hat{\theta}, x)\right] \\
E\left[g(x)g(x)\right] &= g^2(x)
\end{aligned}$$

因此，SE 可以在噪声的方差中分解，且真正的函数和估计函数之间的 SE 为

$$E\left[\mathrm{SE}\right] = \sigma_{\eta}^2 + E\left[(g(x) - f(\hat{\theta}, x))^2\right] \qquad (3.17)$$

式（3.17）的第二项可以通过使用以上使用的相同技巧进一步细化，需要

加减 $E[f(\hat{\theta}, x)]$：

$$E[(g(x) - E[f(\hat{\theta}, x)] + E[f(\hat{\theta}, x)] + f(\hat{\theta}, x))^2]$$

$$= E[(g(x) - E[f(\hat{\theta}, x)])^2] + E[(E[f(\hat{\theta}, x)] - f(\hat{\theta}, x))^2]$$

$$+ 2E[(g(x) - E[f(\hat{\theta}, x)])(E[f(\hat{\theta}, x)] - f(\hat{\theta}, x))]$$

取消二重积，由于：

$$E[g(x)E[f(\hat{\theta}, x)]] = g(x)E[f(\hat{\theta}, x)]$$

$$E[g(x)f(\hat{\theta}, x)] = g(x)E[f(\hat{\theta}, x)]$$

$$E[E[f(\hat{\theta}, x)]^2] = E[f(\hat{\theta}, x)]^2$$

$$E[f(\hat{\theta}, x)E[f(\hat{\theta}, x)]] = E[f(\hat{\theta}, x)]^2$$

式（3.17）最终可写成

$$\mathrm{SE_{PE}} = \sigma_\eta^2 + E[(g(x) - E[f(\hat{\theta}, x)])^2] + E[(E[f(\hat{\theta}, x)] - f(\hat{\theta}, x))^2]$$

$$(3.18)$$

式（3.18）声明近似函数 $f(\hat{\theta}, x)$ 的准确度性能可以通过 3 个项来描述。第一项是固有噪声的方差且不能被取消，与近似值的优劣无关。第二项是偏差的二次方，当模型生成过程能够提供模型系列 $f(\theta^\circ, x)$ 的最佳模型时，表示在近似真实函数 $g(x)$ 时的二次误差（回忆，最佳模型是最小化真实函数与建立在无噪声的环境中拥有无限的训练点的最优近似值之间的距离）。实际上，根据 $\mathrm{SE_{PE}}$ 品质因数，偏差表示两个函数之间的一个差异。最后一项被称为方差，它表示的方差是由于考虑近似模型 $f(\hat{\theta}, x)$ 而不是模型系列 $f(\theta^\circ, x)$ 中的最佳模型引入的。当然，如果模型生成过程能够提供一个更准确的模型，这个方差项可以简化。

注意

回想只有在输入分布均匀时，SE 是二次逐点差值的积分。当情况并非如此时，二次偏差由概率密度函数 f_x 加权来区别误差对更适合的输入的影响。例如，如果考虑区间 $X = [0, 1]$、$g(x) = x^2$ 以及近似函数 $f(\hat{\theta}, x) = x$，二次偏差是 SE = 1/30。不同的是，如果产生概率密度函数 $f_x = 2$（如果 $x \leq 0.25$），$f_x = 2/3$（如果 $x > 0.25$），那么 SE ≈ 0.027。均方误差（MSE）对 SE 的收敛的相关结果会在第 4 章给出。

从式（3.18）中观察到，为了最小化 $\mathrm{SE_{PE}}$，需要在输入空间上最小化偏差和方差项。然而这并不是不重要的，例如，如果模型系列在自由度方面足够丰富（也就是说，维度能够覆盖相关问题），那么 $f(\hat{\theta}, x)$ 将会完美地插入训练数据。这将使偏差高次项完全被消除。一般来说，找到一个最佳的偏移方差折中是一个艰巨的任务，但是可以找到一个可接受的解决方案，例如依靠早期停止技术，通过交叉验证方法，或通过在学习过程中引入正则化[39]。

3.4.3　非线性回归

回归问题是学习的特例，旨在确定最好的静态模型近似一个未知的静态函数。该框架假定存在一个时不变模型生成一对（x_i，y_i）填充数据集 Z_N。前面提到学习框架是有经验/结构性风险的，这里提出的渐近公式在如何使学习框架形式化上给读者一个不同的期待。

在形式上定义结构风险：

$$\overline{V}_N(\theta) = \frac{1}{N} \sum_{i=1}^{N} E[L(\varepsilon_i(\theta))]$$

经验风险：

$$V_N(\theta) = \frac{1}{N} \sum_{i=1}^{N} L(\varepsilon_i(\theta))$$

其中在样本（x_i，y_i）中，$\varepsilon_i(\theta) = y_i - f(\theta, x_i)$ 是预测误差。最优参数被定义为

$$\theta^\circ = \arg\min_{\theta \in \Theta} \left[\lim_{N \to +\infty} \overline{V}_N(\theta) \right]$$

估计值为

$$\hat{\theta} = \arg\min_{\theta \in \Theta} V_N(\theta)$$

以下分析认为在最优值 θ° 周围结构风险达到最小化（注意，在正则化假设下，当 $N \to \infty$ 时 $\overline{V}_N \to \overline{V}$）。如果存在局部最小值，且发现本身就是其中一个局部最小值，要求存在一个唯一的最优值的邻域，分析范围就限制在这个邻域内。

正如参考文献［137］所述，要求近似函数 $f(\theta, x)$ 是利普希茨（Lipshitz）函数，且三阶偏导数对 θ 和 ε 被一个常数限制（正常条件）。在这些假设下，当 $N \to \infty$ 时 $\hat{\theta}$ 在概率 θ° 收敛，参数向量的分布遵循多元高斯分布：

$$\lim_{N \to \infty} \sqrt{N} \sum_{N}^{-\frac{1}{2}} (\hat{\theta} - \theta^\circ) \sim \mathcal{N}(0, I_p) \tag{3.19}$$

$\overline{V}_N$ 的 Hessian 矩阵被定义为 $\overline{V}''_N$：

$$\sum_{N} = [\overline{V}''_N(\theta^\circ)]^{-1} U_N [\overline{V}''_N(\theta^\circ)]^{-1}$$

d 阶方阵 U_N 为

$$U_N = NE\left[\left(\frac{\partial V_N(\theta)}{\partial \theta} \right) \left(\frac{\partial V_N(\theta)}{\partial \theta} \right)^T \right]$$

I_p 是 p 阶单位矩阵。

注意

该框架设计为一般的非线性情况，但非线性不允许获得闭型解，除非做出特定假设。在非线性回归中，确定一个适合的非线性模型系列 $f(\theta, x)$ 通过足够的表达能力表征来保持尽可能小的近似风险，这可以通过求助于通用函数逼近器来实现，举例来说，正反馈神经网络或径向基函数[39,131]可以作为 $f(\theta, x)$。那么必须控制所选择的神经网络的估计误差，可以通过选择一个有效的学习算法来执行一个应用于经验风险的操作，比如一个二阶莱温伯格 - 马夸特（Levenberg -

Marquardt）算法、DFP 算法或 BFGS 算法（见参考文献［125］综合处理）。甚至可能需要多次运行算法来减少在 V_N 函数中存在局部最小值的情况。

一旦训练完成，上述算法的有效性必须限定在正则化假设下建立唯一的局部最小值的邻域。然而对于超维的神经网络，由学习过程提供的最小化可能是一个鞍点，人们认为这种最低限度的统一性是不存在的。这里还要强调如果再次运行学习算法，将会以一个不同的可能最小值结束学习，这是参数空间和对于初始权重随机选择的复杂性的结果。最终的最小值还取决于 Z_N 的特定选择。虽然在实际应用中推导似乎有一点影响，但当逼近函数是线性的时，无论是静态的还是动态的，都是相关的，如 3.4.4 节和 3.4.5 节所述。

3.4.4　线性回归

线性回归是非线性回归的一种相关的特殊情况，此时系统生成的数据是线性的。

$$y = g(x) + \eta = \theta^{\circ T} x + \eta \tag{3.20}$$

式中，θ° 是未知参数向量的估计值；$\eta \sim \mathcal{N}(0, \sigma_\eta^2)$ 是方差为 σ_η^2 的一个白噪声。

当数据从传感器采集上来时，要求噪声都能充分满足高斯分布。换句话说，假设来自传感器（或其他可用的）的离散数据可以被一个线性模型最优化描述。然而，只有数据集 Z_N 是可用的，才希望从有限的数据集开始提供 θ° 的一个估计值 $\hat{\theta}$。

选择线性模型系列 $f(\theta, x) = \theta^T$，损失函数是 SE。满足导出式（3.19）所需的假设，且如果输入是线性无关的，就能得到唯一的最小值 θ°（否则只能删除相关输入）。

$\bar{V}_N$ 和 V_N 选为

$$\bar{V}_N(\theta) = \frac{1}{2N} \sum_{i=1}^{N} E[\varepsilon_i(\theta)^2]$$

$$V_N(\theta) = \frac{1}{2N} \sum_{i=1}^{N} \varepsilon_i(\theta)^2$$

由于

$$\left. \frac{\partial V_N(\theta)}{\partial \theta} \right|_{Z_N} = -\frac{1}{N} \sum_{i=1}^{N} \varepsilon_i(\theta) x_i$$

通过利用 x 和 ε 之间的独立性，回顾 $E[\varepsilon_i \varepsilon_j] = 0$，$\eta$ 是一个独立同分布随机变量：

$$U_N(\theta) = \frac{1}{N} E\left[\sum_{i=1}^{N} \varepsilon_i(\theta) x_i \sum_{j=1}^{N} \varepsilon_j(\theta) x_j^T \right] = \frac{1}{N} \sum_{i=1}^{N} \sum_{j=1}^{N} E[\varepsilon_i(\theta) \varepsilon_j(\theta) x_i x_j^T]$$

$$= \frac{1}{N} \sum_{i=1}^{N} \sum_{j=1}^{N} E[\varepsilon_i(\theta) \varepsilon_j(\theta)] E[x_i x_j^T] = \frac{1}{N} \sum_{i=1}^{N} E[\varepsilon_i(\theta)^2] x_i x_i^T$$

当

$$\overline{V}_N'' = \frac{\partial^2 \,\overline{V}_N(\theta)}{\partial \,\theta^2} = \frac{1}{N}\sum_{i=1}^{N} x_i\, x_i^{\mathrm{T}}$$

由于 $E[\varepsilon_i(\theta)^2] = \sigma_\eta^2$：

$$U_N(\theta) = \sigma_\eta^2 \frac{1}{N}\sum_{i=1}^{N} x_i\, x_i^{\mathrm{T}} = \sigma_\eta^2\, \overline{V}_N''(\theta)$$

$\sum_N$ 的表达式可简化为

$$\begin{aligned}\sum_N &= [\,\overline{V}_N''(\theta^\circ)\,]^{-1} U_N(\theta^\circ)[\,\overline{V}_N''(\theta^\circ)\,]^{-1}\\ &= [\,\overline{V}_N''(\theta^\circ)\,]^{-1}\sigma_\eta^2\,\overline{V}_N''(\theta^\circ)[\,\overline{V}_N''(\theta^\circ)\,]^{-1}\\ &= \sigma_\eta^2[\,\overline{V}_N''(\theta^\circ)\,]^{-1} = \sigma_\eta^2[\,\overline{V}_N''\,]^{-1}\end{aligned}$$

另外在线性情况中，根据式（3.19），参数的分布是高斯分布，且化简为

$$\lim_{N\to\infty}(\hat{\theta}-\theta^\circ) \sim \mathcal{N}\left(0, \frac{\sigma_\eta^2}{N}[\,\overline{V}_N''\,]^{-1}\right)$$

协方差取决于噪声的方差和输入 Hessian 矩阵的逆 $\overline{V}_N'' = \frac{1}{N}\sum_{i=1}^{N} x_i x_i^{\mathrm{T}}$。

注意

本书认为线性必须是对于参数 θ 而言。同样对于一个通用函数 ϕ，任何模型系列 $f(\theta, x) = \theta^{\mathrm{T}}\phi(x)$ 均可以被使用。假设自动生效，并且结果成立。本注意对机器学习有一定的相关性，ϕ 函数可以作为输入的转换（特征提取）。

3.4.5　线性时不变预测模型

对于给定的数据流，可以考虑的最常见的一个应用是设计动态模型能够随时间的推移来逼近。这可以通过不同的方法来实施，例如，通过限制最常见的线性技术分析，考虑空间状态描述或预测输入 – 输出模型。接下来将专注于预测模型，它们将用于第 10 章。

假定系统模型的物理描述是不可用的，且未知的动态系统生成的数据是时不变的。

根据 Ljung[130] 设立的符号，给定一个参数向量 $\theta \in \Theta$，输入和输出序列分别是 $u^t = (u(1), \cdots, u(t)) \in \mathbb{R}^{t\times m}$，$u(\,\cdot\,) \in \mathbb{R}^m$ 以及 $y^{t-1} = (y(1), \cdots, y(t-1)) \in \mathbb{R}^{t-1}$，预测模型以一步预测在 t 时刻的形式输出 $y(t)$ 为

$$\hat{y}(t, \theta) = f(\theta, u^t, y^{t-1})$$

对模型 $f(\theta, u^t, y^{t-1})$ 在 t 时刻的预测误差为

$$\varepsilon(\theta, u^t, y^{t-1}) = \varepsilon(t, \theta) = y(t) - \hat{y}(t, \theta)$$

结构风险 $\overline{V}_N(\theta)$ 可被定义为

$$\bar{V}_N(\theta) = \frac{1}{N}\sum_{t=1}^{N}E[L(\theta, \varepsilon(t, \theta))]$$

式中，$L(\cdot, \cdot) \in \mathbb{R}$ 是一个合适的损失函数，期望值取关于 u 和 y 的分布。

最优参数配置是一个最小化结构风险：

$$\theta^\circ = \underset{\theta \in \Theta}{\arg\min}\Big[\lim_{N \to +\infty}\bar{V}_N(\theta)\Big]$$

根据 3.4.1 节中提出的过程，给定输入 – 输出训练序列 $Z_N = \{(u(t), y(t))\}_{t=1}^{N}$，经验风险变成

$$V_N(\theta, u^t, y^{t-1}) = \frac{1}{N}\sum_{t=1}^{N}L(\theta, \varepsilon(t, \theta))$$

经验风险最小化导致参数配置 $\hat{\theta}_N$：

$$\hat{\theta}_N = \underset{\theta \in \Theta}{\arg\min}\,V_N(\theta, u^t, y^{t-1})$$

下面假定选择了适当的模型，并且在识别阶段不退化（否则它必须按比例缩小成一个较小的模型）。

根据在参考文献［130，136，137］中提出的理论框架，在温和的假设下，最近的数据足以生成 $u(t)$ 和 $y(t)$ 的准确近似，$f(\cdot)$ 是对 θ 的三次可微，并且满足利普希茨（Lipschitz）条件，结构风险是一个凸函数，$W_N(\theta)$ 的最小值提供一个唯一的点 θ°，的确：

$$\lim_{N \to \infty}V_N - \bar{V}_N \to 0 \quad \text{w. p. } 1$$

因此

$$\lim_{N \to \infty}\hat{\theta}_N \to \theta^\circ \quad \text{w. p. } 1$$

$$\lim_{N \to \infty}\sqrt{N}\sum\nolimits_N^{-\frac{1}{2}}(\hat{\theta}_N - \theta^\circ) \sim \mathcal{N}(0, I_p)$$

$\sum_N$ 是协方差矩阵：

$$\sum\nolimits_N = [W_N''(\theta^\circ)]^{-1}U_N[W_N''(\theta^\circ)]^{-1}$$

$$U_N = NE[V_N'(\theta^\circ)V_N'(\theta^\circ)^{\mathrm{T}}]$$

式中，$W_N'' = \dfrac{\partial^2 W_N}{\partial \theta^2}$ 是 W_N 的 Hessian 矩阵；$V_N' = \dfrac{\partial V_N}{\partial \theta}$ 是 V_N 的梯度。

这个定理确保给定一个足够大的 N，$\hat{\theta}_N$ 遵循一个平均向量为 θ° 及协方差矩阵为 $\dfrac{\sum_N}{N}$ 的多元高斯分布。

该定理考虑了最优模型与数据生成过程之间存在模型偏差的情况。实际上，在前面提到的假设下，甚至在模型偏差的情况下，存在一个唯一的最优值 $\theta^\circ \in \Theta$。

上述公式允许对参数可容忍的扰动空间由高斯分布规定。有一个应用程序就可以计算矩阵 $\sum_N$ 的估计值，从而知道期望的参数的不确定性。有了关于 $\hat{\theta}$ 的不确定性分布，现在可以准确估计期望的不确定性，例如，在第 4 章中通过使用随机技术解释的 $\bar{V}(\hat{\theta})$。

3.4.6 应用级别的不确定性

最后需要注意的一点是，除了可能经历前面综述的不确定性的不同来源，也有在应用级别的不确定性。这种不确定性来源于这样一个事实，即人们往往不知道应用程序的解决方案，设计它时，只要有可用的先验信息，就利用一些先验信息。结果是用一个数值算法来描述应用。

然而，可能会考虑另一个比现有的解决方案更好、更坏或差不多的解决方案。很明显，将保留最佳的解决方案，同样满足一些额外的应用限制，如计算复杂度、功率/功耗或者内存需求等。应用解决方案可能是复杂的，可能按照一个分割法，将应用分割成几部分，每个部分必须用最适当的信号/图像处理或计算智能工具来解决。

然而，从一个高层次的角度来看，问题的关键要素是未知的理想迭代训练算法、在自身场景 $g(x)$ 下的优化和找到的最佳解决方案 $f(x)$，x 代表提供给应用的输入向量。在应用水平的不确定性可以通过引入两个函数之间的一个差异 $L(\cdot,\cdot)$ 并计算来估计：

$$\bar{V}(f, g) = \int L(g(x), f(x)) p_x \mathrm{d}x$$

式中，p_x 是输入空间上引入的概率密度函数。

函数 $g(x)$ 是未知的，但是作为一个预知值（Oracle），一旦查询到输入 x，它就会提供噪声值 $y = g(x, \eta)$。η 是一个未知的噪声并影响 y 的生成过程。

很明显，如果没有适当选择函数 $f(x)$ 且没有很好地逼近 $g(x)$，那么应用的偏差会增加。如果假设函数 $f(\cdot)$ 属于一个函数空间 F，那么与近似和固有风险相关的各个方面也可以扩展成这个框架，可能但不一定被参数化。

现在问题需要用 $\hat{V}(f, g)$ 来估计 $\bar{V}(f, g)$，其不仅包括数据集 Z_N，而且也包括能够调用预知值（Oracle）所需要的时间。第 7 章将会确定最佳 N 值以便使 $\hat{V}(f, g)$ 成为 $\bar{V}(f, g)$ 的一个很好的估计。现在假设已经找到了一套解决方案 $F_f = \{f_1(x), f_2(x), \cdots, f_n(x)\}$。由于很难保证解决方案是独立同分布的，只能选择最佳方案 $f(x)$ 作为一个最小化误差函数集 F_f：

$$\bar{f}(x) = \underset{f_i(x) \in F_f}{\arg\min} \hat{V}(f, g)$$

除非提供了先验的信息，否则所能做的也不多。

第4章 随机算法

有一类非常重要的问题，当用确定性的形式描述时，这些问题在计算上是行不通的，但是当使用概率公式描述时，它可能变得易于处理。对于那些问题，不再寻求这个问题的解决方案，而是根据一些概率的优点，找到一个解决方案解决这些问题。

下面是当系统的计算受到扰动影响时对其性能的评估（鲁棒性分析）的几个例子：对嵌入式系统或算法的性能水平的满意度验证（性能验证问题）、函数极值的识别（函数优化问题）和鲁棒控制器的设计与分析，仅举几个应用程序的例子。放弃决定论所付出的代价是，得到的结果会以概率的形式存在。

由于这里重点讨论的是嵌入式计算，我们将看到，在嵌入式系统的运行过程中，可能会出现一些违反应用程序约束的特殊情况。然而，这种情况是可以被接受的，如果只在很短时间内违反限制，并且违反限制是一种很少发生的事件。这些方面将会在第 5 章和第 7 章予以讨论。

在这里，要求能够解决一类大量的以数字为基础的问题，在勒贝格（lebesgue）可测函数空间中发现恰当的数学模型。

定义：勒贝格可测性

人们认为泛型函数 $u(\psi)$，$\psi \in \Psi \subseteq \mathbb{R}^l$ 是遵从于 Ψ 勒贝格可测的，当它的广义阶跃函数通过在 N 个任意域分割 Ψ 的方式逼近 S_N 时，得到

$$\lim_{N \to \infty} S_N = u(\psi)$$

保持集 $\Psi - \Omega$，$\Omega \subseteq \mathbb{R}^l$ 是一个空测度集[20]。

本书指出，由有限步有限时间算法生成的函数，如任何与工程有关的数学计算，都不可能是勒贝格不可测的。事实上（见参考文献 [21]），产生不可测函数的唯一方法是在不可数的集合族上调用选择公理（Axiom of Choice）。这个程序纯粹是理论上的，以这种方式获得的对象必然是不可构造的，因为构造过程将涉及无数的任意选择。

在勒贝格可测性假设下和通过定义一个支持 Ψ 的概率密度函数 f_ψ，结果表明，可以通过抽样 Ψ 和借助概率分析将计算困难的问题转化成为易处理的问题。随机化作为这种方法的主要要素，承认了获得的结果在概率上有效，其特征用一个任意准确度和抽取样本数的置信度函数来描述。用多项式时间算法解决问题的可能性很大程度上弥补了确定性的损失。

事实上，在嵌入式系统上执行的所有有用的算法均可以被描述为勒贝格可测函数，许多有趣的问题都可以用相同的形式来描述。然而，要为问题的解设置一个一般框架，不能期望为所有勒贝格可测应用找到一个闭型解，假设确定地解决与应用程序解决方案相关的计算困难问题。为了解决这一问题，在概率学习理论的控制下，用蒙特卡洛抽样方法重新构造了概率问题的确定性问题。

本章介绍了解决问题的随机化机制，其算法的描述被称作随机算法。

本章的结构如下：首先，简要介绍了与算法和问题相关的复杂性方面的内容。因为考虑到被描述为勒贝格可测函数的一个通用问题，解决方法基本上是无法处理的，将采取随机化的方式解决它。随后提出了蒙特卡洛方法这样的基本结果，样本数 n 的渐近性，使得某些估计值收敛到期望值（大数定律）。由于渐进结果在实际应用中用得比较少（不能通过获取无限多的样本来获得问题的解），需要在有限的 n 中寻找允许某些结果成立的边界，这可以通过将蒙特卡洛与学习理论的结果相结合的随机算法来实现。

4.1　计算复杂性

计算复杂性理论研究了与可计算问题的求解有关的内在困难。由于对于一个可计算问题存在一个算法，即问题的解可以用有限的步数在有限的时间内得到，根据给定的优点来达到最优的目的，找出解决问题的"最佳"算法是人们的兴趣所在。算法的复杂性一般被评估为一个抽象处理器执行它所需要的时间和内存资源。如果执行时间和内存资源是评估算法性能的品质因数，为了解决排序问题，可能会感兴趣的是：

- 评估排序算法的复杂性；
- 询问是否有可能找到更好的解决方案。

如果关注内存和执行时间，可以问几个问题，这些问题的答案是先验的，而不是无价值的。在已有的那些算法中，哪个算法使用的内存更少？哪一个平均表现最好（即序列中随机数据的预期执行时间）？当序列用相反的方式排列（最坏的情况）时，这就是算法的时间复杂度？如果希望在一个有限资源的真实处理器上执行算法，对于这些问题的回答（许多其他学者或实践者也可能会提出）是最基本的。

本书认为上面提出的问题代表了想要解决的具体问题，无论是决定性的还是概率性的，都是至关重要的。事实上，即使问题在原则上可以通过计算解决，在实际中，当算法需要难达到的执行时间或存储空间时，也许无法解决。问题是普遍的：任何计算机或嵌入式系统都有硬件的限制，这可能使给定算法的实际执行不可行。

4.1.1　算法分析

在算法领域的分析中，对于计算的复杂度，通过观测一些广泛的变量的尺度来接近要研究的算法，例如一个数据集 n 的基数或输入空间 n 的维数。

需要存储整个数据集吗？如果答案是肯定的，那么就需要 n 个单元格存储，大数据范式可能会成为一个问题。需要额外的数据结构来执行该算法吗？那么所需的存储空间是所有请求的内存资源的总和。

算法的时间复杂度可以按解决基本操作（指令）序列要求的时间进行分解，同样的，内存复杂度的情况变为扩展变量的函数。

例如，在算法 1 中给出的算法 A 计算两个 n 维整数向量 x, $y \in \mathbf{N}^n$ 中的标量积。

算法 A 的复杂度可以通过计算存储要求 $M(A)$ 和抽象计算执行时间 $C(A)$ 来计算。为简单起见，不考虑内存分配给向量和数据采集的相关复杂度，因为人们希望关注算法本身。内存要求仅仅是请求变量的总和（存储单元、字或字节数）：

算法 1：算法 A：计算两个向量标量积的简单算法

---

scalar_product = 0；

$i = 0$；

将内存分配给向量 x 和 y 并填充内容；

while $i < n$ **do**

    scalar_product = scalar_product + $x[i]y[i]$；

    $i = i + 1$；

end

$$M(A) = 2n + 2$$

然而计算的复杂度是

$$C(A) = (2n + 2)T_a + (n + 1)T_c + n(2T_+ + T_*)$$

式中，T_a 是请求分配的时间；T_c 与评估条件相关；T_+ 和 T_* 分别是请求执行加法和乘法运算的时间。

把所有时间元素 T 假定为在给定处理器上的恒定值（为方便理解，假定在具有独立指令的单核处理器上的连续执行，例如赋值、加法和乘法），处理器的速度越快，执行时间越短。很明显，平均情况、最坏的情况或一般情况的分析极为类似，因为复杂度不是由具体的数据实例决定的，而是取决于序列的基数。

当扩展变量 n 趋近于无穷大时，算法复杂度是由复杂度品质因数的渐近特性来定义的。结果是，对算法的复杂度的评估是通过研究其如何对问题的复杂度进行衡量的。这里，由一个特定处理器引入的依赖项假定为恒定值，可以忽略不计。

通过参考算法 1，$M(A)$ 大小为 $2n$，也就是说它的阶为 $O(n)$，而 $C(A) = n(2T_+ + T_c + T_* + 2T_a)$ 也是 $O(n)$ 阶的。可以得出，这两个函数 C 和 M 关于 n 都是线性的。可以知道，当有大量数据是可用的，算法的执行时间和内存复杂度关于 n 都是呈线性的。

大写的 "O" 表示法通过隐藏较小项的贡献描述了给定算法复杂度的特征。应用这个符号的优点是它可以使复杂度的评估独立于特定的硬件平台或已用的计算模型。其他评估一个算法复杂度的方法是通过提供更低和更高的边界来实现的[209]。

在顺序方式中，用一个不同的方法去求标量积的值。因为内存占用与 n 不成比例且循环迭代 $n + 1$ 次，根据两个品质因数，算法 2 的复杂度分别是 $M(B) = O(1)$、$C(B) = O(n)$。

算法 2：算法 B：连续标量积计算

```
scalar_product = 0;
i = 0;
为标量 x 和 y 分配内存;
while i < n do
    输入 x 和 y;
    scalar_product = scalar_product + xy;
    i = i + 1;
end
```

两个算法之间的比较用大写 "O" 表示法表示，根据以下排列对其复杂度排序：
$$\cdots O(k^{-n}) < O(n^{-k}) < O(n^{-1}) < O(1) < \cdots$$
$$< \cdots O(\log n) < O(n) < O(n^k) < O(k^n) < \cdots$$
式中，k 为一个严格正实数值。

显然，算法 A 和算法 B 就执行时间而言有相同的计算复杂度，但是算法 B 不需要存储两个向量，因此如果内存是个问题并且 n 增加，那么算法 A 复杂度更高。相反，对于少量数据，由于与算法运算相关的恒定项可能会保持不变，内存分配和输入读出操作可能会对最后的执行时间产生强烈的影响。然而这些情况与计算的复杂度无关。

复杂度也可以通过检查算法在最坏或平均情况下的行为来评估，当两种算法的平均复杂度相同时，通常采用最坏的情况对两种算法进行比较。

4.1.2 P 问题、NP 完全问题、NP 困难问题

如果一个问题 A 的计算时间复杂度是关于常数 k 的多项式 $O(n^k)$，那么认为这个问题属于 P 问题。换句话说，该算法解决了在多项式执行时间上的问题。一些作者，例如参考文献［23］声明这种特性具有可被认为是"有效解决"或"易处理"的问题的特征，这个说法不但在定性上是正确的，而且揭示了算法背后的内在复杂度。

不但求标量积的问题属于 P 问题，从给有限维向量排序，到验证图像中是否存在给定的模式以及对信号进行数字滤波，很多其他的算法都属于 P 问题。

例如，考虑为基数为 n 的数值向量排序这一问题。冒泡排序算法表明了复杂度 $O(n^2)$、归并排序 $O(n\log n)$ 是最坏的和平均情况都有，快速排序 $O(n\log n)$ 是平均情况，$O(n^2)$ 是最坏情况[24]。不同的算法有不同的复杂度。

参考图 4.1，非确定性多项式时间问题 NP 问题比 P 问题大。考虑到一个候选解决方案，NP 问题包含一类决策问题，在给定候选解的情况下，是否解或没有解决问题，可以在多项式时间内进行验证（换句话说，从解空间中抽取一个候选解，并在多项式时间内验证所选解是否有效）。NP 问题包含许多重要问题，最难的被称为 NP 完全问题。对于 NP 完全问题，没有已知的多项式时间算法可以解这个问题。下面是描述 NP 完全问题的一种不同的方式：如果一个决策问题是 NP 完全问题，并且任何其他的 NP 问题都可以归结为 NP 完全问题，那么其复杂度就由一个原问题的复杂度中的多项式所界定。

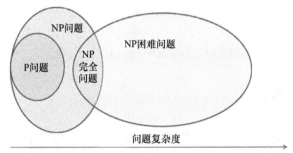

图 4.1 在 P≠NP 的条件下，P 问题、NP 问题、NP 完全问题和 NP 困难问题分类及其
包含关系（当从 P 问题转向 NP 困难问题时，复杂度增加）

当且仅当存在一个 NP 完全问题 L 在多项式时间内可以简化为 H 时，问题 H 就被认为是 NP 困难问题。换句话说，问题 L 可以在多项式时间内被解决，通过为 H 提供预知值（Oracle）的一个处理器来实现。同样，如果每个 NP 问题都可

以归结为这个问题，那么问题就是 NP 困难问题。仍然未解决的问题之一是 P = NP？或者不是，即一个 NP 问题可以在多项式时间内解决吗？这种的情况下，图 4.1 会退化为如图 4.2 所示。

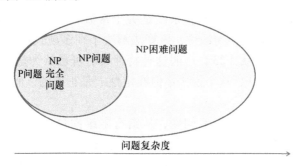

图 4.2 在 P = NP 的条件下，P 问题、NP 问题、NP 完全问题和 NP 困难问题分类及其包含关系（当移向 NP 困难问题时，复杂度增加）

即使认为答案是否定的，这个问题仍然没有一个正式的解。有兴趣的读者可以参考文献［25］对复杂度问题进行详细分析。

下面是 NP 困难问题的一个例子：给定一个勒贝格可测函数 $u(\psi) \in [0, 1]$、$\psi \in \Psi \subset \mathbb{R}^l$ 和值 $\gamma \in [0, 1]$，不等式 $u(\psi) \leqslant \gamma$ 对于任何 $\psi \in \Psi$ 都成立吗？这个问题模拟了对约束的满意度有多高的情况，它对于一个泛型函数 $u(\cdot)$ 无疑是难以计算的，因为应该对每一个 ψ_i 询问预知值（Oracle），并且问 "$u(\psi_i)$ 是否小于 γ?"。即使预知值（Oracle）单步响应（多项式时间响应），求解整个问题需要的查询数对于一个连续的空间 Ψ 也不是多项式。

在接下来的内容中，可以看到一些困难问题通过借助于概率得以解决。这类问题在文献中被认为是一类随机多项式时间（RP）问题。

4.2 蒙特卡洛方法

蒙特卡洛方法构成了一类使用重复随机采样方法和概率框架计算输出的算法。鉴于提供准确结果所需的采样量可能很大，但由于当前处理器和超级处理器所暴露的计算能力的进步，采样数据的全部有效性得以实现（该方法可以追溯到曼哈顿项目，在 1949 年 Metropolis 和 Ulam[8] 已经形成一篇重要论文）。

蒙特卡洛方法是解决一类问题的一个有效工具，此类问题由于所涉及函数的数学复杂度（例如来自物理和化学的积分 - 微分方程），几乎不能用解析方法求解。应该指出的是，蒙特卡洛方法是一系列方法而不仅仅是一种方法，其中每一个个性化的方法解决一类特定的问题。例如，有一种方法，用自身的数学结果来解决集成问题，另一种方法是用优化或计算数学来处理。有兴趣的读者可以参考参考文献 [12，13] 进行全面的分析和进一步拓展。如上所述，其核心思想是从空间采样并且观测某一属性的满意度或根据样本集合生成一个估计值；然后将结果汇总，为原来的问题提供一个近似的解决方案。接下来，首先介绍蒙特卡洛背后的思想，然后介绍该理论提供的主要结果。

4.2.1 蒙特卡洛背后的思想

用一个直接并且广泛使用的例子提出了蒙特卡洛方法：π 的估计。

示例 1：对 π 的概率估计

考虑边长为 $2r$ 的正方形 S 和正方形内接圆 C（见图 4.3）。假设在正方形上是均匀分布的，使从那得出的每个采样是等概率的。在正方形里画 n 个点，观测每个点是否属于圆形 C。这样做的直接问题就是，提取一点属于圆形中的概率 $\Pr_C$ 是多少。

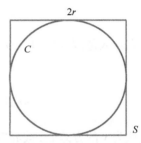

答案是这一概率是圆的面积和正方形面积的比值，即它的值为 $\dfrac{\pi}{4}$。那么 4

图 4.3　正方形 S 的内接圆 C 代表采样世界（将提取圆中一点的概率定义为 $\Pr_C$，则 $\pi = 4\Pr_C$）

倍的 $\Pr_C$ 就是准确的 π：作者发现了一种方法，用概率的方法计算 π。

现在的问题变成计算 $\Pr_C$，这个先验条件是未知的。采用随机化解决这个问题，根据均匀分布从 S 中提取 n 个样本 $s_1, \cdots, s_n$，估计落在圆内的样本 n_C 的个数，并计算经验概率

$$\hat{p}_n = \frac{n_C}{n}$$

正式步骤如下，考虑指标函数 I_C：

$$I_C(s_i) = \begin{cases} 1 & \text{如果 } s_i \in C \\ 0 & \text{如果 } s_i \notin C \end{cases}$$

经验概率 $\hat{p}_n$ 可以这样来计算：

$$\hat{p}_n = \frac{1}{n} \sum_{i=1}^{n} I_C(s_i)$$

表示 $\Pr_C$ 的近似值。有了 $\Pr_C$ 的估计值，就可以生成对 π 的估计值：

$$\hat{\pi}_n = 4\hat{p}_n = \frac{4}{n} \sum_{i=1}^{n} I_C(s_i)$$

π 的近似值 $\hat{\pi}_n$ 与 π 有多接近？直观地相信，样本数 n 越大，估计值越接近

（误差 $e(n) = \left| \hat{\pi}_n - \pi \right|$ 越小）。

因此，应该根据一些预定义的精度级别，考虑一个"足够大的" n 值来获取一个好的近似值。这一方面的问题将在 4.3 节讨论。相反地，$\hat{\pi}_n$ 到 π 的收敛性问题将在 4.2.2 节中研究。算法 3 中将给出一种蒙特卡洛方法的高层次算法。

示例 2：估计 π 的不同概率方法

考虑用一种不同的随机化方法估计 π。考虑圆周上扇形的方程 $y = f(x)$，$x, y \in [0, 1]$：

$$y = \sqrt{1 - x^2}$$

观测 π，可得

$$\pi = 4 \int_0^1 \sqrt{1 - x^2} \mathrm{d}x$$

如果在输入范围 $[0, 1]$ 引入一个均匀分布函数 f_x，也可以把 π 看作 y 的期望值：

$$\pi = 4 E_x [y(x)] = 4 \int_0^1 \sqrt{1 - x^2} \mathrm{d}x$$

这里认为 y 的方差 σ_y^2 被界定为

$$\sigma_y^2 = \int_0^1 (y(x) - E_x[y(x)])^2 \mathrm{d}x \leqslant 1$$

从 $[0, 1]$ 中提取 n 个样本 x_i，并估计样本的平均值：

$$\hat{E}_n(y(x)) = \frac{1}{n} \sum_{i=1}^n y(x_i)$$

那么，在形式上引用切比雪夫不等式：

$$\Pr(|z - \mu| \geqslant \alpha) \leqslant \frac{\sigma^2}{\alpha^2}$$

式中，z 是均值为 μ、方差为 σ^2 的独立同分布的随机变量；α 是一个正数[2]，于是有

$$\Pr(|\hat{E}_n(y(x)) - E_x[y(x)]| \geqslant \varepsilon) \leqslant \frac{\sigma_y^2}{n\varepsilon^2} \leqslant \frac{1}{n\varepsilon^2}$$

其中估计的方差是 $\mathrm{Var}(\hat{E}_n(y(x))) = \frac{\sigma_y^2}{n}$，那么可以选择置信度 δ 为

$$\frac{1}{n\varepsilon^2} < \delta \Rightarrow n > \frac{1}{\delta\varepsilon^2}$$

算法 3：蒙特卡洛算法

1）确定算法的输入空间 D 和随机变量 s 及 D 上的概率密度函数 f_s；
2）根据 f_s 从 D 中提取 n 个样本 $S_n = \{s_1, \cdots, s_n\}$；
3）在 S_n 上估计算法；
4）生成算法输出的估计值

即如果选择 $n \geq \dfrac{1}{\delta \varepsilon^2}$，那么

$$\Pr(\,|\hat{E}_n(y(x)) - E_x[y(x)]\,| \leq \varepsilon) \geq 1 - \delta$$

保持概率 $1 - \delta$，可以估计 π 为

$$\Pr(\,|4\hat{E}_n(y(x)) - 4E_x[y(x)]\,| \leq 4\varepsilon) = \Pr(\,|\hat{\pi}_n - \pi| \leq 4\varepsilon) \geq 1 - \delta$$

从中得出在给定的容许范围估计 π 所需的点的个数。例如，如果选 $\varepsilon = 0.025$ 和 $\delta = 0.01$，需要 $n \geq 1600$。从均匀分布的 f_x 中选取 $n = 1600$ 个样本，获得估计值 $\hat{\pi}_n = 3.148$，因为 $|\hat{\pi}_n - \pi| = 0.006 \leq 0.1 = 4\varepsilon$。

在之前的实验中，隐含地假设采样与连续的随机变量有关。然而类似的结果可以通过离散空间上的采样来实现 [比如在 $(0, 1)^k$，$k \in \mathbb{N}$ 上的一个规则的网格]。

有趣的是，为估计 π 提出的第二方案也提供了满足给定准确度和置信度的最小样本数。接下来，将对上述第二种方法感兴趣，在研究估计的渐近行为后，通过改善边界来减少解决特定的问题所需的样本数。

4.2.2 弱、强大数定律

在 4.2.1 节中已经看到，通过从 S 中抽取 n 个样本可以建立序列 $\hat{\pi}_1$，$\hat{\pi}_2, \cdots, \hat{\pi}_n$，显然就像第二个例子呈现的那样，当 $n \to \infty$ 时，该序列收敛于期望值 π。这一主要结果在文献中被称为大数定律，有对其证明过程感兴趣的读者可以参考参考文献 [14]。

4.2.2.1 弱大数定律

使 $x \in D$ 是有限期望 μ 的一个连续的标量随机变量，根据连续概率密度函数 f_D 从 D（例如 $D = \mathbb{R}$）中得到有限方差 σ_x^2 和 $x_1, \cdots, x_n$ 一组 n 个独立同分布样本。生成经验均值 $\hat{\mu}_n = \dfrac{1}{n}\sum_{i=1}^{n} x_i$，那么对任意 $\varepsilon \in D$，弱大数定律保证：

$$\lim_{n \to +\infty} \Pr(\,|\hat{\mu}_n - \mu| \geq \varepsilon) = 0$$

同样的结果也适用于离散随机变量的情况。

4.2.2.2 强大数定律

使 $x \in D$ 是有限期望 μ 的一个连续的标量随机变量, 根据连续概率密度函数 f_D 从 D(例如 $D = \mathbb{R}$)中得到有限方差 σ_x^2 和 $x_1, \cdots, x_n$ 一组 n 个独立同分布样本。生成经验均值 $\hat{\mu}_n = \dfrac{1}{n} \sum\limits_{i=1}^{n} x_i$, 则强大数定律以概率 1 存在保证以下关系成立:

$$\lim_{n \to +\infty} \hat{\mu}_n = \mu$$

注意

强大数定律和弱大数定律公式之间的区别在于收敛形式。在弱大数定律的情况中, 生成一个估计值 $\hat{\mu}_n$ 以确保 $|\hat{\mu}_n - \mu| \geqslant \varepsilon$ 的概率随着样本数量的增加而降低。不同的是, 强大数定律意味着序列 $\hat{\mu}_n$ 以概率 1 存在收敛于 μ。

当把大数定律应用于蒙特卡洛方法, 有 $\hat{\mu}_n$ 收敛于 μ(且 $\hat{\pi}_n$ 收敛于 π)。

有限方差的假设并不是真正必要的, 而是使证明变得更容易。实际上, 较大或无穷大的方差对收敛速度有负面影响, 然而方差必须存在。当这种假设并不成立时, 如示例 3 的情况, 大数定律不适用。

示例 3: 打破大数定律

使 $x \in \mathbb{R}$ 是一个连续随机变量, 由柯西(Cauchy)密度函数表示:

$$f_x = \frac{1}{\pi(1 + x^2)}$$

那么期望 $E[x]$ 不存在, 因为积分

$$\int_{-\infty}^{+\infty} \frac{x}{\pi(1 + x^2)} \mathrm{d}x$$

发散。同样方差也不存在, 因此违反了由大数定律要求的假设。如果用从柯西密度中提取的 n 个样本来计算样本均值, 可以证明平均值仍然是由一个柯西概率密度函数决定的[26]。

一个主要的结果是, 如果影响测量的噪声是由柯西密度决定的, 并且平均处理了多次测量(考虑在 2.1.1 节中引入的估计模块)去减少不确定性的存在, 就不能期望平均值比任何单个测量都更准确!

4.2.3 一些收敛结果

大数定律是相当普遍的, 并且可以应用到一些有趣的情况, 其中包括那些与概率和期望的估计有关的情况。

定义实函数 $u(\psi)$, 根据勒贝格可测函数 $\psi \in \Psi \subseteq \mathbb{R}^l$ 在 Ψ 是可测量的, 并用一个随机变量的概率密度函数 f_ψ 表示, ψ 在输入空间 Ψ 的支持下。假定 ψ 有有

限均值和方差。

4.2.3.1 概率函数估计

这个问题可以形式化如下：给定一个通用值 $\gamma \in \mathbb{R}$，当 ψ 属于 Ψ 时，$u(\psi)$ 小于 γ，估计概率 $p(\gamma)$，即计算：

$$p(\gamma) = \Pr(u(\psi) \leqslant \gamma)$$

另外，问题是嵌入式系统是否满足一个给定的约束条件 γ 和给定性能函数 $u(\psi)$。概率 $p(\gamma)$ 的公式以一个封闭的形式仅在特定情况下可以实现，例如，选择特定的 $u(\psi)$ 和 f_ψ。然而这个问题可以通过采用随机化的方法解决。接下来，目标是解决关于大数定律的问题，为此首先假定 γ 是给定的，且假定值为 $\overline{\gamma}$。然而得到的结果对任意 $\overline{\gamma}$ 都是有效的。

算法4：估计获得所需性能值的概率

1）根据 f_ψ 从 Ψ 中抽取 n 个独立同分布样本 $Z_n = \{\psi_1, \cdots, \psi_n\}$；

2）估计，对第 i 个样本 ψ_i，指标函数

$$I(\psi_i) = \begin{cases} 1, & \text{若 } u(\psi_i) \leqslant \overline{\gamma} \\ 0, & \text{若 } u(\psi_i) > \overline{\gamma} \end{cases}$$

3）构造 $p(\overline{\gamma})$ 的估计 $\hat{p}_n(\overline{\gamma})$ 为

$$\hat{p}_n(\overline{\gamma}) = \frac{1}{n} \sum_{i=1}^{n} I(\psi_i)$$

根据 f_ψ 从 Ψ 中抽取 n 个独立同分布样本 $Z_n = \{\psi_1, \cdots, \psi_n\}$，估计指标函数：

$$I(\psi_i) = \begin{cases} 1, & \text{若 } u(\psi_i) \leqslant \overline{\gamma} \\ 0, & \text{若 } u(\psi_i) > \overline{\gamma} \end{cases}$$

$p(\overline{\gamma})$ 的估计 $\hat{p}_n(\overline{\gamma})$ 为

$$\hat{p}_n(\overline{\gamma}) = \frac{1}{n} \sum_{i=1}^{n} I(\psi_i)$$

算法4总结了提供 $p(\overline{\gamma})$ 的一个估计 $\hat{p}_n(\overline{\gamma})$ 所需的步骤。

大数定律在各自的假设下有效，且对任意 $\varepsilon \in (0, 1)$，以概率1存在有

弱大数定律：

$$\lim_{n \to +\infty} \Pr(|\hat{p}_n(\overline{\gamma}) - p(\overline{\gamma})| \geqslant \varepsilon) = 0$$

强大数定律：

$$\lim_{n \to +\infty} \hat{p}_n(\overline{\gamma}) = p(\overline{\gamma})$$

换句话说，$\hat{p}_n(\overline{\gamma})$ 收敛于 $p(\overline{\gamma})$。结果，对一个给定的 $\overline{\gamma}$ 值评估现在可以扩展到处理任意给定的 $\overline{\gamma}$ 值（不同的 γ 值经历不同的收敛速度）。可以写成，以概率 1 存在，对于一个任意给定的 γ 有

弱大数定律：

$$\lim_{n \to +\infty} \text{Pr}(\,|\hat{p}_n(\gamma) - p(\gamma)\,| \geqslant \varepsilon) = 0, \forall \gamma \in \mathbb{R}$$

强大数定律：

$$\lim_{n \to +\infty} \hat{p}_n(\gamma) = p(\gamma), \forall \gamma \in \mathbb{R}$$

4.2.3.2　期望值估计

另一个令人关注的案例，可以立即由理论获得，即估计期望值的问题：

$$E_\psi[u(\psi)] = \int_\psi u(\psi)f_\psi \mathrm{d}\psi$$

通过经验均值：

$$\hat{E}_n(u(\psi)) = \frac{1}{n} \sum_{i=1}^{n} u(\psi_i)$$

式中，ψ_i 根据 f_ψ 已经提取。

在这种情况下，希望根据已测量的实例来评估嵌入式系统应该具有的一些预期性能，这些实例告诉人们系统对给定输入的性能如何。

在大数定律的假设下，$\hat{E}_n(u(\psi))$ 对 $E_\psi[u(\psi)]$ 的收敛是允许的。以概率 1 存在有

弱大数定律：

$$\lim_{n \to +\infty} \text{Pr}(\,|\hat{E}_n(u(\psi)) - E_\psi[u(\psi)]\,| \geqslant \varepsilon) = 0$$

强大数定律：

$$\lim_{n \to \infty} \hat{E}_n(u(\psi)) = E_\psi[u(\psi)]$$

估计值的优度可以通过 Z_n 中的 n 个样品序列的期望来评价。通过参考文献 [22] 可以证明，估计值的方差是

$$\text{Var}(\hat{E}_n(u(\psi))) = E_{Zn}[(E_\psi[u(\psi)] - \hat{E}_n(u(\psi)))^2] = \frac{\text{Var}(u(\psi))}{n}$$

该结果有一个主要的概念影响，并且指出估计值的方差是函数 $u(\psi)$ 按 n^{-1} 比例缩小的方差。上面的表达式指出如果 $\text{Var}(u(\psi))$ 和 $\text{Var}(\hat{E}_n(u(\psi)))$ 是有界的，可以先验地估计出所需的样本数，以便在估计中获得所需的准确性。实际上，如果知道方差 $\text{Var}(u(\psi))$（或者可以为它提供一个界），且设置 $\text{Var}(\hat{E}_n(u(\psi)))$ 在一个可容忍的水平 c，那么要抽取的样本数是

$$n \geqslant \frac{\text{Var}(u(\psi))}{c}$$

4.2.4　维数灾难和蒙特卡洛

维数灾难指的是当空间的维数 d 增大时，探索空间所需的点数 n 的规模急剧增加。考虑到部分 $\Psi = [0,1)$，且把它细分成 $N = 10$ 个点以便每段有 0.1 的分辨率。结果是，对一个 d 维空间，如果想要保持相同的网格分辨率，需要考虑"探索"空间的点的数量 $n = N^d$。这种对空间的探索随着 d 的增长呈指数增长，很快就变得计算困难。

"维数灾难"是每次需要对一个空间进行采样并采取进一步行动时都会遇到的一个重大问题，例如，如果任务是通过 $\hat{E}_n(u(\psi))$ 估计函数 $E_\psi[u(\psi)]$。

然而在参考文献 [2] 中很好地指出，期望值的蒙特卡洛估计的均方误差不取决于空间的维数 d，如此在某种程度上打破了"维数灾难"。这一点在 4.3 节会很清楚地介绍，这是将概率密度函数与 Ψ 关联的结果：现在要做的是根据 f_ψ 提取应有的点数，而不是采用均匀间隔的网格探索 Ψ。换句话说，如果把分析从一个严格的确定性框架转移到一个概率框架，那么"维数灾难"是可以避免的。

4.3　样本数量的界

用蒙特卡洛方法可以看出，要解决一个给定的问题，很难估计出应该采样的样本数。结果，例如参考文献 [15 - 17]，利用一些试验测试或关于特定问题的先验信息来决定何时停止采样过程。在其他情况下，如示例 2 所示，能够确定满足准确度和置信度要求的最低点数。

但是对于以泛型勒贝格可测函数为特征的泛型应用程序，则不能这样做。此外，由于正在寻找普遍性以覆盖大量的应用，必须考虑自由概率密度函数方法。与需要知道概率密度函数相比较，在自由概率密度函数框架中必须付出的代价是，为解决问题需要大量的样本。

参考文献中给出了样本数 n 的几个改进界，通过随机化来解决大类问题。本书将从伯努利界开始重新审视这些问题。

理论框架是伯努利过程的理论框架，其中随机变量 x 假设值为 1 的概率是 p，值为 0 的概率是 $1 - p$，期望值是 $E[x] = p$，方差 $\mathrm{Var}(x) = p(1 - p)$。用 $x_1, \cdots,$ x_n 表示从 x 中提取的 n 个独立样本的序列，并计算经验均值：

$$\hat{E}_n = \frac{1}{n} \sum_{i=1}^{n} x_i$$

它代表在 n 次试验中 $x = 1$ 的概率的估计。$\hat{E}_n$ 是一个二元分布变量，其期望值 $E[\hat{E}_n] = p$，方差 $\mathrm{Var}(\hat{E}_n) = \dfrac{p(1 - p)}{n}$。

4.3.1 伯努利界

不等式

$$\Pr(\,|\hat{E}_n - E[\hat{E}_n]\,| < \varepsilon\,) > 1 - \delta$$

对任意准确度水平 $\varepsilon \in (0,1)$ 成立，置信度为 $1-\delta$，$\delta \in (0,1)$ 提供至少 $n \geqslant \dfrac{1}{4\delta\varepsilon^2}$ 个独立同分布样本。

上述证明可以根据回顾切比雪夫定理得到。

$$\Pr(\,|x - \mu| \geqslant \alpha\,) \leqslant \frac{\sigma^2}{\alpha^2}$$

式中，随机变量 x 的均值为 μ，方差为 σ^2；α 是一个正数。

通过将 $\hat{E}_n$ 代入 x，准确度变量 ε 代入 α，得到

$$\Pr(\,|\hat{E}_n - E[\hat{E}_n]\,| \geqslant \varepsilon\,) \leqslant \frac{p(1-p)}{n\varepsilon^2} \tag{4.1}$$

由于 $p(1-p)$ 的最大值是 $\dfrac{1}{4}$，最后可以约束式（4.1）为

$$\Pr(\,|\hat{E}_n - E[\hat{E}_n]\,| \geqslant \varepsilon\,) \leqslant \frac{1}{4n\varepsilon^2} \tag{4.2}$$

通过引入一个置信度 $\delta \in (0,1)$，可以把式（4.2）重新写为

$$\Pr(\,|\hat{E}_n - E[\hat{E}_n]\,| < \varepsilon\,) \geqslant 1 - \delta \tag{4.3}$$

设

$$\frac{1}{4n\varepsilon^2} \leqslant \delta$$

得到样本的数量保证式（4.3）成立：

$$n \geqslant \frac{1}{4\delta\varepsilon^2} \tag{4.4}$$

注意

伯努利界表明，所需样本数与所要求准确度的估计值 ε 呈二次（反比）比例，与所要求的置信度 δ 呈线性（反比）比例。对一个多项式的空间采样，可以得到 $\hat{E}_n$ 的一个良好的估计。例如，对于选择 $\varepsilon = 0.05$、$\delta = 0.01$，至少需要抽取 $n = 10000$ 个样本；对于选择 $\varepsilon = 0.02$、$\delta = 0.01$，至少需要抽取 $n = 62500$ 个样本。图 4.4 表明了伯努利界对 δ 和 ε 是怎样缩放的。这里将对 δ 和 ε 采用一个很小的值以获得足够的置信度和准确度。

一般来说，要付出的代价是采样的成本（也就是任意 p 或者应用）。幸好，伯努利界可以与切尔诺夫界紧密结合。

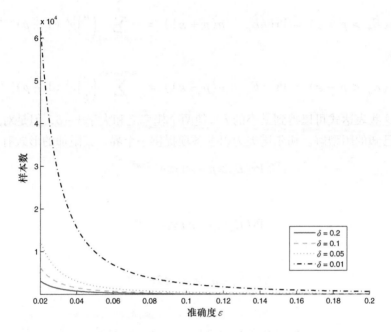

图 4.4 伯努利界所要求的样本数

4.3.2 切尔诺夫界

切尔诺夫界[1]通过减少用来抽取的样本的数目改进了伯努利界。首先研究变量 x 是一个伯努利随机变量的情况。

4.3.2.1 伯努利情况

在伯努利情况下，主要结果表明：

不等式

$$\Pr(\,|\,\hat{E}_n - E[\,\hat{E}_n\,]\,|\, < \varepsilon) > 1 - \delta$$

对任意准确度水平 $\varepsilon \in (0,1)$ 成立，置信度 $1 - \delta, \delta \in (0,1)$ 提供至少

$$n \geqslant \frac{1}{2\varepsilon^2}\ln\frac{2}{\delta}$$

个独立同分布样本 x。

为了证明这个界，回顾 $E[\,\hat{E}_n\,] = p$，且

$$\Pr(\,|\,\hat{E}_n - E[\,\hat{E}_n\,]\,|\, < \varepsilon) = \Pr(\,|\,\hat{E}_n - p\,|\, < \varepsilon) \leqslant$$

$$\Pr(\hat{E}_n < p + \varepsilon) + \Pr(\hat{E}_n > p - \varepsilon)$$

依靠二次分布，可以解析地推导出这些概率：

$$\Pr(\hat{E}_n > p + \varepsilon) = \Pr(n\hat{E}_n > n(p + \varepsilon)) = \sum_{k > n(p+\varepsilon)}^{n} \binom{n}{k} p^k (1-p)^{n-k}$$

以及

$$\Pr(\hat{E}_n < p - \varepsilon) = \Pr(n\hat{E}_n < n(p - \varepsilon)) = \sum_{k=0}^{k \leqslant n(p-\varepsilon)} \binom{n}{k} p^k (1-p)^{n-k}$$

从这些表达式可以得到最小的 n，使两个概率之和大于 $1 - \delta$，但是对这个问题没有已知的闭型解。切尔诺夫为以上各项提供一个界。其附加的形式有

$$\Pr(\hat{E}_n \geqslant p + \varepsilon) \leqslant e^{-2n\varepsilon^2}$$

以及

$$\Pr(\hat{E}_n \leqslant p - \varepsilon) \leqslant e^{-2n\varepsilon^2}$$

因此

$$\Pr(|\hat{E}_n - p| \geqslant \varepsilon) \leqslant 2e^{-2n\varepsilon^2}$$

即

$$\Pr(|\hat{E}_n - E[\hat{E}_n]| < \varepsilon) > 1 - 2e^{-2n\varepsilon^2}$$

导出

$$\Pr(|\hat{E}_n - E[\hat{E}_n]| < \varepsilon) > 1 - \delta$$

如果至少抽取 n 个样本以使 $\delta \leqslant 2e^{-2n\varepsilon^2}$。选择

$$n \geqslant \frac{1}{2\varepsilon^2} \ln \frac{2}{\delta}$$

上式成立。

在 x 的分布作为一个伯努利变量的情况下获得的结果，可以扩展到包括分布是泛型的连续情况。

4.3.2.2 一般情况：霍夫丁不等式

一个泛型概率密度函数和连续变量 ψ 的切尔诺夫界可以由霍夫丁（Hoeffding）不等式[18]导出。

霍夫丁不等式：

令 $x_1, \cdots, x_n$ 是一个独立随机变量序列，使每个 x_i 均限制在区间 $[a_i, b_i]$ 内，即 $\Pr(x_i \in [a_i, b_i]) = 1$。那么定义经验均值 $\hat{E}_n = \frac{1}{n} \sum_{i=1}^{n} x_i$，于是有对任意 ε 值，不等式

$$\Pr(|\hat{E}_n - E[\hat{E}_n]| \geqslant \varepsilon) \leqslant 2e^{\frac{-2\varepsilon^2 n^2}{\sum_{i=1}^{n} (b_i - a_i)^2}} \tag{4.5}$$

成立。

在以上假设下，可以把式（4.5）重新写为

$$\Pr(\,|\,\hat{E}_n - E[\,\hat{E}_n\,]\,|\,<\varepsilon)\,>\,1 - 2e^{\frac{-2\varepsilon^2 n^2}{\sum_{i=1}^{n}(b_i - a_i)^2}} \qquad (4.6)^{\ominus}$$

在 $\hat{E}_n$ 表示一个概率的估计值 $\hat{p}_n(\gamma)$ 的情况下，例如，$p(\gamma) = \Pr(u(\psi) \le \gamma)$ 对一个给定的正标量 γ（但其他任何情况都适用），对一个泛型随机变量 ψ_i，有指示函数：

$$I(u(\psi_i) \le \gamma) = \begin{cases} 1, \text{如果 } u(\psi_i) \le \gamma \\ 0, \text{如果 } u(\psi_i) > \gamma \end{cases}$$

I 是假定在 $\{0,1\}$ 集合中取值。作为结果，$a_i = 0$、$b_i = 1$，且式（4.6）变成

$$\Pr(\,|\,\hat{E}_n - E[\,\hat{E}_n\,]\,|\,<\varepsilon)\,>1 - 2e^{-2n\varepsilon^2}$$

由于 $\hat{p}_n(\gamma) = \hat{E}_n$ 和 $E(\hat{p}_n(\gamma)) = p(\gamma)$，表达式变成

$$\Pr(\,|\,\hat{p}_n(\gamma) - p(\gamma)\,|\,<\varepsilon)\,>1 - 2e^{-2n\varepsilon^2} \qquad (4.7)$$

从式（4.7）中通过令 $\delta \le 2e^{-2n\varepsilon^2}$ 得到切尔诺夫界：

$$n \ge \frac{1}{2\varepsilon^2}\ln\frac{2}{\delta} \qquad (4.8)$$

霍夫丁不等式起了主要作用，因为它允许：

- 导出式（4.8）的切尔诺夫界，将用于确定估计性能满意的概率所需的样本数；
- 导出与式（4.8）相同形式的切尔诺夫界，使经验均值在给定准确度和置信度下收敛到其期望值；
- 导出一组边界，用于在概率框架内估计函数的最大值/最小值。

图 4.5 表示样本数作为切尔诺夫界要求的 δ 和 ε 的函数。

注意

切尔诺夫界表明了所需的采样数和估计 ε 要求的准确度是二次关系（成反比），但是和置信度 δ 是对数关系。即使它在现实中看起来是有限的收获，但它并不代表着一项真正的成就。事实上，参考表4.1，可以发现切尔诺夫界在伯努利界上的显著提高。

有趣的是，由于准确度由二次项决定，而置信度则受线性项的约束，所以前者比后者采样数要求更高。图4.6比较了切尔诺夫界和伯努利界。假设 δ 和 ε 值较小，像通常程序所要求的那样，希望得到高的置信度和准确度，切尔诺夫界在伯努利界上有显著的提高，增益为 $n_c = 2\delta\ln\frac{2}{\delta}n_b$，其中 n_c 和 n_b 分别代表切尔诺夫界和伯努利界所需要的样本数。

$\ominus$　原文这个公式指数分子少了 n^2。——译者注

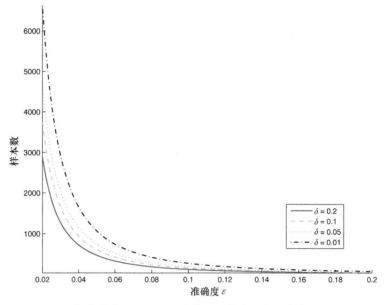

图 4.5　切尔诺夫界所需的样本数和置信度 δ 与准确度 ε 的函数

表 4.1　样本数 $n = n(\varepsilon, \delta)$

界	$\varepsilon = 0.05$、$\delta = 0.02$	$\varepsilon = 0.05$、$\delta = 0.01$	$\varepsilon = 0.02$、$\delta = 0.01$	$\varepsilon = 0.01$、$\delta = 0.01$
伯努利	5000	10000	62500	250000
切尔诺夫	922	1060	6623	26492

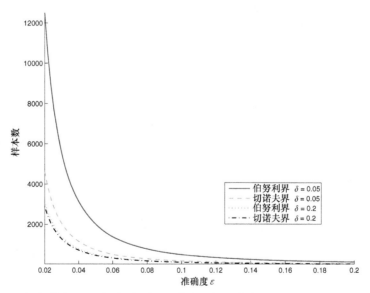

图 4.6　切尔诺夫界所需的样本数和置信度 δ 与准确度 ε 的函数（切尔诺夫界在
伯努利界上有了很大程度的提高，可以根据应用程序的需求提供 δ 和 ε 较小的假设值）

其他感兴趣的界可以通过假设一些关于 p 的先验信息来获得。例如，切尔诺夫 – 冈本界[4]比切尔诺夫界更严格，但要假设 $p \leqslant 0.5$。其他界仅使用切尔诺夫界的一边，就可以用来处理特殊情况。感兴趣的读者可以参考参考文献[2，4]。

切尔诺夫界是那些可以使得随机算法可行的主要结果中的其中一个，这一点将在 4.3.3 节介绍。

4.3.3 估计函数最大值样本的界

4.3.1 节和 4.3.2 节已经表明了获得样本数的界的可能性，这个样本数是保证经验均值收敛于期望值所需要的。这里表明了许多问题，约束满足问题的验证可以建模为一个伯努利过程的实现，同时，许多问题可以化简为求取一个量的经验均值。

在本节中，旨在用采样技术（随机化）求取函数的最大值（当然可以通过改变函数的符号求最小值）。希望通过验证最大值 u_{max} 使函数 $u(\psi) \in \mathbb{U} \subset \mathbb{R}$，$\psi \in \Psi \subseteq \mathbb{R}^l$ 最大化：

$$u_{max} = \max_{\psi \in \Psi} u(\psi)$$

关于函数优化问题的研究文献很多。不同的技术利用函数的先验信息进行优化，例如，梯度下降技术要求函数可微。一些技术通过寻找正则性和构建块来探索搜索空间，比如遗传算法；另一些则采用模拟退火的概率方法探索搜索空间，或者引入一种盲搜索策略，就像蒙特卡洛方法那样。可以证明，在关于要优化的函数的轻度假设下，所有这些技术都在概率上收敛到最大值，在对参数空间盲随机搜索的情况下也是如此[19]。不同的方法无论是在性能准确度还是在收敛速度上都会有所不同。

考虑定义在 Ψ 上的一个实例，其中随机变量 ψ、概率密度函数 f_ψ，抽取 n 个随机样本 $\{\psi_1, \cdots, \psi_n\}$，生成估计：

$$\hat{u}_{max} = \max_{i=1,\cdots,n} u(\psi_i)$$

回到嵌入式系统，将 $u(\psi)$ 看作一个性能函数，考虑到只能提供 n 个测量值 $u(\psi_i)$ 这一事实，要求假定哪一个是最大（最小）值。也就是说，估计值 $\hat{u}_{max}$ 有多接近呢？答案由大数定律给出。

4.3.3.1 经验最大值的强弱大数定律

假设 $u(\psi)$ 在 $\psi_{max} = \arg\max_{\psi \in \Psi} u(\psi)$ 上是连续的，f_ψ 分配非空的概率给每一个 ψ_{max} 的邻域。

那么对于任意 $\varepsilon > 0$，有

弱大数定律：

$$\lim_{n \to +\infty} \Pr(u_{max} - \hat{u}_{max} \geqslant \varepsilon) = 0$$

强大数定律：

$$\lim_{n \to +\infty} \hat{u}_{\max} = u_{\max}$$

因为渐近结果在实际应用中很少有用，在概率条件下，确定了给定 $\hat{u}_{\max}$ 和 $u_{\max}$ 的样本数的一个界[2]。

4.3.3.2 函数最大值概率估计的界

只要注意到函数的最大值的确定与概率估计问题有关，就可以简单地解决这个 4.3.2 节中处理的问题。尤其是在式（4.7）中

$$\Pr(|\hat{p}_n(\gamma) - p(\gamma)| < \varepsilon) > 1 - 2e^{-2n\varepsilon^2} \tag{4.9}$$

事实上，如果令 $\gamma = \hat{u}_{\max}$，有

$$p(\gamma) = \Pr(u(\psi) \leqslant \hat{u}_{\max}) = 1 - \Pr(u(\psi) > \hat{u}_{\max})$$

并且

$$\hat{p}_n(\gamma) = 1$$

因为所有采用的样本结构上都满足不等式 $u(\psi) \leqslant \hat{u}_{\max}$。所以式（4.9）中

$$\Pr(|\hat{p}_n(\gamma) - p(\gamma)| < \varepsilon) = \Pr(\Pr(u(\psi) > \hat{u}_{\max}) < \varepsilon) > 1 - 2e^{-2n\varepsilon^2}$$

通过根据切尔诺夫界选取 n 成立。然而如参考文献［2］所示，界可以改进并导出最终结果。

不等式：

$$\Pr(\Pr(u(\psi) > \hat{u}_{\max}) \leqslant \varepsilon) \geqslant 1 - \delta$$

对于任意准确度水平 $\varepsilon \in (0,1)$ 和置信度 $1 - \delta, \delta \in (0,1)$ 成立，假设至少取到

$$n \geqslant \frac{\ln\delta}{\ln(1-\varepsilon)} \tag{4.10}$$

个独立同分布的样本。

关于收敛的其他结果也是存在的，但超出了本书的范围。有兴趣的读者可以参考文献［14］，其中有更完整的分析，推导的结果将在 4.4.2 节使用。

4.4 随机算法介绍

考虑一个问题，这个问题受空间上 Ψ 的概率密度函数 f_ψ 的向量 ψ 分组而成的一些变量的影响。随机算法是依据 f_ψ 在空间 Ψ 中抽取样本，在概率上提供有效的结果。该方法是通用的，可以应用到非常大的一类函数，即那些勒贝格可测的：一个滤波器组、快速傅里叶变换（FFT）、离散余弦变换、小波变换和一个通用的电路响应函数，都是勒贝格可测函数中一些非常简单的例子。

在一个非常高的抽象层次上，随机算法背后的步骤在算法 5 中给出。

算法 5：随机算法背后的算法

1）将确定性问题转换为概率问题；
2）确定算法的输入空间 Ψ，并定义随机变量 ψ，以及在 Ψ 上的概率密度函数 f_ψ；
3）先确定准确度和置信度，然后确定随机化过程所需的样本数 n；
4）根据 f_ψ 从 Ψ 中抽取 n 个样本 $S_n = \{s_1, \cdots, s_n\}$；
5）评估 S_n 中样本的算法；
6）提供算法的概率结果

下面将算法应用到非常有趣的一类问题中，在第 5 章和第 7 章中的结果将分别应用到鲁棒性问题和描述近似计算的水平中。随机算法也将被用来评估嵌入式应用程序的性能，以及在噪声影响的环境中评估约束满意度的水平。

4.4.1　算法验证问题

算法验证问题的目的是评估不等式的满意度水平。即使解决这类问题感觉会有些陌生，但是会发现，它构成了许多问题的核心。

考虑函数 $u(\psi) \in \mathbf{U} \subset \mathbf{R}$，$\psi \in \Psi \subset \mathbf{R}^l$ 在 Ψ 上勒贝格可测，随机变量 ψ 被定义，f_ψ 为在 Ψ 上的概率密度函数，一个给定的通用标量 $\gamma \in \mathbb{R}$。就像已经指出这个问题模型，在这种情况下，希望确定性能函数 $u(\psi)$ 基于恒定值 γ 的满意度水平，一般作为容忍性体现。不失一般性，在本节和 4.4.2 节学习标量性能函数，然而同时实现几个标量性能函数可以很容易地使用引入的技术。这个问题最终可以确定如下：

验证不等式的满意度水平：

$$u(\psi) \leqslant \gamma, \ \forall \psi \in \Psi$$

换句话说，希望确定 Ψ 中的点满足不等式的"百分比"。这个值就是比值：

$$n_{u(\psi) \leqslant \gamma} = \frac{\int_{u(\psi) \leqslant \gamma, \psi \in \Psi} \mathrm{d}\psi}{\int_\Psi \mathrm{d}\psi}$$

$n_{u(\psi) \leqslant \gamma}$ 的确定对于泛型函数 $u(\psi)$ 是计算上的一个难题，不能用一种闭型解的方式计算，除非 $u(\cdot)$ 提出一种使得数学变得容易接受的形式。不同的是，这个问题可以用随机算法解决，通过将一个确定性问题转化为概率性问题。通过依靠前面提到的定义在 Ψ 上的概率密度函数 f_ψ，可以计算概率值：

$$p(\gamma) = \frac{\int_{u(\psi) \leqslant \gamma, \psi \in \Psi} f_\psi(\psi)\,\mathrm{d}\psi}{\int f_\psi(\psi)\,\mathrm{d}\psi} = \mathrm{Pr}(u(\psi) \leqslant \gamma), \forall \psi \in \Psi$$

在4.2.3节中，已经看到$p(\gamma)$的值可以通过随机化的方法求得，给定一个γ值，事件

$$u(\psi) \leqslant \gamma$$

和伯努利变量：

$$\psi \in \Psi : I(u(\psi) \leqslant \gamma) = \begin{cases} 1 & \text{如果 } u(\psi) \leqslant \gamma \\ 0 & \text{如果 } u(\psi) > \gamma \end{cases}$$

有关，从ψ中采样n个独立同分布$\{\psi_1, \cdots, \psi_n\}$

$$\hat{p}_n(\gamma) = \frac{1}{n}\sum_{i=1}^{n} I(u(\psi_i) \leqslant \gamma)$$

令$\hat{E}_n = \hat{p}_n(\gamma)$和$E[\hat{E}_n] = p(\gamma)$，调用切尔诺夫不等式，并且提供了主要结果。

性能验证问题：

令$u(\psi) \in \mathbf{U} \subset \mathbb{R}$，其输入域$\Psi \subseteq \mathbb{R}^l$是一个勒贝格可测的性能函数，$\psi$是一个随机变量，在$\Psi$上的概率密度函数为$f_\psi$。定义：

$$p(\gamma) = \mathrm{Pr}(u(\psi) \leqslant \gamma)$$

并且从这n个独立同分布的样本$\psi_1, \cdots, \psi_n$中，计算估计$\hat{p}_n$的值。那么

$$\mathrm{Pr}(|\hat{p}_n(\gamma) - p(\gamma)| \leqslant \varepsilon) \geqslant 1 - \delta$$

对于任意准确度水平$\varepsilon \in (0,1)$，置信度$\delta \in (0,1)$都满足和$\forall \gamma \in \mathbb{R}$在

$$n \geqslant \frac{1}{2\varepsilon^2}\ln\frac{2}{\delta}$$

的条件下，值$\hat{p}_n(\gamma)$是算法的概率结果。

算法6：算法性能验证问题的随机算法：给定的性能损失情况$\bar{\gamma}$

1）对于给定的$\bar{\gamma}$概率问题需要用$p(\gamma) = \mathrm{Pr}(u(\psi) \leqslant \bar{\gamma})$来评估；

2）确定输入空间Ψ和随机变量ψ，以及在Ψ上的概率密度函数f_ψ；

3）选择ε的准确度和δ的置信度；

4）从ψ中抽取$n \geqslant \dfrac{1}{2\varepsilon^2}\ln\dfrac{2}{\delta}$个样本$\psi_1, \cdots, \psi_n$；

5）估计

$$\hat{p}_n(\bar{\gamma}) = \frac{1}{n}\sum_{i=1}^{n} I(u(\psi_i) \leqslant \bar{\gamma}), \quad I(u(\psi_i) \leqslant \bar{\gamma}) = \begin{cases} 1 & \text{如果 } u(\psi_i) \leqslant \bar{\gamma} \\ 0 & \text{如果 } u(\psi_i) > \bar{\gamma} \end{cases}$$

6）使用$\hat{p}_n(\bar{\gamma})$

通过使用算法 6 给出的算法，对于一个给定的 $\bar{\gamma}$，求取 $p(\gamma)$ 的值用来解决确定不等式的满意度水平这个问题，即

$$\Pr(u(\psi) \leqslant \bar{\gamma}), \; \forall \psi \in \varPsi$$

在其他应用中，可能对一个任意大的但是给定的、有限集 γ 构建函数 $p(\gamma)$ 感兴趣。这个问题的自然解是提供一个 γ 的可行区间 $[a_\gamma, b_\gamma]$（比如一个等距的网格）的分解，通过引用算法 6，对 $i \in \{1, \cdots, K\}$，对于每一个 $\gamma \in \varGamma = \{\gamma_1, \cdots, \gamma_k\}$ 获得一个估计值 $\hat{p}_n(\gamma_i)$。在这种情况下，该算法可以扩展为算法 7。

注意

随机化使得能够通过将确定性问题转化为概率问题来解决算法验证问题。同时，切尔诺夫界提供了满足给定准确度 ε 和置信度 δ 所需的样本数。

在给出了一种基于随机化的完整算法后，有必要对理论中隐藏的一些操作方面进行研究。

这里，ε 代表估计 $p(\gamma)$ 的准确度，给定 γ 和 $\hat{p}_n(\gamma)$，代表误差 $|\hat{p}_n(\gamma) - p(\gamma)|$ 的上限。如果 ε 值很小，在对 $p(\gamma)$ 的后续使用中，可以混淆 $\hat{p}_n(\gamma)$ 和 $p(\gamma)$。同时，应该注意 $|\hat{p}_n(\gamma) - p(\gamma)|$ 是取决于样本集具体实现的随机向量。不同的样本集提供不同的估计值 $\hat{p}_n(\gamma)$。

那么人们该问 $|\hat{p}_n(\gamma) - p(\gamma)| \leqslant \varepsilon$，$\forall \psi \in \varPsi$ 这一表述的置信度是多少？答案是这个表述持有 $1 - \delta$ 的概率。这意味着可以提取一个点序列，因为不等式 $|\hat{p}_n(\gamma) - p(\gamma)| \leqslant \varepsilon$ 没有得到验证，但是它发生的概率为 δ，这需要保持较小值。

最后一个需要注意的是，采样空间为 $\mathbb{R}^l$：切尔诺夫界与输入采样空间维数 l 无关。小的维数或大的维数需要相同的样本数：再次发现随机化在某种程度上打破了"维数灾难"。

算法 7：用随机算法解决算法验证问题

1）对于给定的 γ 概率问题需要用 $p(\gamma) = \Pr(u(\psi) \leqslant \gamma)$ 来评估；

2）确定输入空间 $\varPsi$ 和在 $\varPsi$ 上的密度函数 f_ψ 的随机变量 ψ；

3）选择准确度 ε 和置信度 δ；

4）确定感兴趣的性能水平集 $\varGamma = \{\gamma_1, \cdots, \gamma_k\}$；

5）$\hat{p}_{n,\varGamma}(\gamma) = $ 验证问题 $(\varPsi, f_\psi, u(\psi), \varGamma, \varepsilon, \delta)$；

6）使用 $\hat{p}_{n,\varGamma}(\gamma)$；

函数验证问题 $(\varPsi, f_\psi, u(\psi), \varGamma, \varepsilon, \delta)$

从 ψ 中抽取 $n \geqslant \dfrac{1}{2\varepsilon^2} \ln \dfrac{2}{\delta}$ 个样本 $\psi_1, \cdots, \psi_n$；

（续）

对于每个 $\gamma \in \Gamma$ 估计：

$$\hat{p}_n(\gamma) = \frac{1}{n}\sum_{i=1}^{n} I(u(\psi_i) \leq \gamma), \quad I(u(\psi_i) \leq \gamma) = \begin{cases} 1 & \text{如果} \quad u(\psi_i) \leq \gamma \\ 0 & \text{如果} \quad u(\psi_i) > \gamma \end{cases}$$

把所有 $\hat{p}_n(\gamma)s$ 在向量 $\hat{p}_{n,\Gamma}$ 中分组；

返回 $\hat{p}_{n,\Gamma}$

4.4.2 最大值估计问题

最大值估计问题，在文献中也称为最坏情况分析，目的是估计函数可以假定的最大值。

考虑 $u(\psi) \in \mathbf{U} \subset \mathbb{R}$ 函数，它在 $\Psi \subseteq \mathbb{R}^l$ 上是勒贝格可测的。问题可以被转换为规范形式，要求评估

$$u_{max} = \max_{\psi \in \Psi} u(\psi) \tag{4.11}$$

u_{max} 的测定分析对于某类函数是不可能的，勒贝格可测函数就是其中的一类，它的求值在计算上是一个难题。

正如在验证案例中所做的那样，生成了问题的概率版本。观察式（4.11）可以重新表示为寻找 $u(\psi)$ 的值 u_{max}，这里

$$u(\psi) \leq u_{max}, \forall \psi \in \Psi \tag{4.12}$$

现在将对式（4.12）内在的确定性放宽要求的方法诉诸于概率。特别是，正在寻找一个 u_{max} 的估计值 $\hat{u}_{max}$，并且认为估计结果是好的，如果接受 ψ 的概率对于 $u(\psi) > \hat{u}_{max}$ 是很小的，假定为值 τ。

换句话说，要求

$$\Pr(u(\psi) > \hat{u}_{max}) \leq \tau \tag{4.13}$$

假定一个随机变量 ψ，具有概率密度函数 f_ψ，被定义在 Ψ 上，从 ψ 中采样 n 个独立同分布的样本 $\psi_1, \cdots, \psi_n$。构建估计 $\hat{u}_{max}$ 为

$$\hat{u}_{max} = \max_{i=1,\cdots,n} u(\psi_i)$$

正如在 4.3.3 节中看到的，强、弱大数定律确定了 $\hat{u}_{max}$ 在概率上收敛于 u_{max}。

不幸的是，式（4.13）的解需要输入空间维数的点的数量为指数，因此问题的解在计算上是困难的[6]。为了解决这个问题，注意到式（4.13）又是一个随机变量，因为采样集的不同实现为 $\hat{u}_{max}$ 提供了不同的估计值。为了解决最后这一个问题，引入了置信度 δ，并使用了第二级概率。由于用规范形式重新表述了

问题，所以立即使用了式（4.10）中给出的界。

最大值估计问题：

令 $u(\psi) \in \mathbf{U} \subset \mathbf{R}$ 在其输入域 $\Psi \subseteq \mathbf{R}^l$ 上是一个勒贝格可测的性能函数，定义一个随机变量 ψ，具有概率密度函数 f_ψ。定义值 $u_{\max}$ 为函数 $u(\psi)$ 假定的最大值，即

$$u(\psi) \leqslant u_{\max}, \forall \psi \in \Psi$$

根据 f_ψ 采样 n 个独立同分布的样本 $\psi_1, \cdots, \psi_n$，生成估计值 $\hat{u}_{\max}$：

$$\hat{u}_{\max} = \max_{i=1,\cdots,n} u(\psi_i)$$

那么

$$\Pr(\Pr(u(\psi) \geqslant \hat{u}_{\max}) \leqslant \varepsilon) \geqslant 1 - \delta$$

对于任意准确度水平 $\varepsilon \in (0,1)$、置信度 $1 - \delta$ 和 $\forall \psi \in \Psi$ 成立，给出：

$$n \geqslant \frac{\ln\delta}{\ln(1-\varepsilon)}$$

值 $\hat{u}_{\max}$ 是算法的概率结果。

算法 8 给出了求解最大值估计问题的算法，即最坏情况分析的概率版本。

算法 8：估计函数最大值的随机算法

---

1) 概率问题需要评估 $\hat{u}_{\max}$；

2) 确定输入空间 Ψ 和在 Ψ 上的具有概率密度函数 f_ψ 的随机变量 ψ；

3) 选择准确度 ε 和置信度 δ 水平；

4) $\hat{u}_{\max} =$ 最大估计值（Ψ，f_ψ，$u(\psi)$，ε，δ）；

5) 使用 $\hat{u}_{\max}$；

   最大估计值（$\Psi, f_\psi, u(\psi), \varepsilon, \delta$）

   根据 f_ψ 从 Ψ 中抽取 $n \geqslant \dfrac{\ln\delta}{\ln(1-\varepsilon)}$ 个样本 $\psi_1, \cdots, \psi_n$；

   计算 $\hat{u}_{\max} = \max_{i=1,\cdots,n} u(\psi_i)$；

   返回 $\hat{u}_{\max}$

注意

从表 4.2 中可以看出，所需要的样本数 $n \geqslant \dfrac{\ln\delta}{\ln(1-\varepsilon)}$ 远远低于通过切尔诺夫界解决性能验证问题所需要的数量。事实上，对于一个足够小的 ε，$\ln(1-\varepsilon) \approx -\varepsilon$：对切尔诺夫界来说，样本数为 $\dfrac{1}{\varepsilon^2}$，对上述算法来说为 $\dfrac{1}{\varepsilon}$。

表 4.2 样本数 $n = n(\varepsilon, \delta)$

	$\varepsilon = 0.05$、$\delta = 0.02$	$\varepsilon = 0.05$、$\delta = 0.01$	$\varepsilon = 0.02$、$\delta = 0.01$	$\varepsilon = 0.01$、$\delta = 0.01$
n	77	90	228	459

图 4.7 比较了切尔诺夫界和解决最大值估计问题所需的样本数。可以认识到，与前者相比，后者的界有了很大的改进，增益为 $\dfrac{1}{\varepsilon}$。

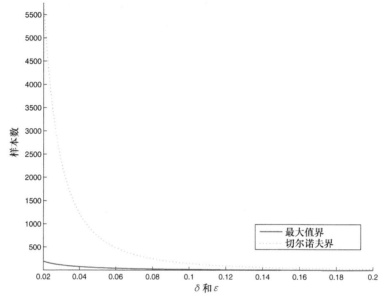

图 4.7 切尔诺夫界所需的样本数和解决最大值估计问题所需的样本数
（为了简化比较，ε 和 δ 假设为相同的值）

然而，世界上没有免费的午餐，必须付出的代价是估计需要两级的概率：
$$\Pr(\Pr(u(\psi) \geqslant \hat{u}_{max}) \leqslant \varepsilon) \geqslant 1 - \delta$$
内部不等式 $\Pr(u(\psi) \geqslant \hat{u}_{max}) \leqslant \varepsilon$ 指出，要求估计的好坏不仅是依据经典的准确度，而且也根据勒贝格可测性。在其他方面，不等式要求至少概率为 $1 - \delta$，遇到 $u(\psi)$ 比 $\hat{u}_{max}$ 大的点的概率在 ε 以下。

图 4.8 表示了这种情况。函数 $u(\psi)$ 是给定的，$\hat{u}_{max}$ 如上面所述确定。那些点 $u(\psi) \geqslant \hat{u}_{max}$ 属于两个区间 Ψ_1、Ψ_2，分别使 $\Pr(u(\psi)|_{\psi \in \Psi_1} \geqslant \hat{u}_{max}) \leqslant \varepsilon_1$ 和 $\Pr(u(\psi)|_{\psi \in \Psi_2} \geqslant \hat{u}_{max}) \geqslant \varepsilon_2$。然而和 $\varepsilon_1 + \varepsilon_2 \leqslant \varepsilon$ 的置信度至少为 $1 - \delta$。

甚至可能存在点 ψ 无穷大的情况，其中 $u(\psi)$ 比估计值 $\hat{u}_{max}$ 大，但是遇到这样点的概率不超过 ε。当使用获得的估计值时，这个注意事项应该被仔细地考虑。

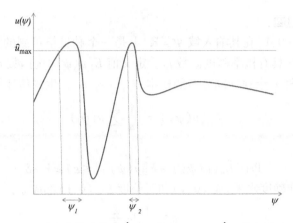

图 4.8 对于函数 $u(\psi)$，最大值估计值为 $\hat{u}_{max}$。使点 $u(\psi) \geqslant \hat{u}_{max}$ 的概率和两个支集 Ψ_1、Ψ_2 有关，因为 $\Pr(u(\psi)\,|_{\psi \in \Psi_1} \geqslant \hat{u}_{max}) \leqslant \varepsilon_1$、$\Pr(u(\psi)\,|_{\psi \in \Psi_2} \geqslant \hat{u}_{max}) \leqslant \varepsilon_2$ 并且和 $\varepsilon_1 + \varepsilon_2 \leqslant \varepsilon$

可以证明，在正则化和光滑性假设下，随机变量 $u(\psi)$ 的概率函数的界是严格的，例如连续性（例如可参考文献 [7]）。

4.4.3 期望估计问题

在许多应用中，能够估计给定函数 $u(\psi)$ 的期望值是至关重要的，一般通过估计经验均值来进行。再者，问题是确定保证任意准确度和置信度所需的样本数最小值。

考虑一个函数 $u(\psi) \in [0,1]$，它在 $\Psi \subseteq \mathbb{R}^l$ 是勒贝格可测的，令 f_ψ 是定义在 Ψ 上的随机变量 ψ 的概率密度函数。期望估计需要求值：

$$E[u(\psi)] = \int_\Psi u(\psi) f_\psi(\psi)\,\mathrm{d}\psi \qquad (4.14)$$

和其他问题一样，式（4.14）的求值对于通用的 u 函数是难以计算的，经验均值

$$\hat{E}_n(u(\psi)) = \frac{1}{n}\sum_{i=1}^{n} u(\psi_i) \qquad (4.15)$$

反而是基于根据 f_ψ 从 ψ 中取样的 n 个独立同分布的样本 $\psi_1, \cdots, \psi_i, \cdots \psi_n$ 进行构造的。当然 $\hat{E}_n(u(\psi))$ 是取决于 n 个样本具体实现的一个随机变量。通过引用霍夫丁不等式（4.5），其中 $a_i = 0$，$b_i = 1$，$i \in \{1, \cdots, n\}$：

$$\Pr(|\hat{E}_n(u(\psi)) - E[u(\psi)]| \geqslant \varepsilon) \leqslant 2\mathrm{e}^{-2\varepsilon^2 n} \qquad (4.16)$$

推导出切尔诺夫界：

$$n \geqslant \frac{1}{2\varepsilon^2}\ln\frac{2}{\delta} \qquad (4.17)$$

期望估计问题：

令 $u(\psi) \in [0,1]$ 在其输入域 $\Psi \subseteq \mathbb{R}^l$ 上是一个勒贝格可测的性能函数，定义一个随机变量 ψ 具有概率密度函数 f_ψ。定义值 $E[u(\psi)]$ 为函数 $u(\psi)$ 的期望值。

根据 f_ψ 采样 n 个独立同分布的样本 $\psi_1, \cdots, \psi_n$，生成估计值：

$$\hat{E}_n(u(\psi)) = \frac{1}{n}\sum_{i=1}^n u(\psi_i)$$

那么

$$\Pr(|\hat{E}_n(u(\psi)) - E[u(\psi)]| \le \varepsilon) \ge 1 - \delta$$

对于任意准确度水平 $\varepsilon \in (0,1)$ 和置信度 $\delta \in (0,1)$ 都成立：

$$n \ge \frac{1}{2\varepsilon^2}\ln\frac{2}{\delta}$$

$\hat{E}_n(u(\psi))$ 的值是随机算法的概率结果。

估计一个函数期望值的随机算法在算法9中给出。

算法9：估计函数期望值的随机算法

1）概率问题需要评估 $E[u(\psi)]$；

2）确定输入空间 Ψ 和在 Ψ 上具有概率密度函数 f_ψ 的随机变量 ψ；

3）选择准确度 ε 和置信度 δ 水平；

4）根据 f_ψ 从 ψ 中抽取 $n \ge \frac{1}{2\varepsilon^2}\ln\frac{2}{\delta}$ 个样本 $\psi_1, \cdots, \psi_n$；

5）计算 $\hat{E}_n(u(\psi)) = \frac{1}{n}\sum_{i=1}^n u(\psi_i)$；

6）使用 $\hat{E}_n(u(\psi))$

注意

有趣的是，对于期望值问题的确定，可以用同样数量的样本（切尔诺夫界）来解决概率估计问题。结构上的区别在于在一种情况下使用经验和，而在另一种情况下使用指示函数。尽管它们的推导是从不同的角度，但这两例都是霍夫丁不等式（由它推导出了切尔诺夫界）的特殊情况。因此，要求 $u(\psi) \in [0,1]$ 仅仅是为了通过霍夫丁不等式简化界的推导过程。总的来说，要求 $u(\psi_i)$ 有界就足够了，例如对相同的 $a_i = a$、$b_i = b$，$i = 1, \cdots, n$。因此，样本数的界变为

$$n \ge \frac{(b-a)^2}{2\varepsilon^2}\ln\frac{2}{\delta} \tag{4.18}$$

另一个应该解决的问题是按照切尔诺夫界所需的样本数和通过中心极限定理推导出的样本数之间的关系。事实上，如果 $f_{u(\psi)} = f_{u(\psi)}(u, \sigma^2)$，中心极限定理

表明随着 n 的增加，$\hat{E}_n(u(\psi))$ 的分布接近于均值 $E[u(\psi)] = \mu$ 的正态分布，方差 $\dfrac{\sigma^2}{n}$ 和 $f_{u(\psi)}$ 无关。也就是说，可以写作

$$\Pr\left(\,|\hat{E}_n(u(\psi)) - \mu| \leqslant \lambda\,\frac{\sigma}{\sqrt{n}}\right) = \mathrm{erf}\left(\frac{\lambda}{\sqrt{2}}\right) \tag{4.19}$$

如果选择 $\varepsilon > 0$ 使 $\varepsilon = \lambda\dfrac{\sigma}{\sqrt{n}}$，那么 ε、δ 和 n 之间的隐含关系是

$$\delta = 1 - \mathrm{erf}\left(\frac{\varepsilon\sqrt{n}}{\sigma\sqrt{2}}\right)$$

因为对于 $x > 0$，提供了切尔诺夫 – 拉宾界：

$$\frac{1}{2}\left[\,1 - \mathrm{erf}\left(\frac{x}{\sqrt{2}}\right)\right] \leqslant \frac{1}{2}\mathrm{e}^{\frac{-x^2}{2}}$$

那么，令 $x = \dfrac{\varepsilon\sqrt{n}}{\sigma}$，根据

$$n \geqslant \frac{2\sigma^2}{\varepsilon^2}\ln\frac{1}{\delta} \tag{4.20}$$

可以写成

$$\delta \leqslant \mathrm{e}^{\frac{-\varepsilon^2 n}{2\sigma^2}}$$

切尔诺夫界要求 $u(\psi) \in [0,1]$ 作为一个假设，但是本书认为如果变量是有界的，结果可以被拓展。方差 σ^2 也许是很小的，在这种情况下，由中心极限定理提供的界，如式（4.20）在切尔诺夫界上有了小幅度的改善（相反也成立）。也就是说，应该始终首选切尔诺夫界，而不依赖 σ^2 假定的值。事实上，式（4.20）依赖于经验均值分布为高斯分布的假设，这种分布只有随着 n 的增加才真正接近，其收敛率取决于 σ。不同的是，式（4.17）是泛化的，在分布上不需要任何特定的假设。

举个例子，假设 $u(\psi)$ 均匀分布在区间 $[a,b] = [0,1]$，那么中心极限定理 [用式（4.20）] 将变为

$$n \geqslant \frac{2\,(b-a)^2}{12\varepsilon^2}\ln\frac{1}{\delta} = \frac{1}{6\varepsilon^2}\ln\frac{1}{\delta}$$

与由霍夫丁不等式 [见式（4.18）] 推导得出的界不同：

$$n \geqslant \frac{(b-a)^2}{2\varepsilon^2}\ln\frac{2}{\delta} = \frac{1}{2\varepsilon^2}\ln\frac{2}{\delta}$$

图 4.9 表明了对于选择 $\delta = \varepsilon$，中心极限定理和切尔诺夫给出的界不同。正如人们看到的中心极限定理，通过利用经验均值的分布是高斯分布（只是渐近于高斯分布）这一事实，在切尔诺夫界之上有了提高，并未假定任何的分布。

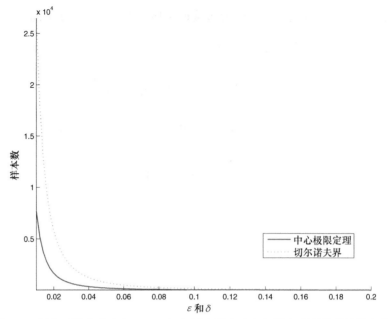

图 4.9   置信函数和准确度 $\delta = \varepsilon$，切尔诺夫界和中心极限定理所需要的样本数

4.4.4   最小（最大）期望问题

最小（最大）期望问题旨在估计函数期望的最小（最大）值。不失一般性，在这里，认为最小化问题保持了参考文献［2］中给出的相同的结构。

考虑勒贝格可测函数 $u(\psi,\Delta) \in [0,1]$，$\psi \in \Psi \subseteq \mathbb{R}^l$ 和 $\Delta \in D \subseteq \mathbb{R}^k$。$f_\psi$ 和 f_Δ 分别为定义在 Ψ 和 D 的随机变量 ψ 和 Δ 相关的概率密度函数。最小化问题要么是函数

$$u_{\min} = \min_{\psi \in \Psi} E_\Delta [u(\psi,\Delta)] \qquad (4.21)$$

要么是

$$u_{\min} = \min_{\Delta \in D} E_\psi [u(\psi,\Delta)]$$

这两个问题在结构上是等价的，因此考虑第一个问题，然后再考虑另一个问题。问题可以被描述为这样一个系统：

$$\begin{cases} \phi(\psi) = E_\Delta [u(\psi,\Delta)] \\ u_{\min} = \min_{\psi \in \Psi} \phi(\psi) \end{cases}$$

在 4.4.3 节中，已经看到经验均值如何收敛于它的期望值。如果采样值满足切尔诺夫界，那么考虑一个给定值 $\overline{\psi}$ 和估计期望值 $E_\Delta [u(\overline{\psi},\Delta)]$，具有基于 n 个独立同分布样本 $\Delta_1, \cdots, \Delta_n$ 的经验均值：

$$\hat{E}_n(u(\overline{\psi})) = \frac{1}{n} \sum_{j=1}^{n} u(\overline{\psi}, \Delta_j) \tag{4.22}$$

那么霍夫丁不等式可以被引用，推导出

$$\Pr(|\hat{E}_n(u(\overline{\psi})) - E_\Delta[u(\overline{\psi}, \Delta)]| \geq \varepsilon) \leq 2e^{-2n\varepsilon^2} \tag{4.23}$$

从中推导出对于 $\overline{\psi}$，切尔诺夫界式（4.23）成立，但是它的成立也独立于从 $\overline{\psi}$ 中采样出的任意有限序列 $\overline{\psi} \in \{\psi_1, \cdots, \psi_m\}$。

此外，可以把 $u(\overline{\psi}, \Delta)$ 作为一组在组成函数族 A 的 $\overline{\psi}$ 中参数化的函数。

人们希望对于任意 ψ_i，$i = 1, \cdots, m$，根据通用的第 n 个样本估计出来的实际均值 $\hat{E}_n(u(\psi_i))$ 接近于期望值 $E_\Delta[u(\psi_i, \Delta)]$。

换句话说，希望随着 n 趋向于无穷大和对于函数族 $A = \{u(\psi_i, \Delta), i = 1, \cdots, m\}$ 经验均值一致地收敛于它的期望值。当这种情况成立时，说函数族 A 满足经验均值一致收敛（UCEM）特性。如果函数族 A 是有限的（由 m 个函数组成），通过霍夫丁不等式的多次应用有

$$\Pr(\sup_{u \in A} |\hat{E}_n(u(\psi)) - E_\Delta[u(\psi, \Delta)]| > \varepsilon) \leq 2me^{-2n\varepsilon^2} \tag{4.24}$$

并且当 $n \to \infty$ 时，式（4.24）趋近于 0。UCEM 性质适用于任意有限函数族。然而这个性质可能也适用于一个无限函数族，例如 $A = \{u(\psi, \Delta), \psi \in \Psi\}$。可以证明，UCEM 性质适用于所有的函数族 A，其波拉德（Pollard）维数 d_P 是有限的[4]。

4.4.4.1　波拉德维数

令 Ψ 是一个可测空间，$F \subseteq [0, 1]^k$ 是一个可测的函数族。如果存在一个真正的向量 $c \in [0, 1]^n$ 使得对每个二进制向量 $b \in \{0, 1\}^n$，存在一个函数 $f_b \in F$，使得

$$\begin{cases} f_b(\psi_i) < c_i & \text{如果}\quad b_i = 0 \\ f_b(\psi_i) \geq c_i & \text{如果}\quad b_i = 1 \end{cases}$$

一个点集 $\psi_1, \cdots, \psi_n$ 可以称为 F 的 P – 散射[4]，F 的波拉德维数 d_P 是最大的整数 n，因为存在一组基数 n P – 散射。

为了更好地理解 P – 散射的概念，考虑一个实向量 $c \in [0, 1]^n$ 和一般的点 ψ_i。对于每个函数 $f \in F$，认为 $f(\psi_i)$ 可以大于（或等于）或小于值 c_i。在 F 内，有 2^n 个可能的行为随 f 变化。集合 $\psi_1, \cdots, \psi_n$ 可以说是 F 的 P – 散射，如果可能的 2^n 个行为的每个都是由一些 $f \in F$ 实现的。

d_P 是定义在二进制函数 F 上的 Vapnik – Chervonenkis（VC）维数的泛化。然而对于二进制函数 $d_P = d_{VC}$，其中 d_{VC} 是 VC 维。

当波拉德维数是已知的时，可以得出重要推论[2]：

最小期望问题。推论：

令 $u(\psi,\Delta) \in [0,1]$ 是在定义域 $\Psi \subseteq \mathbb{R}^l$ 和 $D \subseteq \mathbb{R}^k$ 上勒贝格可测的性能函数，在定义域上分别定义概率密度函数 f_ψ 和 f_Δ 的随机变量 ψ 和 Δ。令函数 $u(\cdot)$ 的 d_P 是有限的。

从 ψ 中采样 m 个独立同分布的样本 ψ_1，$\cdots$，ψ_i，$\cdots$，ψ_m，从 Δ 中采样 n 个独立同分布的样本 Δ_1，$\cdots$，Δ_j，$\cdots$，Δ_n，计算：

$$\hat{E}_n(u(\psi)) = \frac{1}{n}\sum_{j=1}^{n} u(\psi,\Delta_j)$$

$$\hat{u}_{\min} = \min_{i=1,\cdots,m} E_n[u(\psi_i)]$$

那么

$$\Pr(\Pr(E_\Delta[u(\psi,\Delta)] \leq \hat{u}_{\min} - \varepsilon_1) \leq \varepsilon_2) \geq 1-\delta$$

对于任意准确度水平 $\varepsilon_1,\varepsilon_2 \in (0,1)$ 和置信度 $\delta \in (0,1)$ 都是成立的，假设：

$$m \geq \frac{\ln\dfrac{2}{\delta}}{\ln\left(\dfrac{1}{1-\varepsilon_2}\right)}$$

$$n \geq \frac{32}{\varepsilon_1^2}\Big[\ln\frac{16}{\delta} + d_P\Big(\ln\frac{16e}{\varepsilon_1} + \ln\frac{16e}{\varepsilon_1}\Big)\Big]$$

$\hat{u}_{\min}$ 的值是算法的概率结果。

相反，当波拉德维数不是已知时，可以使用下面定理[2]中给出的主要结果。

最小期望问题。定理：

令 $u(\psi,\Delta) \in [0,1]$ 是在定义域 $\Psi \subseteq \mathbb{R}^l$ 和 $D \subseteq \mathbb{R}^k$ 上勒贝格可测的性能函数，在定义域上分别定义概率密度函数 f_ψ 和 f_Δ 的随机变量 ψ 和 Δ。

从 ψ 中采样 m 个独立同分布的样本 ψ_1，$\cdots$，ψ_i，$\cdots$，ψ_m，从 Δ 中采样 n 个独立同分布的样本 Δ_1，$\cdots$，Δ_j，$\cdots$，Δ_n，计算：

$$\hat{E}_n(u(\psi)) = \frac{1}{n}\sum_{j=1}^{n} u(\psi,\Delta_j)$$

$$\hat{u}_{\min} = \min_{i=1,\cdots,m} E[u(\psi_i)]$$

那么

$$\Pr(\Pr(E_\Delta[u(\psi,\Delta)] \leq \hat{u}_{\min} - \varepsilon_1) \leq \varepsilon_2) \geq 1-\delta$$

对任意准确度水平 $\varepsilon_1,\varepsilon_2 \in (0,1)$ 和置信度 $\delta \in (0,1)$ 都成立，假设：

$$m \geq \frac{\ln\dfrac{2}{\delta}}{\ln\left(\dfrac{1}{1-\varepsilon_2}\right)}$$

$$n \geq \frac{1}{2\varepsilon_1^2}\ln\frac{4m}{\delta}$$

$\hat{u}_{\min}$ 的值是算法的概率结果。

注意

从表 4.3 中，可以看到所需要的样本数很大程度上取决于所选择的准确度和置信度，样本数 n 是样本数 m 的对数函数。

表 4.3　样本数 $n, m = g(\varepsilon, \delta)$

$\varepsilon_1 = \varepsilon_2 = \varepsilon$	$\varepsilon = 0.05$、$\delta = 0.02$	$\varepsilon = 0.05$、$\delta = 0.01$	$\varepsilon = 0.02$、$\delta = 0.01$	$\varepsilon = 0.01$、$\delta = 0.01$
(m, n)	$(89, 1960)$	$(104, 2126)$	$(263, 14451)$	$(518, 61296)$

然而，推论所需的样本数显然要比定理所需的高。例如，如果选择 $\varepsilon_1 = \varepsilon_2 = \varepsilon = 0.02$ 和 $\delta = 0.01$，那么在定理中 $m = 263$，$n = 14451$，而在推论中用最简单（但是不可能的）的维数 $d_P = 1$，$m = 263$，$n = 1367851$。因此，当然会在随机算法框架中使用定理的结果，大多数选择 $\varepsilon_1 = \varepsilon_2 = \varepsilon$。

算法 10 最后总结了求解最小期望问题的随机算法。

算法 10：最小期望问题的随机算法

1）概率问题需要评估 $\min E[u(\psi, \Delta)]$；

2）确定输入空间 Ψ、D 和分别定义在 Ψ 上的概率密度函数 f_ψ 的随机变量 ψ 及 D 上的概率密度函数 f_Δ 的随机变量 Δ；

3）选择准确度 ε 和置信度 δ 水平；

4）从 ψ 中抽取 $m \geq \dfrac{\ln \dfrac{2}{\delta}}{\ln\left(\dfrac{1}{1-\varepsilon}\right)}$ 个独立同分布样本 $\psi_1, \cdots, \psi_i, \cdots, \psi_m$；

5）根据 f_Δ 从 Δ 中抽取 $n \geq \dfrac{1}{2\varepsilon^2}\ln\dfrac{4m}{\delta}$ 个独立同分布样本 $\Delta_1, \cdots, \Delta_j, \cdots, \Delta_n$；

6）对于每个 i 计算 $\hat{u}_{\min}(\psi_i) = \dfrac{1}{n}\sum\limits_{j=1}^{n} u(\psi_i, \Delta_j)$；

7）使用 $\hat{u}_{\min} = \min\limits_{i=1,\cdots,m} \hat{u}_{\min}(\psi_i)$ 和 $\hat{\psi} = \operatorname*{argmin}\limits_{i=1,\cdots,m} \hat{u}_{\min}(\psi_i)$

4.5　控制采样空间的统计量

随机化需要从一个给定的空间 Ψ 中采样和一个定义在 Ψ 上的概率密度函数 f_ψ 的随机变量。通过作用于 f_ψ 的一些控制参数，可以将统计容量定义为

$$\mathrm{Vol}(\Psi) = \int_\Psi f_\psi \mathrm{d}\Psi$$

在许多应用中，这是一个很有用的运算。例如，如果希望控制影响计算的不确定性空间，发现引入一个允许空间收缩/扩大的控制参数是有用的。向量的范数是可以控制它的第一要素。另一种可能性（和范数有关的）是一种控制空间中点的散射机制的引入。对于它们的性质，标量的方差和向量的协方差矩阵可以有效地控制空间的统计容量：散射指数越大，包括的容量就越大。

如果 $\Psi \subset \mathbb{R}^l$，通常描述为在 ϕ 上可控的超立方体或者可控的球（这两种情况都可以通过引入范数概念来解决），ϕ 定义为具有概率密度函数 f_ψ。对于前者，一个普遍的描述是这样的，ψ 的每个元素 $\psi(i)$ 属于有界区间，即 $\psi(i) \in [a_i, b_i]$。这里，容量的控制取决于 a_i 和 b_i。如果为 a_i 和 b_i 设置等大和对称值，令 $a_i = -\rho$，$b_i = \rho$，那么有超立方体的边长为 2ρ，Ψ 可以用单参数 ρ 来控制扩大和收缩，并且 $\Psi = \Psi(\rho)$。

回顾一下，如果有一个定义在区间 $[-\rho, \rho]$ 上的均匀分布，方差是 $\dfrac{\rho^2}{3}$，ρ 的控制意味着对方差的控制。这种情况可以通过 $\|\psi\|_\infty$ 范数定义：

$$\|\psi\|_\infty = \max\{|\psi(1)|, |\psi(2)|, \cdots, |\psi(l)|\}$$

式中，$\psi(i)$ 是向量 ψ 的第 i 个分量。

随着这个定义，$\|\psi\|_\infty = \rho$ 产生了一个边长为 2ρ 的超立方体。而在后者的情况下，例如，在范数球控制的情况下，ψ 被限制在被描述半径为 ρ 的范数球 $\Psi(\rho)$ 内：

$$\Psi(\rho) = \{\|\Psi\|_p \leqslant \rho\}$$

其中

$$\|\psi\|_p = \left(\sum_{i=1}^l |\psi(i)|^p\right)^{\frac{1}{p}}$$

在一般情况下，L^2 范数被使用，其他的范数被认为用来约束 Ψ，使它被控制为 $\Psi(\rho)$。有趣的是，当 $p \to \infty$ 时，最大范数 $\|\psi\|_\infty$ 是范数 $\|\psi\|_p$ 的极限值。

虽然均匀分布样本提取算法和 $\|\psi\|_\infty$ 范数是最接近的，在这里，只需要从每个轴均匀采样，如果希望从一个范数有界球产生一个均匀样本，问题则会变得更加复杂。显然验证一个样本对球的附着力，就像用 4.2.1 节中的正方形—圆形机制估计 π 所做的那样，而不是立方体，这不是一个有效的解决方案。幸运的是，参考文献 [3] 提供了一个简单的算法，返回属于球 $\mathbb{B}_p$ 的一个样本 ψ：

$$\mathscr{B}_\rho = \psi(\rho) = \{\psi \in \Psi : \|\psi\|_p \leqslant \rho\}$$

这个算法在算法 11 中给出。有趣的是，如果把该算法用到第二个步骤中，会获得一个在边界 $\|\psi\|_p = \rho$ 上均匀分布的样本。

算法 11：根据来自 l_p 范数球的一个均匀分布提取向量的算法

1）生成 l 个独立的随机实标量 ξ_i，ξ_i 根据广义伽马密度函数分布：

$$G(x) = \frac{p}{\Gamma\left(\frac{1}{p}\right)} e^{\xi_p}, \xi \geq 0$$

式中，Γ 是伽马函数；p 是范数值。

2）构造分量 $x_i = s_i \xi_i$ 的随机向量 $x \in \mathbb{R}^l$，其中 s_i 是随机符号。随机向量 $y = \frac{x}{\|x\|_p}$ 均匀分布在 $\mathscr{B}_p$ 的边界上；

3）返回 $\psi = p y w^{\frac{1}{l}}$，其中 w 是均匀分布在 $[0,1]$ 中的随机变量

如果 $\psi = \mathbb{R}^l$ 且 ψ 上定义了一个多元概率密度函数 f_ψ，称为高斯函数，那么可以通过作用于协方差矩阵 C_ψ 来控制统计容量。感兴趣的读者可以参考参考文献 [2] 进行更深入的调查研究。

第 5 章　鲁棒性分析

　　鲁棒性是指结构上具有强壮性和健壮性的性质。对一个系统，鲁棒性指的是容忍扰动的能力，这种扰动可能影响系统的功能体。同样，一个鲁棒性系统通过适度地降低性能，可以在某种程度上抵抗一些扰动。当考虑使用嵌入式系统时，扰动与装置的物理实现（例如模拟实现中生产过程引入的波动）或定义在计算流中的结构参数的有限精度表示（例如数字实现中的截断算子和查找表）相关联。故障和老化现象代表扰动的其他实例。如果应用足够鲁棒，则它在嵌入式系统上的移植是有效的，尽管存在老化效应，但保证装置在一段时间内的服务质量的能力是被认同的。在这两种情况下的性能损失都保持在承受范围内。

　　接下来首先对鲁棒性分析问题进行了形式化研究。然后研究扰动对一个计算流的影响，并量化选择品质因数引入的影响。尤其小扰动鲁棒性的问题得到了解决，其中假定扰动的幅值小。"小"数量级的要求难以进行验证，因为小或大取决于特定的问题。然而上述假设允许得到一种闭型解则归功于更加严谨的数学。相反，当没有对扰动的大小做出假设时，解决了大扰动鲁棒性的问题，扰动可以是小的，也可以是大的。

5.1　问题形式化

　　考虑对一个由勒贝格可测函数 $g(\theta,x)\in\mathbb{R}$ 描述的系统或应用，取决于列参数向量 $\theta\in\Theta\subset\mathbb{R}^d$ 以及列输入向量 $x\in X\subset\mathbb{R}^l$，它的扰动形式 $g(\theta,\delta\theta,x)\in\mathbb{R}$ 也取决于扰动 $\delta\theta\in\Delta\subseteq\Theta^{\ominus}$。

5.1.1　鲁棒性

　　当给定一个误差函数 $u(g(\theta,x),g(\theta,\delta\theta,x))\in\mathbf{U}\subset\mathbb{R}$ 时，系统在 γ 内经历了性能的下降，所以说 $g(\theta,x)$ 在水平 $\gamma\in\mathbb{R}^+$ 关于扰动 $\delta\theta\in\Delta\subseteq\Theta$ 是鲁棒的，即

$$u(g(\theta,x),g(\theta,\delta\theta,x))\leqslant\gamma \quad \forall\,\delta\theta\in\Delta,\forall\,x\in X \tag{5.1}$$

　　在一些相关情况中，集合 X 是离散的，$X=\widetilde{X}$，包含一个有限数量的输入实例。例如，当有一个有限数量的数据或信号，且希望限制在可用集合 $\widetilde{X}$ 估计应用的鲁棒性水平时，这种情况会发生。当在这种情况时，式（5.1）变成

　　⊖　应该认为扰动参数向量也属于 Θ。从现在开始，假设这个条件也是满足的。

$$u(g(\theta,x),g(\theta,\delta\theta,x)) \leqslant \gamma \quad \forall \delta\theta \in \Delta, \forall x \in \widetilde{X} \tag{5.2}$$

在上面指出，对参数的扰动可以作为影响参数的不确定性，例如，在嵌入式硬件内的模拟实现过程中会引入。同时，可能希望将用双精度表示的参数设计的算法移植到定点表示的微处理器。虽然这不是一个鲁棒性问题（实际上，对于一个给定的体系结构，扰动是固定的），这个问题应该通过第 7 章的 PACC 框架来解决，如果应用被设计成鲁棒的，应用的移植将是成功的，引入品质因数的损失在可承受范围内。换句话说，一个足够的鲁棒计算也能够解决有限精度结构带来的特定扰动。

这个问题比看上去的要重要得多。实际上，如果应用程序不是鲁棒的，影响参数的扰动（比如非线性模型）虽然很小，但会给函数的行为带来重大变化，比如性能剧烈下降。所有学者用高密处理器训练一个神经网络，除非网络被训练成鲁棒的，否则移植到嵌入式系统不太精确的硬件上会经历与此操作相关的准确性的剧烈下降。在大量的应用程序和研究领域中，需要评估应用程序所具有的鲁棒性水平，从模型估计[113]到鲁棒计算[114,115]和控制[2,116]，仅举几例。考虑到电子设备有不同来源的扰动，具体地说，在生产过程中遇到随机变化，例如参考文献［119］，影响电子设备的永久性故障和暂态故障、有限精度数据表示、数字设备中的处理[37,117,118]以及模拟设备的老化效应[120]。

在 4.5 节，展示了如何通过作用于一个 Δ 的合适的范数来控制不确定性影响计算的空间。同样地，也可以用相同的框架来描述和控制扰动空间 $\Delta = \Delta(\rho)$，或者用边长由一个简单的正实参数 ρ 调整的超立方体，或者通过塑造 $\Delta(\rho)$ 穿过一个半径为 ρ 的范数有界球。通过在参数 ρ 上操作，放大/缩小扰动空间的容量。当 $\rho = 0$ 时，扰动空间消失且系统退化成为它的名义上的无扰动描述。

鲁棒性分析旨在评估下列不同的方面：

● **性能损失验证问题**。一个扰动空间 Δ 或 $\Delta(\rho)$ 是给定的，同样给定的还有可容忍的性能损失水平 γ。希望验证式（5.1）或式（5.2）对于函数 $g(\theta,x)$ 是否是满足的。当不满足时，可能会感兴趣通过计算满足关系的点 X（或 $\widetilde{X}$）的百分比确定满足程度，即

$$\frac{\int_{\Delta,X} I(\delta,x)\,\mathrm{d}\delta\mathrm{d}x}{\int_{\Delta,X} \mathrm{d}\delta\mathrm{d}x}$$

式中，$I(\delta,x)$ 是指示函数

$$I(\delta,x) = \begin{cases} 1 & u(g(\theta,x), \quad g(\theta,\delta\theta,x)) \leqslant \gamma \\ 0 & 其他 \end{cases}$$

● **鲁棒性水平的评估问题**。一个扰动空间 Δ 是给定的，希望确定 γ 的最小值以保证式（5.1）或式（5.2）成立。在这种情况下，γ 提供应用的鲁棒性指数。

• **鲁棒性函数问题**。通常，通过作用于通过 ρ 的 $\Delta(\rho)$ 和评估函数 $\gamma(\rho)$ 迭代鲁棒性水平问题，$\gamma(\rho)$ 提供应用的鲁棒性轮廓。

5.1.2　计算流水平的鲁棒性

必须指出，式（5.1）和式（5.2）给出的形式解决了一个比评估单独影响函数的参数扰动问题更完整的问题（例如，神经网络的权重或者在预测形式中的线性时不变动态模型的参数）。实际上，适当地使用参数可以使人们处理计算流上的扰动。为了容易理解，考虑在图 5.1 中描述的函数流，其中函数 $g(\theta,x)$：

$$g(\theta,x) = f_2(\theta_2,x) - \theta_4 + f_3(\theta_3, f_1(\theta_1,x))\theta_5$$

被分割成子函数 $y_1 = f_1(\theta_1,x), f_2(\theta_2,x), f_3(\theta_3,y_1)$（输入和处理的部分结果必须定义在适当的实数空间）。子系统的划分取决于计算流的性质、设计问题以及必须进行鲁棒性分析的位置。在这个例子中，有两个扰动注入点 p_1 和 p_2 受定义在一个适当的空间的参数值 θ_5、θ_4 控制，且初始值设为 0 和 1，使它们对计算无影响。那么向量 θ 是 $\theta = [\theta_1, \theta_2, \theta_3, \theta_4, \theta_5]$。参数 θ_4 和 θ_5 的引入允许解决计算流中干扰的来源，计算流的扰动在名义上无扰动的过程中是不起作用的，当引入扰动时激活。必须设置这些参数的初始值使它们在名义条件下的作用是中性的。例如，如果对评估关于点 p_1 计算的鲁棒性水平感兴趣，只需要通过选择一个影响参数 θ_4 的扰动 $\delta\theta$ 来解式（5.1）。那么，扰动的结构必须是 $\delta\theta = [0,0,0,\delta\theta_4,0]$，且相应地推导出 $\Delta(\rho)$。

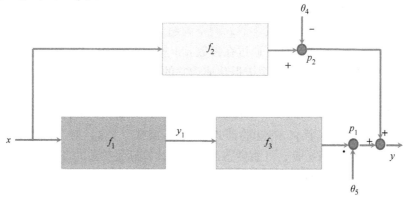

图 5.1　函数 $g(\theta,x)$ 的分解。函数 $g(\cdot,\cdot)$ 的参数向量 θ 包括定义的子函数（在这里是 f_1, f_2, f_3）操作模式和扰动伴随振荡控制的参数，即 θ_4 和 θ_5。名义上的无扰动情况由函数参数选择 $\theta_4 = 0$（扰动根据加法模型在计算流上操作）和 $\theta_5 = 1$（扰动一旦激活，根据乘法模型操作）来表征

5.2　小扰动鲁棒性

本节将介绍小扰动鲁棒性。操作框架在 5.1 节已介绍，这里也假定 $g(\theta,x)$

对列参数向量 θ 两次可微，且扰动 $\delta\theta$ 的量级较小。

5.2.1　评估小扰动在函数输出中的影响

首先，要评估一个小扰动在函数输出上影响参数向量的点态效应。如果 $g(\theta,\delta\theta,x)$ 是扰动函数的值，小扰动假说允许确定它对扰动输出 $u(g(\theta,x),g(\theta,\delta\theta,x))$ 的影响。例如，考虑加法扰动机制，$u(g(\theta,x),g(\theta,\delta\theta,x)) = g(\theta+\delta\theta,x) - g(\theta,x) = \delta g$。通过将扰动函数 $g(\theta+\delta\theta,x)$ 围绕自由扰动参数向量 θ 泰勒展开得到

$$g(\theta+\delta\theta,x) = g(\theta,x) + \frac{\partial g^{\mathrm{T}}}{\partial\theta}\bigg|_\theta \delta\theta + \frac{1}{2}\delta\theta^{\mathrm{T}}\frac{\partial^2 g}{\partial\theta^2}\bigg|_\theta \delta\theta + O(\delta\theta^{\mathrm{T}}\delta\theta)$$

忽略高阶项，引入的扰动在函数输出上变成了

$$\delta g = \frac{\partial g^{\mathrm{T}}}{\partial\theta}\bigg|_\theta \delta\theta + \frac{1}{2}\delta\theta^{\mathrm{T}}\frac{\partial^2 g}{\partial\theta^2}\bigg|_\theta \delta\theta \tag{5.3}$$

不出所料，扰动取决于贯穿梯度 $\dfrac{\partial g}{\partial\theta}\bigg|_\theta$ 和海赛矩阵 $\dfrac{\partial^2 g}{\partial\theta^2}\bigg|_\theta$ 参数空间的局部几何特征。在这个水平上没有更多可以说明的，除非考虑到扰动的性质或所选函数 $g(\cdot,\cdot)$ 的先验信息或额外的假设。例如，如果在泰勒展开中只保留线性项，当对影响线性系统输入的不确定性进行随机特性评估（均值、方差和适当的概率密度函数）时，可以重复在第 3 章进行的推导。显而易见，在这里随机变量被认为是 $\delta\theta$（由概率密度函数 $f_{\delta\theta}$ 约束且定义在 Δ 上）和 x（在 X 上与概率密度函数 f_x 相关）。这是留给读者的一个简单的练习。

5.2.2　经验风险水平的扰动

函数 $g(\theta,x)$ 的参数通过采取有效的基于梯度的学习算法的一个学习过程得到的这种情况是特别重要的。由于经验风险函数 V_N 局部最小值的存在，在获得一个较好的近似模型 $f(\hat{\theta},x)$ 之前，可能需要多次运行算法（见 3.4.1 节）。从第 3 章中知道，参数向量 $\hat{\theta}$ 属于未知局部最优参数 θ° 的邻域。

如果现在我们选择函数 $g(\theta,x)$ 作为定义在训练集 Z_N、加法扰动和 $u(g(\theta,x),g(\theta,\delta\theta,x)) = \delta V_N$ 上的经验风险，那么可以评估在经验风险上扰动影响参数 $\hat{\theta}$ 引入的影响。由于 V_N 基于 Z_N 的，空间 X 是受约束的，以便考虑的那些 x 值都在 Z_N 中，即 $\tilde{X} = Z_N$。有线性项：

$$\frac{\partial V_N^{\mathrm{T}}}{\partial\theta}\bigg|_{\hat{\theta}} \delta\theta$$

在式（5.3）中是空值（训练算法收敛于 V_N 的一个最小值）。函数输出 δg 引起的变化仅取决于二次形式：

$$\delta V_N = \frac{1}{2}\delta\theta^{\mathrm{T}}\frac{\partial^2 V_N}{\partial\theta^2}\bigg|_{\hat{\theta}}\delta\theta \tag{5.4}$$

而且如果假定 V_N 是均方误差（MSE），$V_N = \frac{1}{N}\sum_{i=1}^{N}(y_i - f(\theta,x_i))^2$，且定义

$e(x) = y - f(\theta,x)$，那么式（5.4）的 $\dfrac{\partial^2 V_N}{\partial\theta^2}\bigg|_{\hat{\theta}}$ 项变成

$$\frac{\partial^2 V_N}{\partial\theta^2}\bigg|_{\hat{\theta}} = \frac{1}{N}\sum_{i=1}^{N}\frac{\partial^2 e(x_i)^2}{\partial\theta^2}\bigg|_{\hat{\theta}}$$

式中

$$\frac{\partial^2 e(x)^2}{\partial\theta^2}\bigg|_{\hat{\theta}} = 2\frac{\partial f(\theta,x)}{\partial\theta}\bigg|_{\hat{\theta}}\frac{\partial f(\theta,x)^{\mathrm{T}}}{\partial\theta}\bigg|_{\hat{\theta}} - 2e(x)\frac{\partial^2 f(\theta,x)^{\mathrm{T}}}{\partial\theta^2}\bigg|_{\hat{\theta}}$$

现在引入准牛顿近似，说明项

$$e(x)\frac{\partial^2 f(\theta,x)^{\mathrm{T}}}{\partial\theta^2}\bigg|_{\hat{\theta}}$$

是可以忽略的。当点态误差对在训练集中的所有 x 都非常小（$e(x) \approx 0$）或者 $\dfrac{\partial^2 V_N}{\partial\theta^2}\bigg|_{\hat{\theta}}$ 关于最小值 $\hat{\theta}$ 的局部曲率能够很好地用二次半正定形式近似时，这种情况会发生。在准牛顿假设下，δV_N 退化成二次形式：

$$\delta V_N = \delta\theta^{\mathrm{T}}H\delta\theta = \mathrm{trace}(H\delta\theta\delta\theta^{\mathrm{T}})$$

式中，trace 是迹算子；H 是半正定矩阵：

$$H = \frac{1}{N}\sum_{i=1}^{N}\frac{\partial f(\theta,x_i)}{\partial\theta}\bigg|_{\hat{\theta}}\frac{\partial f(\theta,x_i)^{\mathrm{T}}}{\partial\theta}\bigg|_{\hat{\theta}}$$

由于构造了一个二次半正定形式，影响参数向量 $\hat{\theta}$ 的任意扰动 $\delta\theta$ 将会在 Z_N 和 V_N 上引入一个近似性能的损失，且不会减小。这意味着训练误差不一定会随着扰动减小，而且可能会增加。

这种情况正是学者们发现当他们想将从配置在高精度平台的神经网络移植到一个由低精度表征的嵌入式系统时会遇到的。

回顾一下，这里 $\widetilde{X} = Z_N$，且鉴于上述情况，问题式（5.2）可以重新写成

$$\delta\theta^{\mathrm{T}}H\delta\theta \leqslant \gamma, \ \forall\, \delta\theta \in \Delta, \ \forall\, x \in Z_N \tag{5.5}$$

由于性能损失验证问题旨在验证式（5.5）在给定一个扰动空间 $\Delta(\rho)$ 和一个给定的容忍性能损失水平 γ 时的满意度水平，根据算法 6 调用随机算法可以很容易地得到它的解。回顾一下，如果概率密度函数 $f_{\delta\theta}$ 未知，可以考虑最坏情况下的均匀分布。

现在解决"鲁棒性水平问题的评估"。给定扰动空间 Δ，希望确定 γ 最小值确保式（5.5）成立。

这个问题可以通过寻找受扰动的经验风险在任意扰动 $\delta\theta \in \Delta$ 下假定的最大值来重新表述。当扰动 $\delta\theta$ 是一个与矩阵 H 的特征向量平行的向量时，H 与最大特征值 $\lambda_{\max}(H)$ 相关联，可得到最大值：

$$\max(\delta V_N) = \|(H)\|_2 \max(\|\delta\theta\|^2) = \lambda_{\max}(H)\rho^2$$

最大误差取决于空间的几何大小和扰动的强度（$\|\delta\theta\|^2$ 是扰动大小的二次方）。注意，$\|\delta\theta\|^2 = \rho^2$ 既可以是 $\|\delta\theta\|_2$ 范数也可以是 $\|\delta\theta\|_\infty$ 范数。

与最大误差计算有关的困难问题也可以通过根据算法 8 的随机算法考虑最大值估计问题的概率解得到解决。

人们可能感兴趣的另一个问题是，需要对受扰动的经验风险所假定的期望值进行评估，即 $u(g(\theta,x), g(\theta+\delta\theta,x)) = E_{\delta\theta}[\delta V_N]$。尽管可以用随机算法通过调用算法 9 解这个问题，在某些假设下，可以在一个封闭形式中去解这个问题。假设扰动 $\delta\theta$ 是一个独立同分布随机变量，它的均值为零，所有元素具有相同的方差 $\sigma_{\delta\theta}^2$。这正是遇到的情况，用模拟表示法实现函数 $f(\hat{\theta},x)$，其中每个参数受由生产过程引起的波动的影响。例如，如果用一个电阻实现一个通用的参数，参数值将被选择作为名义值。然而生产过程将为这样一个参数产生电阻，该参数由以名义值和标准偏差集（例如，元件容差的 1/3）为中心的均值的高斯分布所决定（也可参考 2.1.4 节，定义了传感器的容差）。

随后可以研究由生产过程产生的一个函数族 $f(\hat{\theta},x)$ 的行为。由于

$$\delta V_N = \delta\theta^T H \delta\theta = \text{trace}(H\delta\theta\delta\theta^T)$$

通过取关于 $\delta\theta$ 的期望值来解释 $\delta\theta$ 的随机性，有

$$E_{\delta\theta}[\delta V_N] = E_{\delta\theta}[\delta\theta^T H \delta\theta] = \text{trace}(H E_{\delta\theta}[\delta\theta\delta\theta^T])$$

如果假定 $\delta\theta$ 的元素是具有相同方差 $\sigma_{\delta\theta}^2$ 的独立同分布，那么

$$E_{\delta\theta}[\delta V_N] = \sigma_{\delta\theta}^2 \text{trace}(H) = \sigma_{\delta\theta}^2 \sum_{i=1}^{d} \lambda_i(H) \tag{5.6}$$

式中，$\lambda_i(H)$ 是 H 矩阵的第 i 个特征值。在经验风险中增量的期望值 $E_{\delta\theta}[\delta V_N]$ 是扰动强度 $\sigma_{\delta\theta}^2$ 的函数，且经验风险的局部几何关系围绕 $\hat{\theta}$。

注意

从 3.4.1 节可以学到，学习的终极目标是提供一个模型，该模型不仅符合过去的数据，而且对未来的模式能提供良好的性能。在本节，已经处理了考虑品质因数是经验风险 V_N 而不是结构风险 $\bar{V}(\theta)$（在 5.2.3 节解决）的情况。事实上，在实际应用中，对于不存在显式关系的非线性函数，拥有学习所需的所有数据，这种情况并不少见。拥有大量的训练数据意味着 N 趋于渐近线，理论告诉人们，经验风险是对结构风险的一个很好的估计。那么该识别模型是在应用程序中使用并在嵌入式系统中实现的模型。V_N 提供了一个良好的性能估计，基本上与固有风险（这里的逼近和估计风险是可以忽略的，只要训练过程是有效的，并且考

虑了一个通用的近似神经网络）相吻合。

将该模型移植到嵌入式系统需要进行鲁棒性分析，这正是在本节中研究的案例。

5.2.2.1　例（1：4）：学习神经网络

考虑从数据中学习未知的非线性回归函数并将其移植到嵌入式系统的问题，只有函数的参数受扰动影响。生成数据的未知参考函数是

$$y = -x\sin(x^2) + \frac{e^{-0.23x}}{1+x^4} + \eta$$

式中，$\eta \approx \mathcal{N}(0, 0.005)$。

$N = 50$ 个训练数据是根据均匀分布从区间 $x = [-2, 2]$ 中抽取的。相应地对 y 值进行评估。

一个 3 层结构的前馈神经网络（输入层，由一个双曲正切激活函数描述的神经元的隐藏非线性层，以及线性输出层）被采用来学习基于可用训练集合 Z_N 的函数。训练通过 LM（Levenberg - Marquardt）算法执行，并推导出 $f(\hat{\theta}, x)$。图 5.2 显示无噪声和神经网络输出，以及采用的训练数据。可以欣喜地看到，学习后的神经网络能很好地逼近未知函数。

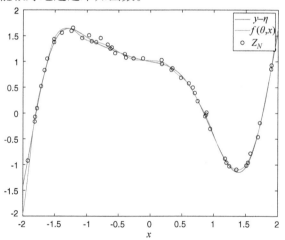

图 5.2　训练数据 Z_N（圆圈）、无噪声函数 $y - \eta$ 和学习函数 $f(\theta, x)$

（隐层有 10 个隐藏单元）

根据一个由权值和阈值影响的加法模型 $\theta + \delta\theta$，通过对神经网络参数向量的扰动，对小分析中的扰动进行了研究。向量 $\delta\theta$ 的第 i 个通用元素在均匀分布区间 $U(-\rho, \rho)$ 抽取，使 ρ 为一个控制扰动强度的正实数标量。由于 $\sigma_{\delta\theta}^2 = \frac{\rho^2}{3}$，采用式（5.6）的期望值 $E_{\delta\theta}[\delta V_N]$ 作为评估神经网络鲁棒性的质量指标：

$$E_{\delta\theta}[\delta V_N] = \frac{\rho^2}{3} \sum_{i=1}^{d} \lambda_i(H) \tag{5.7}$$

式（5.7）告诉人们，V_N 的预期增长与扰动的方差和 ρ 的二次方呈线性关系，这个 ρ 参数控制扰动的强度。

图 5.3 表明了根据式（5.7）估计的 $E_{\delta\theta}[\delta V_N]$：

$$\hat{E}_{\delta\theta}(\delta V_N) = \frac{1}{n} \sum_{j=1}^{n} \left[V_N(\theta + \delta\theta_j) - V_N(\theta) \right] \tag{5.8}$$

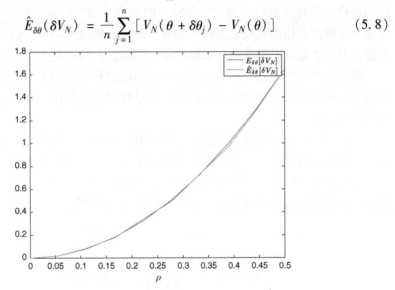

图 5.3　根据式（5.7）估计的 $E_{\delta\theta}[\delta V_N]$ 和根据式（5.8）估计的 $\hat{E}_{\delta\theta}[\delta V_N]$ 之间的比较

（保证 $\hat{E}_{\delta\theta}[\delta V_N]$ 收敛于 $E_{\delta\theta}[\delta V_N]$ 的样本数被选择用来满足切尔诺夫界）

样本数 $n = 4612$ 是根据切尔诺夫界（$\delta = 0.05$，$\varepsilon = 0.02$，算法 9）选择的，为了保证 $|E_{\delta\theta}[\delta V_N] - \hat{E}_{\delta\theta}[\delta V_N]| < \varepsilon$ 和概率 $1 - \delta = 0.95$ 之间的差异。

这两条曲线一直到 $\rho = 0.5$ 都是一致的，且在 $\rho = 2.7$ 附近开始分开，这意味着小扰动假设从这开始不再有效。从中可以得出两个结论。第一，参照这个事实，在 $\rho = 2.7$ 之后，假设 V_N 为非常大的值，如 50 或 50 以上。在这种情况下，谈论性能上的损失是没有意义的，因为网络的行为是完全不同的。此外，图 5.3 表明了由式（5.7）代表的理论是如何很好地估计真实行为式（5.8）的。图 5.3 表明在名义无误差的条件下，在 V_N（训练后 $V_N = 1.2 \times 10^{-4}$）上的性能缺失是可以接受的，这只适用于 ρ 为非常小的值，如 $\rho < 0.05$。对于较大的值，V_N 随着 ρ 的二次方增长，就像式（5.7）指出的那样。

5.2.3　结构风险水平的扰动

尽管小扰动假设对结构风险上的扰动影响的研究仍是一个难题，但是这个问题可以用一种封闭的形式来解决，只需要假定一些额外的假设。尽管这也许会出现一个不自然的作用，但预计这不会出现。事实上，假设也许是很强的，它们使得在鲁棒性问题背后的相当复杂的理论上开阔了视野：在封闭形式下获得的结果表明了准确度性能和扰动之间的关系，为未来的研究打下了基础。

接下来，假设应用程序可以被建模为未知的非线性函数 $g(\theta^\circ, x)$，属于一个已知的模型系列 $f(\theta, x)$，存在一个唯一的 θ° 使 $g(\theta^\circ, x) = f(\theta^\circ, x)$ 成立。此外假设该系统模型提供的数据根据信号加噪声的加法模型 $y = f(\theta^\circ, x) + \zeta$ 被用于模型配置，其中 ζ 是具有零均值和未知的 σ_ζ^2 方差的一个标量独立同分布的随机变量。

假设该系统模型是完整的，即产生数据的过程属于用来模型验证的预期的模型系列，允许忘记近似和引起结构风险的估计误差的存在，反而注重扰动和准确度之间的关系。

完整性假设是一个强大的假设，如果有一个有限的数据集，当数据的数量增长并且函数族 $f(\theta, x)$ 是一个通用的函数逼近器时，它就变得合理了。

通过参考文献［50］中描述的方法，将结构风险看作一个二次方的损失品质因数，而经验风险则认为是一个均方的损失品质因数：

$$\overline{V}(\theta) = \frac{1}{2} E \left[(y - f(\theta, x))^2 \right]$$

$$V_N(\theta, Z_N) = \frac{1}{2N} \sum_{i=1}^{N} \left[y_i - f(\theta, x_i) \right]^2$$

注意到，这一方法和在 3.4.1 节中用到的略有不同，因为比例系数 $\frac{1}{2}$ 的引入简化了后面的推导。

用 $\hat{\theta}$ 表示参数向量，它可以通过用有效的梯度算法最小化 $V_N(\theta, Z_N)$ 得到。从第 3 章中了解到 θ° 是最小化结构风险得到的值，假设 $\hat{\theta}$ 属于它的邻域。

通过采用一个针对结构和经验风险的泰勒扩展式，假设输入和噪声是独立的变量，忽略高阶项，采用对于 Hessian 矩阵的准牛顿近似法，可以得到[50,122,123]

$$E \left[V_N(\hat{\theta}, Z_N) \right] = \overline{V}(\theta^\circ) - \frac{\sigma_\zeta^2 \overline{p}}{2N} \tag{5.9}$$

$$E \left[\overline{V}(\hat{\theta}) \right] = \overline{V}(\theta^\circ) + \frac{\sigma_\zeta^2 \overline{p}}{2N} \tag{5.10}$$

对所有可能的集 Z_N 求期望，可以生成 N 个监督对：

$$\overline{p} = \mathrm{rank} \left(\left| \frac{\partial^2 \overline{V}(\theta)}{\partial \theta^2} \right|_{\theta^\circ} \right)$$

是用于解决学习问题的模型所使用的参数的有效数量，不一定与可用参数的总和相一致。当模型是线性的并且完整的时，$\overline{p}$ 和 VC 维数减 1 相一致，期望 $\overline{p}$ 在非线性情况下以某种方式与 VC 维数相关，但是目前没有可用的研究结果。

上述关系有一个耐人寻味的意义值得进一步讨论。本书认为 $\overline{V}(\theta^\circ)$ 是结构风险，而 $E[\overline{V}(\hat{\theta})]$ 代表与所有可能的 Z_N 集有关的预期的准确度性能，Z_N 集合中的每一个元素由获得的训练参数向量进行评估，而 $E[V_N(\hat{\theta}, Z_N)]$ 表示评估集 Z_N 所有可能实现的预期经验风险。得到预期的验证误差大于项 $\dfrac{\sigma_\zeta^2 \overline{p}}{2N}$ 的结构风险，而预期的经验风险低于相同项的结构风险。换句话说，式（5.9）和式（5.10）表明预期的训练误差是对真正的测试误差的一个乐观估计。

通过估计噪声的方差得到

$$E[\overline{V}(\hat{\theta})] \approx E[V_N(\hat{\theta}, Z_N)] \frac{N + \overline{p}}{N - \overline{p}} \tag{5.11}$$

预期的验证误差等价于由因数 $\dfrac{N + \overline{p}}{N - \overline{p}}$ 放大的预期的训练误差。

可以证明[123]，通过移除期望值，由于只有一个数据集 Z_N 和给定的 $\overline{p}$ 的估计值 $\hat{p} = \mathrm{rank}\left(\left| \dfrac{\partial^2 \overline{V}(\theta)}{\partial \theta^2} \right|_{\hat{\theta}} \right)$，式（5.11）变为

$$\overline{V}(\hat{\theta}) \approx V_N(\hat{\theta}, Z_N) \frac{N + \hat{p}}{N - \hat{p}} + l[\overline{V}(\theta^\circ) - V_N(\theta^\circ)] \tag{5.12}$$

式中，$l[\overline{V}(\theta^\circ) - V_N(\theta^\circ)]$ 是一个未知的常数，取决于给定的数据集 Z_N。

换种方式，该模型的泛化性能等价于由项 $\dfrac{N + \hat{p}}{N - \hat{p}}$ 放大的训练的性能：测试误差大于训练误差或者相等，训练误差是泛化误差的一个乐观估计。正如预期的那样，$N \to \infty$，$V_N(\hat{\theta}, Z_N) \to \overline{V}(\hat{\theta})$，即经验风险趋近于结构风险，$\hat{\theta}$ 趋近于 θ°。

现在引入扰动 $\delta\theta$ 附加于参数，来确定哪个是在测试误差 $\delta \overline{V}(\hat{\theta}) = \overline{V}(\hat{\theta} + \delta\theta) - \overline{V}(\hat{\theta})$ 上引入的扰动。必须注意，扰动可能改变 $\dfrac{\partial^2 V_N(\theta)}{\partial \theta^2}\Big|_{\hat{\theta}}$ 的秩，即值 δp 的参数 $\hat{p}$ 的有效数量。从参考文献［50］可以证明：

$$\delta \overline{V} \approx \delta\theta^T H \delta\theta \frac{N + \hat{p} + \delta p}{N - \hat{p} - \delta p} + \frac{\hat{\sigma}_\zeta^2 \delta p}{N - \hat{p} - \delta p} \tag{5.13}$$

式中，$\hat{\sigma}_\zeta^2 = \dfrac{2N V_N(\hat{\theta})}{N - \hat{p}}$；$H$ 是二次型 $\dfrac{\partial^2 V_N(\theta)}{\partial \theta^2}\Big|_{\hat{\theta}}$ 的准牛顿近似。

注意，项 $l(\cdot)$ 作为一个常数被消去。从式（5.13）可以看出，泛化性能的变化是两个项的和。第一项和模型的灵敏度有关，被描述为二次型；第二项取决于噪声强度，它的信号取决于 δp。有趣的是，如果 $\delta p < 0$，$\delta \overline{V}(\hat{\theta}) < 0$，那么扰动改善了可用模型的性能！这与对于神经网络在参考文献［124］提出的主成分

分析法是一致的，这里作者确认了这些权重的移除，增加了模型的准确度性能（权重去除可以被看作一个扰动的特定类型，将权重值设置为零）。进一步的细节可以参见参考文献［50］。

在第 3 章中，当一个扰动不改变矩阵的秩时，定义它为剧烈扰动。那么，如果 $\delta\theta$ 是关于 H 矩阵的一个剧烈扰动，H 的秩不改变，$\delta p = 0$，并且

$$\delta\overline{V}(\hat\theta) \approx \delta\theta^{\mathrm{T}} H \delta\theta \frac{N + \hat p}{n - \hat p} \tag{5.14}$$

此时在一个与 δV_N 相似的情况下，唯一的不同是考虑到存在结构风险这一事实有比例项 $\dfrac{N + \hat p}{N - \hat p}$：在假定的假说下，对经验风险有效的结果对结构风险同样成立。

那么应该问遇到不剧烈扰动的概率是多少、哪些是可以提高模型泛化能力的特殊扰动。参考文献［50］回答了良好条件下静态神经网络的问题，证明了连续扰动 $\delta\theta$，即 $\Pr(\delta\theta = \delta\overline\theta) = 0$，扰动是剧烈的概率为 1。换言之，非剧烈扰动是非常罕见的事件，如果想得到它们，需要设计专门的实验。对于一个通用的应用程序，希望扰动是剧烈的，即使特性应该通过具体问题具体分析来进行评估。

当然，应该使用随机算法去估计在应用程序中有剧烈扰动的概率 p_a 是多少。简单地说，必须从扰动空间 Δ 中抽取 $\delta\theta$，根据一个均匀分布，估计概率值：

$$p_a = \Pr(\delta\theta \mid \delta p = 0)$$

即扰动不改变模型的 H 矩阵的秩的概率。估计没有遇到剧烈扰动的概率的随机算法过程在算法 12 中给出了它的教育意义。估计值是由准确度 ε 和置信度 δ 提供的。

算法 12：评估通用扰动不剧烈的概率的随机化算法

---

1) 选择 $\delta\theta$ 的扰动空间 Δ 并且在 Δ 上分配均匀的概率密度函数 $f_{\delta\theta}$；

2) 确定准确度 ε 和置信度 δ；

3) 设置样本数 $n \geqslant \dfrac{1}{2\varepsilon^2} \ln \dfrac{2}{\delta}$；

4) 根据 $f_{\delta\theta}$ 从 $\delta\theta$ 中抽取 n 个样本 $\{\delta\theta_1, \cdots, \delta\theta_n\}$；

5) 计算每个样本的指标函数：

$$I(\delta\theta_i) = \begin{cases} 1 & \delta p \neq 0 \\ 0 & \delta p = 0 \end{cases}$$

6) 在应用中具有非急性扰动的估计概率是

$$\hat p_{\mathrm{na}} = \frac{1}{n} \sum_{i=1}^{n} I(\delta\theta_i)$$

5.2.3.1　例续（2：4）：学习神经网络

　　继续之前开始的实验，考虑这里的情况，现在对泛化准确度随扰动所引起的变化感兴趣。实验装置在开始的部分就被定义了，即在之前实验中学习过的神经网络变为函数 $g(\theta^\circ, x)$，加上零均值和 $\sigma_\xi^2 = 0.05$ 方差的高斯噪声的影响，生成了训练和测试数据集。属于由 $g(\theta^\circ, x)$ 设定的同一系列的第二个神经网络 $f(\theta, x)$ 在训练集 $Z_N(N = 50)$ 中被训练，生成了模型 $f(\hat{\theta}, x)$。这样模型的完整性就可以得到保证，即 $g(\theta^\circ, x) = f(\theta^\circ, x)$。这里提到的 $f(\theta^\circ, x)$ 就是这个模型，一直到本章结束。

　　首先，根据随机算法（算法 12），求遇到非剧烈扰动 $p_{na} = 1 - p_a$ 的概率的估计值 $\hat{p}_{na}$，其中设置 $\varepsilon = 0.04$ 和 $\delta = 0.05$，需要从空间 $\Delta(\rho)$，$\rho \in [0, 0.5]$ 采样 $n = 1153$ 个样本。为了验证发现非剧烈扰动是一件非常罕见的事件，应该希望期望值 $\hat{p}_{na}$ 是等于零的。在理想情况下，确实可以获得准确的值 p。然而在实际情况下，只有从对 H 的准牛顿近似中得到的估计值 $\hat{p}$（这一行动引入了 $\hat{p}$ 的不确定性）。这种情况可以在图 5.4 中看到，这里绘制曲线 $\hat{p}_{na}$ 为 ρ 的函数，可以看到 $\hat{p}_{na}$ 基本上为零，差异是由于上面提到的原因造成的。

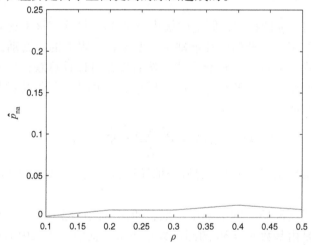

图 5.4　期望值 $\hat{p}_{na}$ 作为 $\rho \cdot p_{na} = 1 - p_a$ 的函数，从理论来说应该是空集，因为连续扰动期望是剧烈的（实验结果表明，期望值 $\hat{p}_{na}$ 几乎是等于零的，由于通过引入矩阵 H 的准牛顿近似来估计这一事实）

　　修正了非剧烈扰动问题，进一步行动并求估计值 $\hat{p}$。图 5.5 显示了 $\hat{p}$ 作为 ρ 的函数的预期演进过程。该图显示了和假设相关的最大值和最小值。本书认为，该神经网络的特点是以 10 个隐藏的单元，得到 31 个可用的潜在自由度（即权重与神经元偏置的数量和）。从图 5.5 中可以看出，神经网络使用所有可用的自由度去解函数近似任务（即使许多特征值是非常小的，但是显然高于64位机的分辨率，所以在这里应该考虑）。

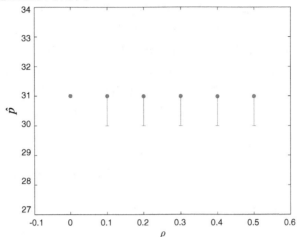

图5.5　作为 ρ 的函数的期望值 $\hat{p}$ 和最大值与最小值
（在期望值附近的波动是非常小的，事实的证明，扰动是剧烈的）

本书认为包含 $\hat{p}$ 的扰动，假定的最小值是30。尽管应该考虑式（5.13）来估计和结构风险相关的准确度性能缺失，鉴于在 $\hat{p}$ 附近的小波动，可以认为 δp 为空，而考虑式（5.14）的退化形式。然后现在可以计算获得模型的准确度性能的真正预期改变，对应于前面一节所述从 $\Delta(\rho)$ 中均匀提取出的扰动下的一个新的数据集，和期望值做比较：

$$E[\delta \overline{V}(\hat{\theta})] = \frac{\rho^2}{3} \frac{N + \hat{p}}{N - \hat{p}} \sum_{i=1}^{d} \lambda_i(H) \tag{5.15}$$

通过遵循推导出式（5.7）的那些推导过程，式（5.15）可以从式（5.14）中推导出来。

为了测试式（5.15）的准确度，把它和在测试性能中预期的真正变化做比较，测试性能是由基数 $n_V = 30$ 的测试数据集来评估的。测试中的逐点变化可以评价为是伴随扰动的测试误差和无扰动的测试误差之间的差异：

$$\delta V_{n_V} = \frac{1}{2 n_V} \sum_{j=1}^{n_V} [y_i - f(\hat{\theta} + \delta\theta, x_j)]^2 - [y_i - f(\hat{\theta}, x_j)]^2$$

因为需要对由式（5.15）提供的估计和未知的 $E_{\delta\theta}[\delta V_{n_V}]$ 进行比较，通过选择 $\varepsilon = 0.04$、$\delta = 0.05$ 再次借助于随机化去估计的函数的期望值。图5.6比较了这两条曲线。

可以看到，根据式（5.15）估计的性能损失比实际的要大。结果不值得惊讶有两个原因，首先希望在函数的实际性能上有更保守的界限。其次，回顾 $N =$

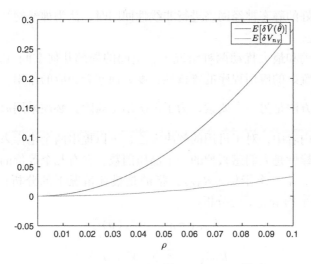

图 5.6 根据式 (5.15) 估计的期望值 $E[\delta \overline{V}(\hat{\theta})]$ 和
从模拟中得到的测试集 $E_{\delta\theta}[\delta V_{n_V}]$ 的期望值

50 和 $\hat{p} = 31$ (在剧烈框架内有满秩)。可用数据的数量并不比估计的自由度大很多，这种情况带来了很大的不确定性：更保守的估计实际上是由校正项

$$\frac{N + \hat{p}}{N - \hat{p}} = \frac{1 + \dfrac{\hat{p}}{N}}{1 - \dfrac{\hat{p}}{N}} \tag{5.16}$$

提供的，这就惩罚了"与实际自由度数相比，小数据"的情况。最终关于 $\hat{p}$ 的小的或大的数据取决于比例 $\dfrac{\hat{p}}{N}$：在学习过程中，拥有数据的多少，取决于需要估计的自由度的数量。理想情况下，希望 $\dfrac{\hat{p}}{N} \to 0$，在实际中，需要 $\dfrac{\hat{p}}{N} \ll 1$，这和式 (5.16) 中一个几乎统一的校正项是有关的。鉴于以上对 N 和 $\hat{p}$ 的设置，比值是 0.62，远非"比 1 小得多"。这种非最佳学习框架由式 (5.16) 中的校正项（假设值为 4.26）来惩罚。

5.2.4 鲁棒性理论要点

小扰动假设使人们对规范鲁棒—性能关系的隐藏机制打开了视野。

可以发现，通过引入剧烈扰动的概念，经验风险和结构风险共享了相同的行为，前者被项 $\dfrac{N + \hat{p}}{N - \hat{p}}$ 放大后与后者相同，这个项对于一个给定的应用程序来说是常数。人们期望在许多特定的应用程序中，连续扰动在概率上是剧烈的，特别是当采用训练良好的静态神经网络进行非线性回归时，认为神经网络本质上是鲁棒的是一种误解。

在期望扰动和最大扰动两种情况下，空间的局部几何空间（H 矩阵）在定义参数已经配置好的应用程序的鲁棒性程度方面起着相应的作用。显然，扰动的强度对于这个方法是另一个要素，为了解决结构风险，必须采用放大项 $\dfrac{N+\hat{p}}{N-\hat{p}}$。

从之前的内容中，对于可用的解决方法，可以提出两个指标来评价鲁棒性的优点，如果鲁棒性是人们感兴趣的一个品质因数，在有几个等价的解时，决定应该采用哪一个。第一个指标，R_{WCA}，指的是最坏情况下的分析；第二个指标，R_{MCA}，指的是平均情况下的分析。

$$R_{\mathrm{WCA}} = \lambda_{\max}\left[V''_N(\hat{\theta}) \right]$$

$$R_{\mathrm{MCA}} = \sum_{i=1}^{d} \lambda_i \left[V''_N(\hat{\theta}) \right]$$

当计算成为一个问题时，$V''_N(\theta)$ 可以被近似为准牛顿矩阵 H。如果有两个等价的解，可以通过评估鲁棒性的最合适的品质因数（R_{WCA} 或者 R_{MCA}）来对比，选择使鲁棒性指标最小化的解。

一个有趣的后续，自然是来自于上面的推导，基于这样的观察，可以直接在训练阶段整合一个惩罚项，用来指导搜索朝向可以增强鲁棒性的解的方向。从另一个角度来看，训练阶段当然可以找到逼近性能与鲁棒性之间的平衡的解。如果希望改善最坏的情况，训练时需要采用的品质因数为

$$V_{N,R} = V_N + \tau \lambda_{\max}(V''_N(\theta))$$

并且对于平均情况而言：

$$V_{N,R} = V_N + \tau \sum_{i=1}^{d} \lambda_i(V''_N(\theta))$$

$\tau > 0$ 是衡量准确度和鲁棒性的相关性惩罚项。上述基于惩罚的框架在相关文献中被称为著名的 Tikhonov 正则化，并通过适当地指导学习过程来集成所需的一些性质，见参考文献［121］。

可见，从计算的角度看，对 $V''_N(\theta)$ 的评价是一个关键的方面，它对资源的要求很高。然而这个问题可以通过采用 $V''_N(\theta)$ 的准牛顿近似来解决，得到在最坏情况下的公式：

$$V_{N,R} = V_N + \tau \lambda_{\max}\left[\frac{1}{N} \sum_{i=1}^{N} \frac{\partial f(\theta,x_i)}{\partial \theta} \frac{\partial f(\theta,x_i)}{\partial \theta}^{\mathrm{T}} \right]$$

和平均情况的公式：

$$V_{N,R} = V_N + \tau \sum_{i=1}^{d} \lambda_i\left[\frac{1}{N} \sum_{i=1}^{N} \frac{\partial f(\theta,x)}{\partial \theta} \frac{\partial f(\theta,x)}{\partial \theta}^{\mathrm{T}} \right]$$

$$= V_N + \tau \, \text{trace}\Big[\frac{1}{N} \sum_{i=1}^{N} \frac{\partial f(\theta, x_i)}{\partial \theta} \frac{\partial f(\theta, x_i)^{\mathrm{T}}}{\partial \theta} \Big]$$

$$= V_N + \frac{\tau}{N} \sum_{j=1}^{d} \sum_{i=1}^{N} \Big[\frac{\partial f(\theta_j, x_i)}{\partial \theta_j} \Big]^2$$

$$= V_N + \frac{\tau}{N} \sum_{i=1}^{N} \frac{\partial f(\theta, x_i)^{\mathrm{T}}}{\partial \theta} \frac{\partial f(\theta, x_i)}{\partial \theta}$$

显然，求出最坏情况下的解也意味着求出了平均情况下的解，然而相反的情况并不是先验成立的。相反，平均状况下的方案更容易实施，显然比最坏情况下的方案耗时少。事实上，由于增加了梯度向量大小的一个惩罚项函数使额外的计算减少了：不需要计算特征值。在梯度下降算法中，梯度信息是自由可用的。如果 τ 是学习迭代的函数，还可以随着时间的推移引导学习过程以不同的方式权衡鲁棒性问题，倾向于在训练阶段开始时更准确，之后平滑地整合鲁棒性约束。

在训练阶段直接集成鲁棒性的一种不同方法需要增加影响参数 θ 的扰动 $\delta\theta$。其思想是，通过扰乱训练过程，最终的网络将变得对影响参数的扰动不那么敏感。在实践中，如果采用一个梯度下降算法，那么需要在学习过程期间更新参数，并在每一个迭代时间 t 添加扰动随机变量 $\delta\theta \in \Delta$ 的一个实现 $\delta\theta_t$：

$$\theta_{t+1} = \theta_t - \tau \frac{\partial f(\theta, x)}{\partial \theta}\Big|_{\theta_t} + \delta\theta_t$$

然而为了使方法有效，学习过程不应该收敛太快，否则 Δ 空间会探索不足。一个简单的基于梯度的学习过程，例如首选应是反向传播，而不是更有效的同时考虑局部 Hessian 估计的二次型解，如 LM 算法[125]。

来自于对结构风险分析的一个有趣的问题已经被解决[128]。在此，作者根据与线性模型相关的结构风险来评估性能退化，并在模型层确定了结构冗余的充分条件。而且结果表明，采用一个完全线性的神经网络，通过在更多的自由度上传递信息来提高线性应用的鲁棒性指数，这一直观想法是一个疯狂的行为。事实上，虽然解决方案提高了模型的固有鲁棒性，这一增益的获得是以牺牲高计算负荷为代价的：相反，应该采用结构冗余方法，特点是计算成本较低。

5.3 大扰动的鲁棒性

从之前的推导可以明显看出，尽管"小扰动"方法结构简单，但并不总是可以用来解决实际应用问题。然而这样的方法在提供闭型解时有惊人的潜力，因此揭露了理论水平上准确度、鲁棒性和应用程序之间的隐藏关系。人们可能会对做出的许多假设采取反对态度，尽管这是正确的，但在某些情况下，假设成立，结果有效。人们确实对鲁棒性机制的看法是有限的，但是基于闭型解析形式，它是可用的而且便于使用的。

如果既想在应用程序水平保持一般性，同时又为与"大扰动的鲁棒性"框架相关的鲁棒性指数提供估计，那么什么也做不了，除了抛弃确定性的方法转而使用概率性方法。将看到与鲁棒性水平相关的困难问题。会看到，一旦鲁棒性问题已得到适当的形式化，与评估应用程序所拥有的鲁棒性水平的估计相关的困难问题便可以通过采取随机算法来解决。

5.3.1 问题定义：以 $u(\delta\theta)$ 为例

这里执行的框架是在 5.1.1 节设置的，考虑一个 $u(\delta\theta) \in \mathbf{U} \subset \mathbb{R}$ 函数，它是在子集 $\Delta \subset \mathbb{R}^l$ 和一个给定的任意正标量 $\gamma \in \mathbb{R}$ 上是勒贝格可测的。就某种意义而言，如果输入在数量上是有限的，而且是固定的并且属于式（5.2）的集 $\widetilde{X}$，$u(\delta\theta)$ 在输入上没有显函数。

例如，$u(\delta\theta)$ 函数可以表示扰动影响经验风险 $\delta V_N(\hat{\theta})$ 或结构风险 $\delta \bar{V}(\hat{\delta})$，正如 5.2.3 节和 5.2.2 节分别介绍的那样。回顾一下，品质因数已经在 Z_N 数据集中进行了评估，接近于在式（5.1）中的鲁棒性问题集的更一般的情况在 5.3.3 节中将被处理。

这里介绍了大扰动的鲁棒性的两个基本定义：第一个基于一个确定性的方法；第二个由第一个推导出来，其特点是一个概率性框架。

定义：确定性的鲁棒性

当 $\bar{\gamma}$ 对于 $u(\delta\theta) \leqslant \bar{\gamma}, \forall \delta\theta \in \Delta$ 是最小值时，一个计算对于扰动空间 Δ，在水平 $\bar{\gamma}$ 上是鲁棒性的。

鲁棒性的确定性的定义强烈地需要 $\bar{\gamma}$ 的最小值的确定性来满足不等式。在之前的内容中，看到这样的情况，这样的值在很强的假设下是可获得的。对于一个通用的应用程序，$\bar{\gamma}$ 的确定是不能在封闭的形式下获得的，当然，特性满意度的逐点研究是很难计算的。

通过诉诸一个双重概率问题放宽了上述的定义。

定义 1：概率鲁棒性

当 $\bar{\gamma}$ 对于 $\Pr(u(\delta\theta) \leqslant \bar{\gamma}) \geqslant 1 - \eta, \forall \delta\theta \in \Delta$ 是最小值时，一个计算在概率 $1 - \eta$ 上，对于扰动空间 Δ，在水平 $\bar{\gamma}$ 上是鲁棒性的。

η 表示定义在 $[0, 1]$ 区间上的一个小的正数，$1 - \eta$ 可以作为一个置信度。该问题的概率特征容忍不满足不等式的扰动的存在。这些点的比例是

$$\frac{\mathrm{Vol}(\delta\theta \mid u(\delta\theta) > \bar{\gamma})}{\mathrm{Vol}(\Delta)} = \eta$$

式中，Vol 是体积算子。当然，希望 $\eta = 0$，在概率为 1 的情况下，所有扰动都满

足不等式 $u(\delta\theta) \leqslant \overline{\gamma}$，这两个定义将变得相近。通过研究 Δ 中的所有点，定义假设扰动是等概率的，隐含地说明了存在一个在 Δ 上和 $\delta\theta$ 相关的统一的概率密度函数 $f_{\delta\theta}$。给出的定义也会自动考虑采用一个泛型的 $f_{\delta\theta}$ 这种情况。接下来，将采用如下这样一个框架，并完善定义。

定义 2：概率鲁棒性

当给定一个和随机 $\delta\theta$ 相关的概率密度函数 $f_{\delta\theta}$，$\overline{\gamma}$ 是保证 $\Pr(u(\delta\theta)\leqslant\overline{\gamma}) \geqslant 1-\eta, \forall \delta\theta \in \Delta$ 的最小值时，一个计算在概率 $1-\eta$ 上，对于扰动空间 Δ，在水平 $\overline{\gamma}$ 上是鲁棒性的。

比较确定性 D 和概率性 P 问题：

$$\begin{cases} D: \overline{\gamma}_D = \mathrm{argmin}_\gamma |u(\delta\theta)\leqslant\gamma, \ \forall \delta\theta \in \Delta \\ P: \overline{\gamma}_P = \mathrm{argmin}_\gamma |\Pr(u(\delta\theta)\leqslant\gamma)\geqslant 1-\eta, \ \forall \delta\theta \in \Delta \end{cases}$$

鲁棒性的目标就是估计概率性问题的 $\overline{\gamma}_P$ 和确定性问题的 $\overline{\gamma}_D$。

当 η 较小，甚至为 0 时，认为所有的 $\delta\theta$ 以概率 1 满足不等式。然而这意味着不等式可能不适用于一个勒贝格可测性为空的扰动集 Ω：通过从一个连续的 $f_{\delta\theta}$ 中采样，获得了一个扰动对应于 $\overline{\gamma}_P$ 不满足不等式的概率为空。不同的是，如果问题 P 对于 $1-\eta$ 的概率成立，那么有一个可达 η 的点的勒贝格可测集不满足不等式（总体概率的100η%）。当 u 函数在 Δ 上是连续的时，发现不满足不等式的扰动与满足不等式的扰动是相近的[126]，所以即使 Ω 集不是空的，$\overline{\gamma}_D$ 的 $\overline{\gamma}_P$ 的估计值也是有效的。

$\overline{\gamma}_P$ 的估计值可以通过借助随机化的方法获得，就像参考文献 [127] 中建议的那样。

5.3.2　随机算法和鲁棒性：以 $u(\delta\theta)$ 为例

考虑大扰动鲁棒性的概率性问题：

$$P: \overline{\gamma}_P = \mathrm{argmin}_\gamma |\Pr(u(\delta\theta)\leqslant\gamma)\geqslant 1-\eta, \forall \delta\theta \in \Delta$$

定义 $p(\gamma)$ 为 $u(\delta\theta)\leqslant\gamma$ 的概率，对于一个任意给定的 γ 值，希望首先估计这样一个概率：

$$p(\gamma) = \Pr(u(\delta\theta)\leqslant\gamma)$$

这正是在 4.4.1 节中设计的算法性能验证问题，在算法 13 中，专门针对鲁棒性问题重新提出了这个问题。

现在知道，对每个值 $\gamma \in \Gamma$，从算法 13 提供的 $\hat{p}_{n,\Gamma}$ 中选择各自对应的值 $\hat{p}_n(\gamma)$，关系为

$$\Pr(|\hat{p}_n(\gamma)-p(\gamma)|\leqslant\varepsilon)\geqslant 1-\delta$$

满足准确度 ε 和置信度$^\bigcirc$ δ。定义 $\hat{\gamma}$ 为 $\gamma \in \Gamma$ 的最小值，这里 $\hat{p}_n(\gamma) = 1, \forall \gamma \geqslant \hat{\gamma}$。那么，由于

$$|\hat{p}_n(\hat{\gamma}) - p(\hat{\gamma})| \leqslant \varepsilon$$

可以写作

$$\hat{p}_n(\hat{\gamma}) - \varepsilon \leqslant p(\hat{\gamma}) \leqslant 1$$

即

$$p(\hat{\gamma}) \geqslant 1 - \varepsilon 。$$

通过选择确定性问题中的 η 和 ε 相等，解出了概率鲁棒性问题，$\overline{\gamma}_P$ 的估计为 $\hat{\overline{\gamma}}_P = \hat{\gamma}$。

与确定性问题相关的棘手的问题可以通过借助概率来解决。

算法 13： 随机算法解决概率鲁棒性评价问题

1）确定扰动空间 Δ 和在 Δ 上的概率密度函数 $f_{\delta\theta}$ 的随机变量 $\delta\theta$；
2）选择准确度 ε 和置信度 δ；
3）确定感兴趣的性能水平集 $\Gamma = \{\gamma_1, \cdots, \gamma_k\}$；
4）$\hat{p}_{n,\Gamma}(\gamma) =$ 验证问题 $(\Delta, f_{\delta\theta}, u(\delta\theta), \Gamma, \varepsilon, \delta)$；
5）使用 $\hat{p}_{n,\Gamma}(\gamma)$；

函数验证问题 $(\Delta, f_{\delta\theta}, u(\delta\theta), \Gamma, \varepsilon, \delta)$

根据 $f_{\delta\theta}$ 从 $\delta\theta$ 中抽取 $n \geqslant \dfrac{1}{2\varepsilon^2}\ln\dfrac{2}{\delta}$ 个样本 $\delta\theta_1, \cdots, \delta\theta_n$；

对每个 $\gamma \in \Gamma$ 估计：

$$\hat{p}_n(\gamma) = \frac{1}{n}\sum_{i=1}^{n} I(u(\delta\theta_i) \leqslant \gamma)$$

$$I(u(\delta\theta_i) \leqslant \gamma) = \left\{\begin{matrix} 1 & u(\delta\theta_i) \leqslant \gamma \\ 0 & u(\delta\theta_i) > \gamma \end{matrix}\right\}$$

返回 $\hat{p}_{n,\Gamma}$

5.3.2.1　例续（3：4）：学习神经网络

通过研究大扰动对神经网络的影响，可以完成在例续（2：4）部分学习神经网络的鲁棒性分析。特别是，探讨了影响 $f(\hat{\theta}, x)$ 参数的扰动如何影响 Z_N 上的经验风险评估。选择的品质因数是 $u(\delta\theta) = V_N(\hat{\theta} + \delta\theta) - V_N(\hat{\theta})$，$\Delta = \Delta(\rho)$ 在 ρ 上

○　原文为 accuracy。——译者注

是参变量，例如，根据乘法模型，对于泛化的第 i 个元素 θ_i：

$$\theta_i + \delta\theta = \theta_i(1 + \delta'\theta)\text{ 使得 }\delta'\theta\text{ 在 }[-\rho, \rho]\text{ 上是均匀的}$$

这样扰动会影响神经网络的每一个偏差和权重，影响范围的百分比为 $\pm 100\rho\%$。这个实验使人们可以从理论的角度更详细地研究在研究大案例中的扰动时所采取的感兴趣的步骤。下面，令 $\varepsilon = 0.02$、$\delta = 0.05$。

首先，设 $\rho = 9.83$，通过确定由算法 13 估计的函数 $\hat{p}_n(\gamma)$ 曲线评估相关的概率鲁棒性问题。

结果在图 5.7 已给出，这里 $\hat{\gamma} = 1.2$。

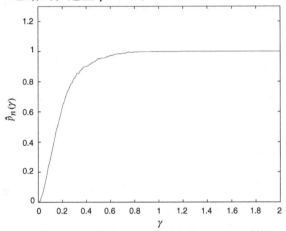

图 5.7　对于 $\rho = 9.83$，根据算法 13 估计的曲线 $\hat{p}_n(\gamma)$，相应的 $\hat{\gamma}$ 值是 $\hat{\gamma} = 1.2$

图 5.8 比较了和随着 ρ 值的增加相关的 3 个 $\hat{p}_n(\gamma)$ 函数。正如预期的那样，一个更大的 ρ（更强的扰动）引入了一个更大的 $\hat{\gamma}$（更大的性能损失）。

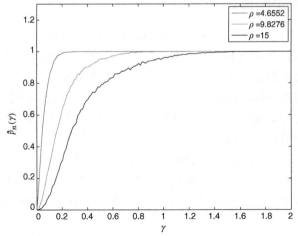

图 5.8　对于 $\rho = 4.66$、9.83、15，算法 13 估计的 3 条曲线 $\hat{p}_n(\gamma)$。

（由 ρ 控制的扰动空间越大，性能误差 $\hat{\gamma}$ 越大）

通过对不同扰动空间的研究得出了几个 $\hat{p}_n(\gamma)$ 函数，其中的每一个和它的 $\hat{\gamma}$ 值都相关。大扰动曲线 $\overline{\gamma}_P(\rho)$ 的鲁棒性使扰动函数在不同扰动空间下具有全局性能损失，并解决了大扰动空间下的鲁棒性问题。具体问题的解决需要识别应用程序所期望的扰动空间，并查看性能损失是否低于容忍值。

对于这个实验的大扰动鲁棒性曲线已经在图 5.9 中给出，其中 $\overline{\gamma}_P$ 是 $\hat{\gamma}$ 的估计。

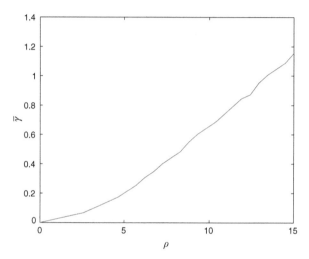

图 5.9 曲线 $\overline{\gamma}_P$ 是 ρ 和估计 $\hat{\gamma}$ 的函数（正如预期的那样，通过增加影响神经网络参数的扰动强度，经验风险会增加。考虑了参数的乘积模型，使最大百分比影响界定为 $\pm 100\rho\%$）

5.3.3 最大期望问题

式（5.1）有一个问题，不等式满意度的评估 $u(g(\theta,x),g(\theta,\delta\theta,x)) \leqslant \gamma$ 需要双重空间探索，涉及 Δ 和 X 两个空间。对一个通用函数来说尽管是勒贝格可测的，这个问题显然也是难以计算的。在 5.2.2 节和 5.2.3 节中，简化了这个问题——通过将输入空间的探索限制在由 Z_N 训练集中的数据实例组成的有限数据集上——可是仍然是难以计算的。换句话说，将问题式（5.1）限制在式（5.2）中，即对于一个给定的 Z_N：

$$u(g(\theta,x),g(\theta,\delta\theta,x)) \leqslant \gamma, \forall \delta\theta \in \Delta, \forall x \in Z_N \qquad (5.17)$$

事实上，尽管 5.2.3 节中，从式（5.9）和式（5.10）中得到了关于 Z_N 的期望，在随后的推导中［参见式（5.12）］，进行了近似，并限制训练集为唯一可用的数据集：

问题式（5.1）不能轻易地用其通用的形式加以处理，但可以在非常有趣和常见的情况下加以处理，它可以被转化为最大值 $u_{\max}$ 的计算，其函数 $u(\delta\theta, x) = u(g(\theta, x), g(\theta, \delta\theta, x)) \in [0, 1]$，假设 $\forall \delta\theta \in \Delta$，$\forall x \in X$。通过计算，$u_{\max}$ 和保证式（5.1）成立的 γ 是一致的。为了控制输入空间探索的复杂性，采用根据 f_x 关于 X 的期望值。最后要解决的问题需要确定

$$u_{\max} = \max_{\delta\theta \in \Delta} E_x [u(\delta\theta, x)] \tag{5.18}$$

幸运的是，在式（5.18）中所述的困难问题可以通过借助 4.4.4 节中给出的随机算法的推导来解决，如算法 14 提出的，将第 4 章中的算法 10 适用于式（5.18）中的问题。

算法 14：用于计算在式（5.18）中定义的问题相关的 $u_{\max}$ 的概率估计 $\hat{u}_{\max}$ 的随机算法

1）概率问题需要估计 $\max_{\delta\theta \in \Delta} E_x[u(\delta\theta, x)]$；

2）确定输入空间 X、Δ，分别定义在 X 上的概率密度函数 f_x 的随机变量 x 以及在 Δ 上的概率密度函数 $f_{\delta\theta}$ 的随机变量 $\delta\theta$；

3）选择准确度 ε 和置信度 δ 水平；

4）从 $\delta\theta$ 中抽取 $m \geq \dfrac{\ln\dfrac{2}{\delta}}{\ln\left(\dfrac{1}{1-\varepsilon}\right)}$ 个样本 $\delta\theta_1$，$\cdots$，$\delta\theta_i$，$\cdots$，$\delta\theta_n$；

5）根据 f_x 从 x 中抽取 $n \geq \dfrac{1}{2\varepsilon^2}\ln\dfrac{4m}{\delta}$ 个样本 x_1，$\cdots$，x_j，$\cdots$，x_n；

6）计算 $\hat{u}_{\max}(\delta\theta_i) = \dfrac{1}{n}\sum_{j=1}^{n} u(\delta\theta_i, x_j)$，$\forall i = 1, \cdots, m$

7）使用 $\hat{u}_{\max} = \max_{i=1,\cdots,m} \hat{u}_{\max}(\delta\theta_i)$

5.3.3.1 例续（4：4）在神经网络的大环境下测试鲁棒性

最后一个实验旨在研究神经网络 $f(\hat{\theta}, x)$ 大扰动鲁棒性的特征，该神经网络是从 $g(\theta^\circ, x)$ 学习得来的，并且在例续（2：4）中已给出。特别是，使用的品质因数旨在评估由二次品质因数估计的两个函数之间的差异变化，二次的品质因数是由影响函数 $f(\hat{\theta}, x)$ 参数的附加扰动引起的，在式（5.18）之后，导出问题：

$$u_{\max} = \max_{\delta\theta \in \Delta} E_x\left[(f(\hat{\theta} + \delta\theta, x) - g(\theta^\circ, x))^2\right]$$

可以通过调用算法 14 来解决。还有，在接下来的实验中，随机变量 $\delta\theta$ 服从由 ρ 约束的均匀分布，比如 $\|\delta\theta\|_\infty \leq \rho$。同样地，$x$ 用在 $X = [-2, 2]$ 上的均匀概率密度函数 f_x 来定义。

首先，希望绘制出算法 14 中的实例 $\hat{u}_{\max}(\delta\theta_i) = \hat{E}_n[u(\delta\theta_i, x)]$ 的直方图，当

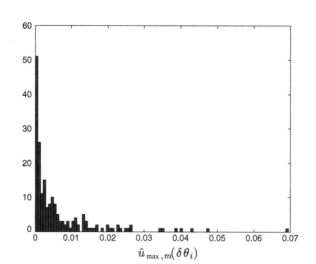

图 5.10　算法 14 中的实例 $\hat{u}_{max}(\delta\theta_i)$ 对应 $\rho = 1.58$ 的直方图（$\hat{u}_{max,m} = 0.07$）

$x \in X$ 时，对于一个给定的 $\delta\theta_i$，估计 $E_x[u(\delta\theta_i, x)]$。操作参数是 $\varepsilon = 0.02$，$\delta = 0.04$，引入从 $\Delta(\rho)$ 空间中选取 $m = 194$ 个样本和从 $X \cdot \rho = 1.58$ 中获取的 $n = 12342$ 个样本。分布的直方图如图 5.10 所示。根据选择的品质因数估计的神经网络的鲁棒性水平是 $\hat{u}_{max} = 0.07$。

人们希望去研究估计值 $\hat{u}_{max}$ 是如何改变扰动的强度的（即受控于 $\|\delta\theta\|_\infty = \rho$ 的扰动空间的扩大）。图 5.11 提供了在区间 $[0, 2]$，对于 ρ 值，估计 $u_{max}(\rho)$ 的 3 条曲线。操作参数如下：$\delta = 0.04$；在 $\varepsilon = 0.005$ 的情况下，我们使 $m = 781$

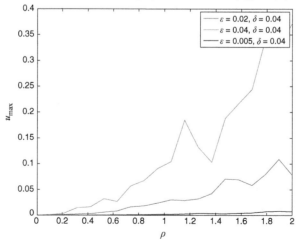

图 5.11　对于 $\delta = 0.04$ 和 $\varepsilon = 0.02$、0.04、0.05 估计 $u_{max}(\rho)$ 的曲线

和 $n = 225315$；在 $\varepsilon = 0.02$ 的情况下，令 $m = 194$ 和 $n = 12342$；在 $\varepsilon = 0.04$ 情况下，令 $m = 96$ 和 $n = 2866$。当 ε 下降（以更大的样本数为代价）时，曲线变得和预期一样更有规律，获得的估计值更趋于理想值 $u_{max}(\rho)$。

很明显，每次从 X 中采样 n 个数据，从 Δ 中采样 m 个数据，便得到了一个 $u_{max}(\rho)$ 曲线的实现。图 5.12 给出了和 100 条曲线（$\delta = 0.04$ 和 $\varepsilon = 0.02$）相关的一个集合。需要解释的是，由于神经函数是连续的并且一些曲线引入了扩展值，尽管事实上集合正像人们所期望的那样是紧凑的，那么，它是与品质因数相关的。这并不值得惊讶，因为函数的最大值/最小值的估计是在概率下进行的，必须和在 4.4.2 节中讨论的那样达到预期。

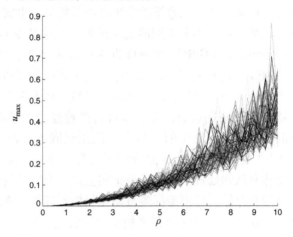

图 5.12　对于 $\delta = 0.04$ 和 $\varepsilon = 0.02$ 估计 $u_{max}(\rho)$ 的曲线

第6章　嵌入式系统的情感认知机制

认知嵌入式系统是利用认知过程提出智能解决方案的嵌入式系统。

可以强烈地认为，无论是在软件还是硬件方面，智能嵌入式系统的未来均是面向认知机制的实现。然而，预测的未来不是几十年后会发生的事情。由于自适应，即自动修改系统以适应新情况的能力，是与基本自动反应相关的一种基本认知形式，可以稳妥地声明，嵌入式系统的未来已经开始了。事实上，目前市场上的许多嵌入式解决方案引入了多个级别的适应机制（见第8章）。同时，微处理器、FPGA和图形处理单元（GPU）级硬件方面的技术进步提供了一种计算能力，允许执行复杂的嵌入式解决方案，同时还集成了在线学习和认知机制。

本章旨在提供一种面向工程的脑功能视角。显然，从生物学的角度来看，大多数功能不是由特定的区域完成的，而是通过自然神经动力学在许多区域出现的。然而，本章的主旨是将大脑中的"教训"应用到嵌入式系统中（而不是复制大脑的工作方式）。更具体地说，本章介绍了人类大脑一些基本过程的功能描述，特别侧重于情感和认知处理。情感处理事实上是一个完整的框架，它可以实现最基本的数据处理和存储元件模型标签自动化与控制过程，因此它代表了对于模仿来说一个理想的候选者。访问内存来检索/存储信息是一个重要的功能，以不同的方式"存储"信息，从与功能实例相关的简单模式到更先进的语义知识的模式。

预计在接下来的内容中介绍的许多机制，例如那些和PACC相关的适应机制在非稳态和演进环境下的学习可以立刻投射到情感的认知表达中。同样地，这些章中的每一章都将有一小节，展示所呈现的方法是如何作为情感认知处理的实例进行建模的。然而值得一提的是"情感处理 – 智能算法"的关联在其他神经认知机制中被发现其具有密切关系。本书留给感兴趣的读者一些参考文献进行深入研究，例如参见一篇在神经解剖学和信息处理方面的文章[220]以及认知方面的文章[221]。

6.1　情感认知结构

脑现象可以建模为在时间激活和准确度水平区分的子系统的层次结构[138-140]，可能依赖于包含一些知识的记忆，这些知识适用于决策和支持其他过程。

　　低水平认知通常表现为快速的自动处理以便能够迅速做出决策以及/或者随着外界刺激的表现提供一个应激反应。与此同时，这些过程或者刺激的存在激活了更高级的知识处理，表现为更复杂且更清晰的控制机制，能够评估正在进行的性能，并中止/修改/完成由较低级别做出的行动和决定。通常，较高的认知水平通过给较低认知水平提供信息来引入反馈机制，以便完善学习过程，例如，通过对现有模式进行微调。明显地，在生命周期中遇到的新情况必须包含在处理机制中，并存储在保存长期知识的语义内存中。

　　自动和受控处理的联合活动使得能够为人类的情感反应建模。在这里，较低水平认知随着刺激模式的表现提供立即反应。显然，答复的及时性，即模式分类和决策的低延迟，比高准确度的情感标记更可取：如果由于某种原因检测到潜在威胁，需要立即进行干预，而不是等待更多的信息到来或者更复杂的结果，且因此耗费时间处理。那么更高的认知水平将从可用的刺激中激活，以便允许并行处理，或者自动启动。在这两种情况下，目标都是评估较低水平认知所采取的行动，并在适当时进行干预，以确认、中止或纠正所做的决定。

　　众所周知，在过去的几十年里，关于情感处理做了很多研究工作，但是对自动控制的认知机制的完整理解仍然缺乏。

6.2　自动和受控处理

　　涉及情感表达、处理和反应激活的自动和受控处理在下面简要描述，图 6.1 所示为参考框架。感兴趣的读者可以参考参考文献 [140] 中对提出的概念做更详细的分析。

6.2.1　自动处理

　　自动情感处理，是指水平认知系统的最低层次，由一种有趣的、相关的检测反应机制描述，旨在快速识别潜在的危险和可能性以得到回馈和采取适当的行动/反应，例如，随着感知到的威胁而增加心跳或者呼吸率并且释放压力荷尔蒙。在这里，减少时延比遵循一个保守的原始原则从而保持误报率在控制之下更重要。实际上，随着一个感知到的威胁（可能是新的）做出不必要的行动反应比对它不敏感更好。

　　这些处理意味着要快速并毫不费力地对外部刺激，比如出现的人脸、物体或事件，产生情感反应（或积极的、或消极的）[140]。这种情感反应是情感处理和相关决策水平的一部分，这涉及危险或计划的检测和得到奖励的计划行动，与情况/事件/情感相关的先前所获信息以及适当行为/反应的激活的回应。值得注意的是，情感反应（可能加上额外的环境信息）之后被处理成为知识（也就是存

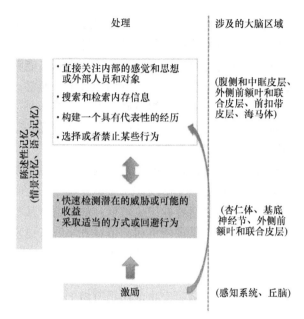

图 6.1   自动和受控处理与涉及的脑区

储在内存中)的一部分,在必要时被召回。

通过检查图 6.1 可以看到,自动处理接收由感觉系统或丘脑提供的刺激,并给受控处理提供输出,这也影响自动的反馈机制。显然,还必须激活主要由感觉神经运动皮层、基底神经节和小脑构成的感觉运动机制对威胁做出反应,而这不在严格的情感处理分析范围之内。

由自动处理执行的主要任务可以概括如下:

- 快速发现潜在威胁并激活回避行为;
- 采取适当的方法,以达到激励的目的。

6.2.2   受控处理

这里也有意识地关注个人感觉,构建情感背景,并根据自身体验选择或抑制行动。在情感的生成和调节过程中使用计算性要求的过程被称为受控情感处理。通过故意监控、激活和处理情感,可以重新解释和改变它们的意义,改变当前的个人经历和对世界的感知,以及理解情感和回应刺激的方式。

经过初步的自动反应,认知过程被更高层次的认知层次系统有意识地激活。这些过程的目的是集成、改善和(如果有必要的话)改正由自动处理认知水平提供的输出。同样地,这些高认知水平过程允许人类的大脑有意识地集中注意力到一个特定的刺激或情感,召回存储在记忆中的事件或感觉,或者修改较低认知水平激活的行动/反应模式。不同于自动处理,这种"验证"步骤并不是自动进行的，它耗费时间和精力，并且需要意识。

此外，由受控处理执行的相关活动是它们创建经验丰富的事件或刺激的一个抽象表现/含义的能力。这些表现，以合适的方式进行编码，可以存储在内存中并在必要时召回。

参照图 6.1 可以看到，受控处理直接从传入的刺激以及自动处理的输出那接收信息。陈述性记忆起着一个基础性作用，既是自动处理，也是受控处理，提供要检索、存储或更新的片段和语义记忆实例。由受控处理执行的主要任务可以概括如下：

- 选择或抑制由自动处理激活的行为；
- 构建随时间变化的情感体验的表达，并根据接收到的外部刺激和最终状况结果完善它；
- 直接关注内部的感觉和想法；
- 从陈述性记忆中搜索和检索信息。

6.3　神经情感系统的基本功能

来自多个领域的证据表明，情感处理至少由 6 个不同的神经子系统执行。杏仁体主要可以关联自动处理；前扣带皮层、腹侧/内侧前额叶、眶皮质和海马体对应受控处理，而侧前额叶和联合皮层以及基底神经节对应自动和受控处理[138-141]。

上述子系统中，它们所依赖的机制和完成的任务都不同：它们的联合互动是人脑在情感处理时的主要能力。在表 6.1 总结了这些大脑区域的角色、功能和特点，源于参考文献［140］，并在这里适当展开。这些大脑区域的功能性描述在后续将被总结。感兴趣的读者可以寻找更详细的描述，例如参考文献［140］。

6.3.1　杏仁体

杏仁体的作用是相当复杂的，它涉及通过检查刺激模式和激活反应来探测威胁。此外，它有助于调节与情感陈述性记忆相联系的"刺激 - 刺激"和"刺激 - 反应"的长期记忆巩固。

快速识别潜在威胁事件的能力对于生存至关重要，也是在发现威胁之后的任何后续行动的准备。杏仁体致力于这个方面，通过评估与获得的刺激模式相关的风险，并在必要时激活适当的反应。任何新的或不明确的刺激最初可能是在物种保护原则范围内的威胁，因此，即使以后基于进一步的信息处理被有意识地标记为误报，也需要杏仁体做出反应。

表 6.1 脑区的角色、功能和特征。参考文献 [138] 获取更完整的信息

脑区	功能	操作	处理的类型
杏仁体	检测、了解刺激	检测潜在的危险刺激,并将它们与适当的行动联系起来	自动处理
基底神经节	登记回馈、获得习惯、行为的选择性门控	协调行动的选择和启动,自动化行为序列和强化思想	自动或受控处理
外侧前额叶/联合皮层	语义情感知识的检索与存储	标识刺激,区分感觉状态;属性情感素质的刺激;监管策略库,奠定情感知识	检索可以是自动的或受控的
前扣带皮层	冲突监控	监测正在进行的行为,并确定是否有必要变化	冲突自动检测,但更改需要控制
腹侧/中眶额叶皮层	上下文相关的动作选择	禁止正在进行的基于上下文分析的情感反应	受控处理
海马体	长期战略	理解环境内的空间关系	受控处理

在组成杏仁体的区域中,生理反应的激活(例如,心跳的增加或者呼吸速率的加快以及荷尔蒙的分泌)是由中央核负责的。

6.3.2 长期记忆

长期记忆对情感事件的创建和联系是由杏仁体执行的另一个相关活动。特别地,正如一些研究指出,杏仁体的基体外侧复合物深入地参与了威胁刺激与长期陈述性记忆的关联。而且虽然这些机制还没有被完全理解,但杏仁体仍被认为在长期记忆(可能终生)的巩固方面具有相关的作用,表明情感涉及感知事件/刺激的长期记忆。实际上,最近的研究表明,虽然杏仁体本身不是一个长期记忆存储的场所,而且没有它也可以学习,其作用之一是在其他脑区调节记忆巩固。这表明,杏仁体通过影响包含在长期语义记忆中的信息来促进语义知识的发展。

鉴于上述情况,杏仁体可以被视为处理刺激模式以检测威胁的模块。由于新的和未知的刺激最初均被认为是威胁,杏仁体随着它们的检测进入一个"警报"状态。之后,其他机制介入,例如,如果需要,前扣带皮层为杏仁体推荐的威胁标签提供一个新的评估。杏仁体建议对威胁标签进行新的评估。所有这些方面都与更改检测测试保持一致,并且将在第 9 章深入研究。

6.3.3 基底神经节

研究表明,基底神经节提供与自愿的运动控制(例如眼睛控制)以及情

感处理相关的功能，例如引导学习惯常行为以获得回报。

生成实现目标的连续步骤对于实现请求活动规划的奖励至关重要。研究表明，这个任务不在杏仁体内进行，而是在基底神经节中执行。具体地讲，虽然基底神经节涉及一系列的动作，并且已被提议作为学习这样的"块"[247-249]，顺序被视为基底神经节的主要功能。相反，它们为行动选择提供了便利，这对于顺序响应和非顺序响应都很重要。实际发现和配置动作序列的功能被认为发生在皮层，主要是运动皮层的辅助运动区[140]。一旦一个序列被发现足够重要，可以作为一个单一的动作来学习，它就会被打包成块，然后通过基底神经节被封闭。

在嵌入式智能系统中，这种活动是指利用动态系统或第 10 章所讲的机器学习技术（例如马尔可夫过程）对时间相关事件进行建模的能力。这些模型的可用性对于预测目的和通过规划来确定实现长期目标所需的动作序列至关重要。

6.3.4　外侧前额叶和联合皮层

外侧前额叶和联合皮层（LPAC）提供能够存储和检索语义情感知识，以及使用记忆内容评估相关的刺激和事件的机制。正因为如此，该子系统的作用似乎是存储情感概念和提供机制来连接由相似情感关联表征的不同的记忆。在一种情感状态的产生过程中，或者当有意识地表现或标记情感状态来得出那些正在经历的情感的推理时，存取这种情感数据库是自动进行的。但是，并不确定是否这些脑区负责情感的标记。

虽然这些行为背后的神经机制尚不完全清楚，但有证据表明，LPAC 在支持情感自动处理和受控处理中都有涉及。特别是，研究发现，这个系统是对外界刺激自动生成情感的一部分，随着时间的推移，情节记忆的相关规律慢慢地被纳入语义知识的数据库中。可以看到，语义记忆的情感内容受杏仁体影响，这有助于情节记忆的长期巩固，以应对意义重大的事件。

LPAC 与第 9 章讨论的递归自适应分类运行生命周期期间获得的知识密切相关。这些知识被组织成概念，其中每一个都代表状态的记忆。相似的概念可以融合在一起，随着时间的推移来提高/整合知识。

6.3.5　前扣带皮层

前扣带皮层（ACC）的作用是评估已经产生的回应外界刺激的情绪和情感的"一致性"。此外，ACC 参与预测外部刺激是否会在未来引起威胁或疼痛。这种能力是有意识的，在实现长期目标的活动计划中是至关重要的。

ACC 活动是一个复杂的、高度连接的系统（如人脑）的基础，它在概念上非常接近于第 9 章中引入的分层变化检测测试的验证过程：作为对事件的响应，对信号进行联合评估，以确定所感知的信息是否与虚假警报（刺激之间的一致性）相关，或者不同的是，它表示一个需要考虑的真正的变化。

6.3.6 眶/腹侧–内侧前额叶皮层

眶/腹侧–内侧前额叶皮层被称为 OFC 和 VM–PFC（后面都简化为 VM–PFC），似乎代表了外部刺激所带来的当前特定的情感值，并提供了一些功能，允许人们在分析当前环境的基础上改变情感反应，并在这些分析的基础上产生感情反应。这两种功能构成了积极调控情感和情感引导行为的基础。

同样，VM–PFC 的作用与主动建模人类行为的方法密切相关。由较低的认知水平自动生成的情绪、刺激和记忆模式与长期记忆相结合，从而定义了一种"认知"的高水平反应。这一反应，可以采用并作为长期目标考虑，可以整合（甚至替代）从较低认知水平采取的自动反应。有趣的是，研究（例如参考文献[138]）发现，VM–PFC 的"认知"能力驻留在连接记忆系统（其中包括工作和陈述性记忆）与情感系统（杏仁体发挥作用）的能力，用来评估所采取的行动，并回忆相关联的躯体状态。

在决策领域[141]，VM–PFC 的活动得到了广泛和深入的研究。研究表明，VM–PFC 中的损伤会阻止人类大脑有效地整合来自外部刺激、情感和记忆的信息。这种伤害的影响导致决策能力极差。

在智能嵌入式系统的背景下，这种方法非常接近于分布式故障诊断系统中的认知分析。对低水平认知信息进行整合和分析，同时采用网络拓扑，以便能够区分假警报、与故障相关的真实事件或者与用于描述监测中的物理现象的模型相关的模型偏差，详见第 10 章。

6.3.7 海马体

海马体是一个古老的大脑皮层的结构，参与很多陈述性记忆功能，这些功能是指事实和事件的记忆。对记忆中的信息编码和回忆是这个基本子系统的两个主要任务。有趣的是，海马体在短期记忆的形成中与杏仁体相互作用，短期记忆的形成是对长期信息的存储的初始步骤。研究表明，海马体的损伤仅仅导致短期记忆的信息处理中引入了误差，并不影响先前存储的长期记忆的知识。

对于啮齿动物，海马体在空间表征中的作用是相当明显的。不同的是，在灵长类动物中，它似乎在陈述性记忆和感觉统合中起作用（尽管这种情况似乎在顶叶皮层中发生得更多）。

思维概念的形成更可能发生在皮层的其他部分（尤其是颞叶的其他部分，也许还可能发生在前额叶皮层），只有在记忆首次获得后的一段时间内才需要海马体进行记忆回忆[250]。在智能嵌入式系统中，海马体的作用可以与在必要时回忆先前获得的概念的能力联系在一起（参见第 9 章）。

6.4　情感和决策

决策涉及多个神经结构和认知子系统的协调，例如 VM – PFC、杏仁体、LPAC 以及海马体[138]。理解这一机制请参考图 6.2。

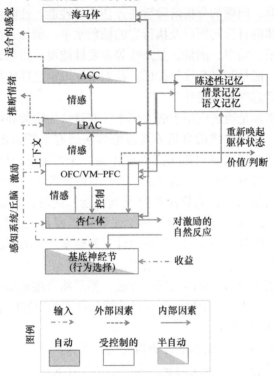

图 6.2　情感处理过程中情感与决策的基本功能要素

研究已经表明 VM – PFC、杏仁体、脑岛、躯体感觉皮层、背侧前额叶皮层和海马体等区域都参与了决策的各方面[138]。

感觉信息通过感官系统/丘脑结合上下文获取处理并转发到杏仁体、OFC/VM – PFC 和 LPAC。情感从杏仁体开始在处理流程中处理、统合以及抽象，并在 LPAC 结束，而这些感觉/情感的一致性在 ACC 进行评估。事件/情感/决策的记忆随后通过海马体和 VM – PFC 发挥作用，同时还包含有关激励（由基底神经节提供）和价值/判断（由 VM – PFC 提供）的信息。所有这些机制合作并构成了决策过程的基础。

有趣的是，这个复杂的过程与自适应分类器（见第 9 章）的处理非常相似，这里最初的决策是通过考虑外部刺激和先前获得的信息来做出的。

第7章 性能评估和可能近似正确的计算

给定一个计算，问题的分析阶段旨在评估它的性能。性能可以用几种方法预期，这取决于具体的目标问题以及执行它的抽象水平。例如，在设备层面，有成本、延迟、吞吐量、功率、能量、复杂性等主要性能设计指标，在算法层面，有准确度、置信度、能量和复杂性等指标。我们常常限制这样的指标，正如第4章提到评估它们的满意度的可能性。

性能和设计指标是通过应用于嵌入式系统或算法的构架和功能元素合适的品质因数来评估的。尽管提供的分析方法能够解决所有品质因数和构架方面的问题，但不失一般性，将主要聚焦于准确度作为一个性能/设计指标的案例研究。因此研究了在嵌入式系统上执行的算法，而以有限资源为特征的嵌入式系统引入了物理约束，这反过来会影响算法本身及其性能。同时，如绪论所述，可以发现，为准确度提供最坏情况的分析是过于昂贵的，而且大多数情况下是不必要的。在这里感兴趣的是一种在线应用近似计算和概率计算的算法，将其安装在嵌入式系统中，提供了一个概率正确的结果。

本章首先介绍了评估计算准确度的方法，然后将可能近似正确的计算 PACC 的概念正式化。最后提供了 PACC 的准确度评估技术和回答以下问题的方法：

1）本算法有哪些性能？

2）如果简化本算法，引起的性能损失是什么？

3）可以用不同的算法解决问题，哪一个是最好的？

4）可以用不同的算法解决问题，对于给定嵌入式系统哪一个是最好的？

5）用一个浮点单元或成本更低的定点表示就够了？

7.1 准确估计：品质因数

不同的品质因数可以用来评估两个函数之间的差异，在这里必须作为给定问题的最优理想解和作为待实现的候选方案而提出的近似解在嵌入式系统中实现。该差异可以被认为是一个性能损失、一个确定的模型和一个真实的模型在准确度上的差异，或简单地说，两者之间"距离"的测量。品质因数取决于特定的应用程序，解的优度也取决于所选的品质因数，在这种意义上来说，根据所选的性能评价工具，同样的解或多或少是好的。

因为本书的目标是提供一个逼近真实的函数，接下来根据品质因数 $u \in \mathbb{R}$ 评估两个函数之间的差异。评估是通过采用两个函数 $u(x) = u(y(x), \hat{y}(x)) \in \mathbb{R}$ 之间的准时差异（punctual discrepancy）来开展的○，其中假设 $x \in X \subset \mathbb{R}^d$。$X$ 是一个概率空间，它的概率测度 μ 引起了定义在它之上的概率密度函数 f_x 和 $y(x)$，$\hat{y}(x) \in \mathbb{R}$，假设它是勒贝格可测函数。通过把聚合算子应用到准时差异 $u(x)$，$x \in X$，得到了差异 u。结果将 y 标示为参考函数，$\hat{y}$ 为近似函数。在应用程序中产生了两个有趣的案例：

- 函数 $y(x)$ 和 $\hat{y}(x)$ 是给定的。品质因数 u 评估了在整个输入空间上的差异。再者，如果 f_x 是未知的，对于最坏情况的特性，应该采用一个均匀分布。

- 函数 $y(x)$ 是未知的，但是可以查询，即一旦样本 x_i 从输入空间中取出，函数 $y(x)$ 作为一个预知值（Oracle），并提供可能受不确定性影响的值 $y(x_i)$。样本数量的有限和无限取决于应用程序的性质，因此 $x_i \in \widetilde{X} \subset X$，$i \in \mathbb{N}$ 根据由在 X 上的概率测量引入的概率密度函数 f_x 进行采样，随后考虑差异计算。在这种情况下，函数 $\hat{y}(x)$ 也是未知的，因此必须首先确定它，通过考虑在参数向量 $\theta \in \Theta \subset \mathbb{R}^l$ 中合适的模型族函数 $\hat{y}(x, \theta)$ 参数来辨识它。一旦提供了 $\hat{\theta}$，则可以使用符号 $\hat{y}(x, \hat{\theta}) = \hat{y}(x)$。

第一种情况出现在理论为该问题提供最优解的所有应用中，需要对其进行近似处理，原因如下：例如，嵌入式系统因其复杂性不能承载高准确度的解，因此需要考虑一个近似，作为例子，这里给出了滤波器的优化设计和一个复杂数值算法的表示；第二种情况是系统识别与学习理论，从输入/输出对的序列开始，确定了近似函数。这个主题是本书的基础，在 3.4.1 节中已经介绍过了。

接下来，将提出 3 个有趣的品质因数 u，但不打算详细论述。回顾一下，是应用程序设计人员根据先验知识、经验和应用程序约束为给定的问题确定正确的品质因数的。然而当不知道考虑哪个品质因数时，使用均方的品质因数是一种相当常见的方法。

7.1.1　平方误差

平方误差（SE）是一个相当普遍的二次方的品质因数，被用来量化两个函数之间的差异。对应的差异 u_{SE} 是一个风险函数，对应于二次方的准时差异 $u(x) = [y(x) - \hat{y}(x)]^2$ 的期望值：

$$u_{SE} = E[u(x)] = E[(y(x) - \hat{y}(x))^2]$$

代表误差的第二阶矩（采用一个零均值误差）。值得注意的是，两个函数之间的差异是通过在输入空间上的概率密度函数 f_x 来衡量的。

对根据 f_x 取出的有限多个 n 点进行评估的经验版本（即考虑一个有限空间

○　由于简化理解的符号的滥用，认为准时差异是 x 的函数，因为 y 和 $\hat{y}$ 是给定的。

$\widetilde{X} = \{x_1, \cdots, x_n\}$，其中 x_i 是概率密度函数 f_x 中随机变量 $x \in X$ 的一个实现），提供了二次误差或均方误差（MSE）的经验估计：

$$u_{\mathrm{MSE}} = \frac{1}{n}\sum_{i=1}^{n} u(x_i) = \frac{1}{n}\sum_{i=1}^{n} [y(x_i) - \hat{y}(x_i)]^2$$

已经在本书中广泛使用 u_{SE} 和 u_{MSE}，因为它们奇妙的结构使数学变得容易接受。尽管 SE 损失函数的使用已经受到批评，例如在语音和图像应用中，因其二次行为放大了大的逐点差异而不是小的逐点差异，而且它不是基于感知的品质因数[41,42]，它被普遍采用因为它很容易使用[40]。此外，二次函数是衡量差异函数 $u(x)$ 的能量的一个自然的方法，由于帕塞伐尔定理（Parseval theorem），信号的能量可以在信号空间域和频域进行等价地计算。显而易见的是，如果函数 $y(x)$ 和 $\hat{y}(x)$ 是确定的，那么 u_{SE} 简单地评估了近似风险（模型偏差），即二次方差异的积分。在这种情况下，u_{MSE} 越小，近似函数越接近。相反地，如果 $y(x)$ 被噪声影响，$\hat{y}(x)$ 是按照 3.4.1 节中提议的学习得到的，那么期望也必须扩展到噪声，3.4.1 节提出的结果成立。

7.1.2　柯尔贝克 – 莱布勒

柯尔贝克 – 莱布勒（Kullback – Leibler）散度[43,44]衡量了两个概率密度函数之间的距离，接下来将其表示为 $y(x)$ 和 $\hat{y}(x)$。更具体来说，如果密度 $y(x)$ 和 $\hat{y}(x)$ 存在，柯尔贝克 – 莱布勒散度是

$$u_{\mathrm{KL}} = \int_X y(x) \log \frac{y(x)}{\hat{y}(x)} \mathrm{d}x \qquad (7.1)$$

品质因数也被称为信息散度和相对熵，它并不是一个度量（这就是为什么把它称为散度的原因），因为它不满足对称性，即 $u_{\mathrm{KL}}(y(x), \hat{y}(x)) \neq u_{\mathrm{KL}}(\hat{y}(x), y(x))$。然而 $u_{\mathrm{KL}}(y(x), \hat{y}(x)) \geq 0$，假设仅当 $\hat{y}(x) = y(x)$，$\forall x \in X$ 时，也就是说当两个分布相等时，值为零。

在机器学习领域，柯尔贝克 – 莱布勒散度起主导作用。例如在贝叶斯机器学习中，它被用来近似一个棘手的密度模型[48]。在其他应用场合中，散度用来做参数估计[46]、文本分类[45]以及其他多媒体应用[47]，仅举几例。

7.1.3　L^p 范数和其他品质因数

其他几个品质因数可以被设计用来评估基于 L^p 范数的两个函数之间的差异。例如，如果采用准时差异 $u(x) = y(x) - \hat{y}(x)$，则可以使用 L^p 范数作为品质因数：

$$u_{L^p} = \| u(x) \|_p = \| y(x) - \hat{y}(x) \|_p = \left(\int_X | y(x) - \hat{y}(x) |^p f_x(x) \mathrm{d}x \right)^{\frac{1}{p}} \quad (7.2)$$

式中，$f_x(x)\,\mathrm{d}x = \mathrm{d}\mu(x)$ 是在 X 上的概率测度的微分。特别感兴趣的是 L^1、L^2（等价于 SE 方式，因为 $u_{SE} = u_{L^2}$）和 L^∞ 范数。

在某些情况下，准时差异是由一个给定的函数 $w(x) \geqslant 0$，$\forall x \in X$ 加权的，式（7.2）变成了由加权的 L^p 范数导出的差异：

$$u_{L^p,w} = \left(\int_X w(x)\,|\,y(x) - \hat{y}(x)\,|^p f_x(x)\,\mathrm{d}x\right)^{\frac{1}{p}}。$$

其他的品质因数可以通过考虑交互信息[49]、交叉熵[49]或最大似然推导出。然而，无论选择的品质因数是什么，设计者仅仅提供了一个在概率空间区域的勒贝格可测函数，这是在随后的分析中需要的唯一要求。

7.2　可能近似正确的计算

考虑与勒贝格可测函数 $y(x)$，$x \in X$ 和一个概率空间 X 相关的给定的算法 A。将实现算法 A 的逼近 $y(x)$ 的一个给定函数表示为 $\hat{y}(x)$，$x \in X$。使 f_x 为和在 X 上的测度相关的概率密度函数。但是一旦寻址 x_i，正如之前提到的那样，可以放宽假设，假设函数 $y(x)$ 不但是已知的，而且可以作为一个预知值（Oracle）提供值 $y(x_i)$。

定义　函数 $\hat{y}(x)$ 是函数 $y(x)$ 在准确度 τ 和置信度 η 上的可能近似正确的计算（PACC），考虑到一个勒贝格可测差异函数 $u(y(x), \hat{y}(x)) \in \mathbb{R}$，于是有

$$\Pr(u(y(x), \hat{y}(x)) \leqslant \tau) \geqslant \eta, \forall x \in X \tag{7.3}$$

在其他方面，要求这两个函数根据函数 $u(x)$ 足够接近；亲密度必须在差异满足概率 η，$\forall x \in X$ 的情况下，在概率上以准确度 τ 达到。从在 τ 水平上根据 $u(\,\cdot\,)$ 近似于 $y(x)$ 这个意义上来说，由函数 $\hat{y}(x)$ 提供的计算大致是正确的，这样的想法成立至少有 η 的概率。

从这个定义中，得出几个有趣的例子。首先考虑 $u(x) = |\,y(x) - \hat{y}(x)\,|$。鉴于此损失函数可以表示为

$$\Pr(|\,y(x) - \hat{y}(x)\,| \leqslant \tau) \geqslant \eta, \forall x \in X \tag{7.4}$$

因为

$$\Pr(-\tau \leqslant y(x) - \hat{y}(x) \leqslant \tau) \geqslant \eta, \forall x \in X$$

如果假设 τ 值较小，那么式（7.4）可以用一种更直接和直观但是不太正式的方式表示：

$$\Pr(y(x) \approx \hat{y}(x)) \geqslant \eta, \forall x \in X$$

这里的算法所提供的计算是近似正确的，即它是具有有很高概率接近真实值的一个值。

示例：标量积

作为 PACC 的第一个例子，采用无误差的设置，其中

$$y(x) = x^\mathrm{T}\theta^\circ \tag{7.5}$$

$X = [-1, 1]^d$，f_x 是均匀的，x 和 $\theta^\circ \subset \mathbb{R}^d$ 分别代表输入和系数的列向量。就像在小波中，见参考文献 [27, 30, 31]，在一个 Cordic 算法的计算机[28,29] 或一个滤波器组[32] 中用到的，计算的标量积可以是系数 θ° 的一个线性滤波器。要求函数 $y(x)$ 既能在数字硬件上实现，也能在微控制器上执行。简化假设，在计算中没有上溢/下溢发生，截断算子已经被设想用来减少表示系数所需的位数。有限精度可以建模为扰动向量 $\delta\theta$ 影响系数 θ° 并由此得到近似计算：

$$\hat{y}(x) = x^\mathrm{T}(\theta^\circ - \delta\theta)$$

假设 $d \gg 1$ 和输入是相互独立的。如果考虑损失函数：

$$u(x) = u(y(x), \hat{y}(x)) = y(x) - \hat{y}(x)$$

那么逐点差异是变量：

$$u(x) = x^\mathrm{T}\delta\theta$$

从中心极限定理来说，它渐进于均值 $E_x[u(x)] = 0$ 和方差 $E_x[u^2(x)] = \sigma^2 = \dfrac{\delta\theta^\mathrm{T}\delta\theta}{3}$ 的高斯分布。最后：

$$\Pr\left(|u(x) - E_x[u(x)]| \leqslant \lambda\,\frac{\sigma}{\sqrt{d}}\right) = \mathrm{erf}\left(\frac{\lambda}{\sqrt{2}}\right)$$

即

$$\Pr\left(|y(x) - \hat{y}(x)| \leqslant \lambda\,\frac{\sigma}{\sqrt{d}}\right) = \mathrm{erf}\left(\frac{\lambda}{\sqrt{2}}\right)$$

PACC 计算的特点是 $\tau = \lambda\,\dfrac{\sigma}{\sqrt{d}}$ 和 $\eta = \mathrm{erf}\left(\dfrac{\lambda}{\sqrt{2}}\right)$。

示例：线性回归

考虑函数 $y(x) = x^\mathrm{T}\theta^\circ + \zeta$，其中 x 和 θ° 分别是输入的 d 维列向量和给定的（但是未知的）参数。ζ 是由 f_ζ 规定的方差为 σ_ζ^2 的零均值白噪声。输入是以零为中心的、独立且相同分布的，根据对角协方差 $\sigma_x^2 I_d$ 的概率密度函数 f_x 提取的。考虑 n 个样本训练集 $Z_n = \{(x_1, y(x_1)), \cdots, (x_1, y(x_n))\}$。

定义 $\chi = [x_1, \cdots, x_n]$ 为包含输入向量的 (n, d) 维矩阵，$Y = [y(x_1), \cdots, y(x_n)]$ 为相关输出的 $(n, 1)$ 向量。

如果定义

$$u(y(x), \hat{y}(x)) = \hat{y}(x) - y(x)$$

最小均方误差估计

$$\hat{y}(x) = x^\mathrm{T}\hat{\theta}$$

可以通过最小化

$$u_{\mathrm{MSE}} = \hat{E}_n(u(x)) = \frac{1}{n}\sum_{i=1}^{n}(y(x_i) - \hat{y}(x_i))^2$$

来获得，并提供了参数估计：

$$\hat{\theta} = (\chi^{\mathrm{T}}\chi)^{-1}\chi^{\mathrm{T}}Y$$

从 3.4.4 节中可以知道，$\hat{\theta}$ 的分布集中在 $\theta°$。那么 $\hat{\theta}$ 可以被看作 $\theta°$ 的一个扰动值，使 $\hat{\theta}+\delta\theta = \theta°$。可以重复之前的实验中执行的推导过程，假如 d 足够大，逐点误差

$$u(x) = x^{\mathrm{T}}\delta\theta + \zeta$$

收敛于零均值和方差为 $\sigma^2 = \sigma_x^2\delta\theta^{\mathrm{T}}\delta\theta + \sigma_\zeta^2$ 的高斯分布。

像之前一样，可以写作

$$\Pr\left(|\hat{y}(x) - y(x)| \leqslant \lambda\frac{\sigma}{\sqrt{n}}\right) = \mathrm{erf}\left(\frac{\lambda}{\sqrt{2}}\right) \tag{7.6}$$

选择 $\tau = \lambda\dfrac{\sigma}{\sqrt{n}}$ 和 $\eta = \mathrm{erf}\left(\dfrac{\lambda}{\sqrt{2}}\right)$，$\hat{y}(x)$ 代表 $y(x)$ 在水平 τ 和概率 η 上的一个 PACC 计算。

示例：最大值估计

在应用程序中出现的另一个有趣的例子是，将准时差异和最大化算子合并在一起，定义：

$$u_{\max} = \max_{x\in X} u(x)$$

式中，$\hat{u}_{\max}$ 是由一个合适的算法提供的最大值的估计，如果

$$\Pr(u_{\max} - \hat{u}_{\max} \leqslant \tau) \geqslant \eta \tag{7.7}$$

则得到一个很好的估计值 $\hat{u}_{\max}$。

在其他方面，式（7.7）表明当真实值在距离 τ 以内的概率高时，估计值 $\hat{u}_{\max}$ 是一个好的估计。在某种程度上，式（7.7）与经验最大化的弱大数定律密切相关。

虽然式（7.7）从数学的角度看是一个非常好的公式，但是除了非常简单的情况，它在实践中是很少使用的。事实上，对于一个通用的 $u(x)$ 损失函数，即使在概率上也不能保证，给定的 $\hat{u}_{\max}$ 属于在距离小于 τ 之内的 $u_{\max}$ 的邻域。

正如在第 4 章看到的，这是一个众所周知的问题，它在 PACC 框架内的解需要引入额外的概率水平。

注意

在 PACC 背后的概率论很好地描述了那些应用程序的运行方式，对它们来说，一个精确的计算已经足够。如果考虑一个嵌入式系统，鉴于在第 3 章提出的意见，发现只有很少的应用需要高准确度的计算，例如那些涉及财务数据的数

据。所有其他的应用都受到不确定性的影响，这些不确定性影响了计算输出的正确性。

然而对于泛化的 $y(x)$ 和 $\hat{y}(x)$ 函数，PACC 理论的使用在实际案例中是有限制的，因为在提供（或确定）式（7.4）所需的 η 和 τ 值或确认满足式（7.7）的 $\hat{u}_{max}$ 上存在困难。

幸运的是，接下来引入了基于随机算法的程序，能够对 η、τ 和 $\hat{u}_{max}$ 提供估计值，因此产生有效的和可操作的 PACC 框架。在勒贝格可测性非常弱的假设下，主要的结果是任何计算可以有效地投射到 PACC 框架中，使能够确认 η、τ 和 $\hat{u}_{max}$ 的一组算法可用。

7.3 性能验证问题

性能验证问题旨在验证获得了何种程度上的性能水平，计算满足性能上的不等式的概率或者估计与性能差异损失函数相关的最大值。

接下来，主要的要素是给定的函数 $y(x)$ 和 $\hat{y}(x)$ 及勒贝格可测的品质因数 $u(y(x), \hat{y}(x))$。回忆一下，概率密度函数 f_x 是由概率空间 X 的度量引出的。在第 4 章已经指出，如果 f_x 是未知的，在关于函数 $y(x)$ 和 $\hat{y}(x)$ 的正则性的弱假设下，用户应该采用一个均匀分布应对最坏的情况（例如推导得出的界限往往被高估）。

在全部的输入空间 X 上，评估与一个给定的品质因数相关的不同性能时，所遇到的计算性难题可以通过借助概率和采用 PACC 计算来解决。

接下来，将解决以下问题：

- 性能满意度问题。对一个应用程序，给定一个可接受的性能损失 τ，计算 $u(y(x), \hat{y}(x)) \leq \tau, \forall x \in X$ 的概率。
- 品质因数期望问题。在任意准确度和置信度，提供期望值 $E[u(y(x), \hat{y}(x))]$ 的一个估计值。
- 最大性能问题。目标是为最大值 $u_{max} = \max_{x \in X} u(y(x), \hat{y}(x))$ 提供一个估计值 $\hat{u}_{max}$。
- PACC 问题。对于给定应用，计算那些表征 PACC 程度的 η 和 τ。
- 最小（最大）扰动期望的问题。假设当扰动影响它时，估计最小/最大值性能函数 $u(x)$。

显然，$u(y(x), \hat{y}(x))$ 降格为 $\hat{y}(x)$。当这个情况发生时，考虑的问题必须是为了应用于函数 $\hat{y}(x)$。

7.3.1 性能满意度问题

性能满意度问题旨在根据品质因数 $u(y(x), \hat{y}(x))$ 和一个可容忍的性能损

失 τ，评估逼近 $y(x)$ 的一个给定的 $\hat{y}(x)$ 函数的性能满意度水平。

应用实例：

● 这里设计了应用程序 $\hat{y}(x)$ 来解决问题。这是否满足应用程序所要求的在水平 τ 上设置的准确度限制？

● 这里设计了在高性能处理器上运行得好的解 $y(x)$，在此它能满足所要求的实时性能。把它移植到嵌入式系统，它就变成了解 $\hat{y}(x)$。移植是否会在水平 τ 以下的两个平台之间在执行时间上造成损失？

● 在一个高分辨率的平台上（MATLAB、Mathematica、Simulink）设计了针对问题 $y(x)$ 的解。然后需要把解移植到以给定的有限精度表示（有限字长的数据和内部变量、截断机制和查找表）为特点的嵌入式系统中。如果愿意放宽 τ，能容忍引入的准确度上的性能损失吗？

● 应用程序的解 $\hat{y}(x)$ 有一个跟随复杂度可扩展的准确度，从这个角度来讲，解的性能（准确度、执行性能、功耗）和解的复杂度是成比例的（复杂度越高，性能越好）。如果性能损失达到水平 τ，那么应尽量将复杂度最小化。

上述问题可归纳如下：给定一个可容忍的性能损失，希望估计满意度水平：

$$u(y(x),\hat{y}(x)) \leqslant \tau, \forall x \in X$$

也就是说，确定满足不等式的 X 点的百分比。该问题和 4.4.1 节中提出的算法验证问题直接相关，每当 ψ 出现时就用 x 取代。回顾一下主要的操作步骤。

满足 $u(x) \leqslant \tau$ 的 $x \in X$ 点的百分比就是以下比率：

$$n_{u(x) \leqslant \tau} = \frac{\int_X I(x) \, \mathrm{d}x}{\int_X \mathrm{d}x}$$

其中

$$I(x) = \begin{cases} 1 & u(x) \leqslant \tau \\ 0 & \text{其他} \end{cases}$$

因为对于一个泛型函数，确定 $n_{u(x) \leqslant \tau}$ 是一个计算性上的难题，现将其转化为概率问题。

为了做到这一点，考虑定义在 X 上的概率密度函数 f_x，并需要要求概率值：

$$p_\tau = \Pr(u(x) \leqslant \tau) = \frac{\int_X I(x) f_x \mathrm{d}x}{\int_X f_x \mathrm{d}x} = \int_X I(x) f_x \mathrm{d}x$$

因为 $\int_X f_x \mathrm{d}x = 1$。在第 4 章已经看到，$p_\tau$ 的值可以通过随机化来求得，给定 τ，可以根据 f_x 采样 n 个样本 $x_1, \cdots, x_n$，计算 p_τ 的估计值 $\hat{p}_n$，并求取指标函数：

$$I(u(x) \leqslant \tau) = \begin{cases} 1 & u(x) \leqslant \tau \\ 0 & u(x) > \tau \end{cases}$$

和估计值：

$$\hat{p}_n = \frac{1}{n} \sum_{i=1}^{n} I(u(x_i) \leqslant \tau)$$

通过根据切尔诺夫界：

$$n \geqslant \frac{1}{2\varepsilon^2} \ln \frac{2}{\delta}$$

选择样本数，得到对任意准确度水平 $\varepsilon \in (0, 1)$ 和置信度 $\delta \in (0, 1)$：

$$\Pr(|\hat{p}_n - p_\tau| \leqslant \varepsilon) \geqslant 1 - \delta$$

都满足。假设小的 ε 和 δ 值都已设定好，值 $\hat{p}_n$ 是性能满意度问题的概率结果。解决问题的随机算法是算法 6。

7.3.2 品质因数的期望问题

性能满意度问题反映了满足给定的界限的点的百分比，这个界限是和这里的解相关的可容忍性的约束。期望问题旨在评估损失函数的期望值。

这个问题解决了如下情况：

• 对量化从解 $y(x)$ 移向 $\hat{y}(x)$ 的预期的性能损失感兴趣。

• 对一个给定的问题，对量化应用 $\hat{y}(x)$ 的预期性能感兴趣，例如在嵌入式系统的执行过程中。在这样的情况下，$u(y(x), \hat{y}(x)) = u(\hat{y}(x))$。

接下来，为了便于推导，假设 $u(x)$ 定义在 $[0, 1]$ 区间。这种标准化操作可以用一个比例函数 $u(x)$ 来实现。

根据 f_x 定义 $E[u(x)]$ 为函数 $u(x)$ 的期望值，为了用随机化评估期望问题，按照在 4.4.3 节中给出的推导过程。简而言之，设定准确度水平 $\varepsilon \in (0, 1)$、置信度 $\delta \in (0, 1)$，并根据 f_x 从定义在 X 上的随机变量 x 中抽取

$$n \geqslant \frac{1}{2\varepsilon^2} \ln \frac{2}{\delta}$$

个独立同分布样本 $x_1, \cdots, x_n$，并生成估计值：

$$\hat{E}_n(u(x)) = \frac{1}{n} \sum_{i=1}^{n} u(x_i)$$

那么

$$\Pr(|\hat{E}_n(u(x)) - E[u(x)]| \leqslant \varepsilon) \geqslant 1 - \delta$$

值 $\hat{E}_n(u(x))$ 是算法的概率结果。通过选择小的 ε 和 δ，得到了一个好的近似值。解决该问题的随机算法在算法 9 中给出。

对切尔诺夫界所需的样本数和中心极限定理所需的样本数之间有趣的关系感

兴趣的读者可以参考 4.4.3 节。

7.3.3　最大性能问题

最大性能问题旨在估计函数 $u(x)$ 可以假设的最大值。在许多应用实例中，它的相关性是最直接的。正如在 4.4.2 节中看到的（已给出了全部的细节），问题需要估计：

$$u_{\max} = \max_{x \in X} u(x)$$

并且它的分析测定对大多数函数来说是不可能的。在 4.4.2 节看到它的一个可控的概率版本需要两个水平的概率。从操作的角度，一旦固定准确度 ε 和置信度 δ，要得出

$$n \geqslant \frac{\ln\delta}{\ln(1-\varepsilon)}$$

独立同分布样本 $x_1, \cdots, x_n$ 且生成评估值 $\hat{u}_{\max}$：

$$\hat{u}_{\max} = \max_{i=1,\cdots,n} u(x_i)$$

那么

$$\Pr(\Pr(u(x) \geqslant \hat{u}_{\max}) \leqslant \varepsilon) \geqslant 1-\delta$$

最大性能水平的评估值是 $\hat{u}_{\max}$。4.4.2 节的所有内容都成立。参考随机算法求解最大性能问题在算法 8 中给出。

7.3.4　PACC 问题

可以看到，PACC 问题要求 τ 和 η 的评估值使

$$\Pr(|y(x) - \hat{y}(x)| \leqslant \tau) \geqslant \eta \qquad (7.8)$$

成立。如果 τ 小，$y(x) \approx \hat{y}(x)$ 的概率为 η。尽管可以采用更泛化的差异函数，这个问题仍可以通过采用品质因数 $u(x) = |y(x) - \hat{y}(x)|$ 来解决。

对于给定函数的 PACC 问题的解要求 τ 的评估值使式（7.8）以高概率成立。这个问题可以通过使用 4.4.1 节提出的方法解决，这里提出其主要步骤。对于任意给定的 γ 定义 $p(\gamma)$ 为

$$p(\gamma) = \Pr(u(x) \leqslant \gamma) = \Pr(|y(x) - \hat{y}(x)| \leqslant \gamma)$$

根据算法 6 给定的方法估计值 $p(\gamma)$，返回 $\hat{p}_n(\gamma)$。通过选择任意增量点探索 γ 的值并生成集合 $\Gamma = \{\gamma_1, \cdots, \gamma_k\}$ 使得对任意 $i < j$ 满足 $\gamma_i < \gamma_j$。对于所有 $\gamma \in \Gamma$ 估计 $\hat{p}_n(\gamma)$，从而用算法 7 建立

$$\hat{p}_\Gamma = \{\hat{p}_n(\gamma_1), \cdots, \hat{p}_n(\gamma_k)\}$$

对于 $\hat{p}_n(\gamma_i) = 1$，$\forall \gamma_i \geqslant \bar{\gamma}$，$\gamma_i \in \Gamma$ 的最小值，定义 $\bar{\gamma}$ 是有限序列 $\{\gamma_1, \cdots, \gamma_k\}$。根据切尔诺夫界差异选定 k：

$$|p(\gamma) - \hat{p}_n(\gamma)| \leq \varepsilon$$

以概率 $1-\delta$ 成立，且对所有 γ 都成立。同样地，它对 $\hat{p}(\overline{\gamma})$ 也成立。于是有

$$\hat{p}_n(\overline{\gamma}) - \varepsilon \leq p(\overline{\gamma}) \leq \hat{p}_n(\overline{\gamma}) + \varepsilon$$

即

$$1 - \varepsilon \leq p(\overline{\gamma}) \leq 1$$

由于 $p(\overline{\gamma}) \geq 1-\varepsilon$，PACC 问题得到解决并且得出 $\eta = 1-\varepsilon$ 以及 $\tau = \overline{\gamma}$。

7.3.5 最小（最大）扰动期望问题

最小（最大）期望问题旨在评估当扰动 Δ 影响 $u(x)$ 时，$u(x)$ 期望的最小（最大）值，从而提供性能函数 $u(x, \Delta)$ 的扰动版本。应用实例如下：

• 嵌入式应用系统的一部分用了模拟技术设计，模拟技术受制于电子噪声。想知道设备受到实际扰动影响它的最小（最大）的性能。很高兴通过采取扰动空间的期望知道最小（最大）的性能。

• 有不确定性来源影响嵌入式系统，想通过采取扰动空间的平均值以获得性能损失的估计值。

问题的形式化表示如下：

令 $u(x, \Delta) \in [0, 1]$，$x \in X \subset \mathbb{R}^d$ 且 $\Delta \in D \subset \mathbb{R}^k$（作为 X 和 Δ 概率空间），例如关注最小值问题：

$$u_{\min} = \min_{x \in X} E_\Delta [u(x, \Delta)]$$

等价于

$$\begin{cases} \phi(x) = E_\Delta [u(x, \Delta)] \\ u_{\min} = \min_{x \in X} \phi(x) \end{cases}$$

这个计算要求问题的解已在 4.4.4 节给出，并且可通过算法 10 给出的随机算法来解决。

7.4 准确度估计：给定数据集的情况下

在先前所讨论的一些性能验证的问题中，能够在概率上评估一个估计器的品质。例如，在 7.3.2 节讨论的品质因数期望问题中，通过根据 f_x 约束的 X 从随机变量 x 中提取 n 个数据：

$$x_1, \cdots, x_n$$

能够对真正未知期望 $E[u(x)]$ 提供一个估计值 $\hat{E}_n(u(x))$。同时可以提供估计器的品质评估，是由于有

$$\Pr(|\hat{E}_n(u(x)) - E[u(x)]| \leq \varepsilon) \geq 1-\delta \tag{7.9}$$

所设计的框架隐含地允许可以从 X 提取任意长度为 n 的序列,以便能够根据式(7.9)同时满足准确度 ε 和置信度 δ。

然而在现实生活中,通常遇到 n 是给定的情况(例如来自工业过程的 n 个有限样本、建立在传感器数据流的 n 个模型等)。要是这样,式(7.9)显然一定成立,除了 n 是给定的,并且 δ 和 ε 不能再是假定的任意值。如果假设 δ 必须是固定的,因为希望结果在一定置信区间成立,例如 $\delta = 0.95$,那么准确度不再是任意的,而是通过简单的反演切尔诺夫界设置为

$$\varepsilon = \sqrt{\frac{1}{2n}\ln\frac{2}{\delta}}$$

不幸的是,如果 n 不足够大,期望的准确度可能会有点差。

在这一点上需要提出两点意见。首先是通过调用范围(如切尔诺夫界)得出的结果是自由概率密度函数(pdf free),因此边界可能是非常保守的。因此如果样本数目是固定的并且不足够大,推导出的 ε 几乎不能使用。其次应该提醒的是,给定一个有限的样本数,不能假装有一个任意准确度,因为数据集执行的信息的数据量是有限的,它取决于 n。举个例子,回顾基于从一个未知均值 μ 和已知方差 σ^2 的分布中抽取的 n 个独立同分布标量数据 $x_1, \cdots, x_n$,均值 $\hat{x}$ 的估计标准差是 $\sqrt{\dfrac{\sigma^2}{n}}$。除非增加样本 n 的数量,否则估计量 $\hat{x}$ 的质量按比例缩放 $n^{\frac{1}{2}}$ 不能得到改善。在接下来的内容中,希望在 n 给定的情况下评估估计器的品质。

7.4.1　问题形式化

考虑数据集 Z_n 通过从定义在 X 内的随机变量 x 中抽取 n 个独立同分布样本 $x_1, \cdots, x_n$,例如 $Z_n = \{x_1, \cdots, x_n\}$,构造估计器 $\Phi_n = \Phi(Z_n)$。本书对于提供 Φ_n 的品质 ζ 的指标感兴趣,例如,希望为 Φ_n 提供一个置信区间。

这个问题在许多应用中有极大的相关性,特别是在嵌入式系统中,希望进行品质因数(估计器)的性能估计具有有限的和给定的数据集用于计算 ζ。性能验证问题在这里也会介绍,唯一不同的是,在这里 n 是固定的,例如,只有来自传感器的 n 个独立同分布数据、n 个独立同分布参数模型或提取的特征、n 次与线程的执行相关的测量。

显然,理想的框架建议执行以下步骤:

1)从 X 中提取基数为 n 的 m 个独立数据集,以便生成数据集 $Z_n^1, \cdots, Z_n^m$;

2)估计对应的第 i 个通用数据集 Z_n^i 估计器 $\Phi_n^i = \Phi(Z_n^i)$。对所有 $i = 1, \cdots, m$ 重复这个过程;

3)基于 m 个实现 $\Phi_n^i = \Phi(Z_n^i)$,$i = 1, \cdots, m$,评估 Φ_n 估计量的品质 ζ $(\Phi_n^1, \cdots, \Phi_n^m)$。

不幸的是，上述框架主要是理论上的：如果有 m 个独立的数据集 Z_n，应该使用所有 nm 个数据，以提供更好的估计。这意味着，在实际应用中，只有一个数据集，但是与此同时，感兴趣的是评估 Φ_n 估计器的品质 ζ。

相关文献介绍了对给定有限的数据集 n 提供估计器 Φ 的品质的估计值 ζ 的有趣方法。

7.4.2 自举方法

在自举方法[236]中，需要的 m 个数据集 Z_n^i，$i = 1$，$\cdots$，m 是从 Z_n 中放回抽取的，它意味着，一旦一个样本 x_j 被抽取并且插入通用 Z_n^i 集合，x_j 同时也放回 Z_n 中，以保存所有它的原始 n 个数据。一旦所有估计 Φ_n^i，$i = 1$，$\cdots$，m 生成，则它们可用于计算 ζ（Φ_n^1，$\cdots$，Φ_n^m）。

自举算法在算法 15 中给出。Efron 和 Tibshirani[236] 证明，预计在 Z_n^i 的不同数量的样本约为 $0.632n$。此结论允许用于减少与该算法的执行相关联的计算量。事实上，如果期望接收近似 $0.632n$ 个独立样本，并且估计器需要逐点计算，例如，$u(x_i)$ 对样本 x_i 给出一个通用的 $u(\cdot)$ 函数，那么就没有必要计算所有的 n 值，可以考虑加权方法。

示例：自举方法

考虑到一个直接的例子，本节的开头部分所讨论的品质因数期望问题。不同于基于切尔诺夫界的推导，这里并不需要勒贝格可测函数 $u(x)$ 定义在区间 $[0，1]$，但它仍足以使 $u(x)$ 对一些值有界（不一定已知）。

选择在 Z_n 评估的 $\Phi = E[u(x)]$ 和 $\Phi_n = \hat{E}_n(u(x))$，有 $E[u(x)]$ 的估计值是 $\hat{E}_n(u(x))$。现在感兴趣的是评估估计值 ζ 的品质，例如，通过评估估计值的方差生成自举方法。这可以通过算法 15 做到。

算法 15：自举算法

$i = 0$；

while $i < m$ **do**

    从 Z_n 中放回抽取 n 个样本并且把它们插入 Z_n^i；

    计算 $\Phi_n^i = \Phi(Z_n^i)$；

    $i = i + 1$；

end

评估 Φ_n 估计器的品质的估计值 ζ（Φ_n^1，$\cdots$，Φ_n^m）

举例来说，估计器的品质在这里考虑为根据自举方法估计的估计器的方差 Var_B，可以估计为

$$\text{Var}_B = \zeta(\Phi_n^1, \cdots, \Phi_n^m) = \frac{1}{m-1} \sum_{i=1}^{m} (\Phi_n^i - \Phi_n)^2$$

自举算法在宽量程的估计器中具有较高的准确度，但也具有计算负荷大的特点。在相关文献中已经提出了自举方法的变体，例如，从 n 个中取出 m 个自举[237]来解决在自举失败的应用程序中的一致性问题。计算问题已经在其他地方得到解决，从 n 个中取出 m 个自举，其中 $Z_{n'}^i$ 集合被选为具有比 Z_n^i 更小的基数，即 $n' < n$，在参考文献 ［238］ 中，提出了一种旨在使用小数量 m 和推断技术的方法，并在小自举包方法（BLB）[239]中提出，它将在 7.4.3 节中详细说明。

7.4.3　小自举包方法

BLB 方法是在参考文献 ［239］ 提出的一种自举启发的方式，以减轻由自举带来的并与计算复杂性有关的问题。BLB 方法显示了其准确性，并在计算复杂性方面超越了所有其他自举方法，因此成为一个对大数据非常有吸引力的方法。

BLB 算法在算法 16 中给出。BLB 算法的出发点是选择基数 $n' < n$ 的一个更小的数据集。作者从中选择 $n' = n^\gamma$，例如，用 $\gamma = 0.6$。那么 m 子集 $Z_{n'}^i$，$i = 1, \cdots,$ n'是从 Z_n 不放回抽取数据。为每个子集 $Z_{n'}^i$，r 个子集 $Z_{n,j}^i$，$j = 1, \cdots, r$ 生成替换（小自举）并且用相应的估计器 $\Phi_{n,j}^i = \Phi(Z_{n,j}^i)$ 估计。最后估计器的品质评估为每个小自举和收益率 $\zeta_i = \zeta(\Phi_{n,1}^i, \cdots, \Phi_{n,r}^i)$。在过程的最后，以 m 个"包"结束，第 i 个"包"与品质估计值 ζ_i 相关。估计器 Φ_n 的品质的最后估计值 ζ 认为

是小自举的集合，为 $\zeta = \dfrac{\sum\limits_{i=1}^{m} \zeta_i}{m}$。通常选择 r 以便 ζ_i 停止波动，总之这个与 r 的小值相对应发生，请参考文献 ［239］。

算法 16：BLB 算法

$n' = n^\gamma$；

$i = 0$；

while $i < m$ **do**

　　从 Z_n 中**不放回**地取出 n'个样本，并将它们插入到 $Z_{n'}^i$ 中；

　　$j = 1$；

　　while $j < r$ **do**

　　　　从 $Z_{n'}^i$ 中**有放回**地取出 n 个样本，并将它们插入到 $Z_{n,j}^i$ 中；

　　　　计算 $\Phi_{n,j}^i = \Phi(Z_{n,j}^i)$；

　　　　$j = j + 1$；

（续）

---

end

评估 $\zeta_i = \zeta(\varPhi_{n,1}^i, \cdots, \varPhi_{n,r}^i)$ ；

$i = i + 1$ ；

end

评估估计器 $\varPhi_n$ 的品质估计值为 $\zeta = \dfrac{\sum\limits_{i=1}^{m} \zeta_i}{m}$

如上所述，在由自举方法假定的相同假设下，BLB 共享自举方法的一致性属性和高阶正确性。

如参考文献［239］所述，BLB 共享自举方法的快速收敛速度，其中该过程的输出范围是 $O\left(\dfrac{1}{n}\right)$ ，而不是通过渐进近似获得的 $O\left(\dfrac{1}{\sqrt{n}}\right)$ 比率。这个快速收敛速率假设 $n' = \Omega\left(\sqrt{n}\right)$ ，即 $\lim_{n\to\infty} \sup\left|\dfrac{n'}{\sqrt{n}}\right| > 0$ ，且 m 相比较在数据样本中观测到的可变性是足够大的。这样的假设满足保证 n' 明显小于 n （但是大于 $\sqrt{n}$ ）。此外，如参考文献［239］所示，BLB 方法甚至在顺序执行中比自举方法更快。本书认为该算法可以很容易地并行化，因为每个小的引导过程都可以并行化。

7.5   认知处理和 PACC

所有涉及认知处理的机制，例如那些由 VM – PFC—ACC 执行的是真实的和勒贝格可测的，尽管对人们来说这些机制是复杂的并且主要细节都是未知的。PACC 理论因此可以被应用到认知处理。考虑到与处理相关的高度不确定性，假设这些（子）系统在概率中工作是非常自然的。事实上，这里的行为大部分是正确的，对一种情感或一种行动的输出大部分是正确的，而且概率很高：这正是 PACC 理论的意义所在。

7.6   示例：嵌入式系统的准确度评估

本节旨在展示如何在嵌入式系统中使用准确度评估框架来评估所建议的解的品质，以及使设计者在一个给定的集合中确定最适合的一个。参考应用是基于一个神经网络，这个神经网络曾设计于一个高准确度框架内，需要移植到嵌入式系统中。该示例的相关性在于神经计算所进行的多样化计算，这种计算需要对标量积和非线性函数进行评估。

移植操作引入了一些结构性扰动源，其对准确度的影响可以用本章中提出的框架有效评估。

特别是，所选择的应用指的是一个神经网络，对于在 Mathworks MATLAB 神经网络工具箱（化学数据集）中描述的化学过程提供了一个虚拟传感器。

虚拟传感器是从其他 8 个传感器的读数推断来的，这 8 个传感器的数值提供了神经网络的输入。所选的网络拓扑是前馈神经网络，有 8 个输入（$x \in X \subset \mathbb{R}^8$），隐层中的 10 个神经元具有双曲正切激活函数和单线性输出神经元的特征。一旦神经网络训练成功，神经函数 $f(\theta, x)$ 则被要求在嵌入式系统中实现。

为了说明嵌入式系统架构引起的结构扰动对函数 $f(\hat{\theta}, x)$ 的影响，采用了神经网络两种不同的数字嵌入式实现，神经网络一旦移植便成为近似的 $\hat{f}(\theta, x)$。第一个实现是基于 16 位字长的解决方案，第二个是基于 8 位字长的解决方案。

通过这种方式，研究了这两种体系架构解决方案的准确度，这一操作还允许根据所要求的准确度、功耗以及所要求的面积选择最终的目标平台（例如考虑用 ASIC 或 FPGA 实现）。

结果在一个 32 位的 ARM Cortex – M3 微控制器上进行仿真。由于 ARM Cortex – M3 微控制器并没有配备浮点单元（FPU），所有的计算必须用 3.2.4 节提出的定点 2cp 表示形式来执行。

接下来，一个定点数字用 $Qx.y$ 符号表示，该符号指对 $x+y$ 位用 x 位左边的固定点（整数部分，包括符号）和 y 位后点（小数部分）的一个 2cp 表示法。

定义于 $Qx.y$ 的两个数字之间的总和不改变小数点的位置，但可能会发生溢出。反而，$Qx.y$ 和 $Qk.z$ 之间的乘积生成一个值表示为 $Q(x+k).(y+z)$，与 z 相比，该值的小数点被转移到 y 位置的左边。如果最终值需要被带回到 $Qx.y$ 符号，这个效果必须考虑到。通常乘法是以相同的 Q 表示为特征的操作数进行的。

与两个 16 位和 8 位的实现相关的数据流分别如图 7.1 和图 7.2 所示。架构操作的完整描述在图 7.1 的标题中详细说明。

16 位实现对输入、输出和权重同样用 $Q6.10$ 表示。有了这样的选择，就不会受到任何可能发生的溢出事件的影响。泛化输入与相应权重的乘积之和仍然在 $Q12.20$ 位的全分辨率执行。不同的是，在 8 位实现中，对输入、输出和权重采用了不同的分辨率（输入和输出值是用一个 $Q2.6$ 编码表示，而权重用一个 $Q5.3$ 表示）。神经元偏差仍然是用 $Q7.9$ 的全分辨率表示。在引入移位操作之后，将得到的数字整理到预想的字长。清单 7.1 给出了用于实现神经激活值以满足隐层非线性激活函数的嵌入式代码。

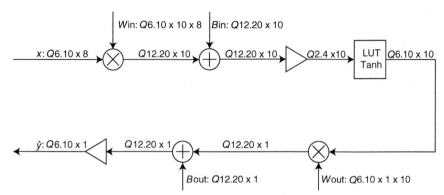

图 7.1　16 位的神经网络数据流传输架构。供给隐藏单元的激活值 u 可以用包含输入和隐层之间的权重的 10×8 矩阵 Win 与输入列向量 x 之间的矩阵乘积来获得，那么加上偏差值 Bin 结果是 $u = Win \cdot x + Bin$。组成 x 的输入用一个 $Q6.10$ 符号表示，权重 Win 用一个 $Q6.10$ 符号，它们的乘积的输出用一个 $Q12.20$ 符号。加上编码为 $Q12.20$ 的偏差项，在 $Q12.20$ 上的输出 u 降低到 $Q2.4$ 以供给 LUT。来自 LUT 的 $Th(u)$ 值定义于 $Q6.10$，且乘以连接隐层和输出神经元的权重。加上偏差，定义于一个 $Q12.20$ 符号的输出降低到一个形式为 $Q6.10$ 的 16 位输出

清单 7.1：在 16 位体系架构中提供激活值"ured"作为对 LUT 的输入的嵌入式 C 代码，NEURONS = 10、INPUTS = 8 分别表示隐层和输入层单元的值，"u"是全精度激活值。代码返回发生的溢出的数字

从计算的角度看，对非线性双曲正切函数的计算特别耗费资源。为了解决这个问题，最好的解决办法是依靠一个查找表（LUT）存储器列举一些在对应的点的输入－输出关系。存储器的输入是神经激活值（即神经元输入和相关权重之间的标量积），输出是存储在存储单元中的内容，表示激活函数在输入值的对应关系中所假定的值。目的是保持 LUT 的尺寸尽可能小。这样对于总共 64 个单元的 LUT 存储器，输入值被编码为无符号的 $Q2.4$ 值。输出值遵循输入的编码，因此取决于所选择的架构（分别为 16 位架构的 $Q6.10$ 和 8 位架构的 $Q2.6$）。注意到 LUT 的输入是无符号的，其原因是双曲正切（Th）是奇函数（$Th(-u) = -Th(u)$），可以通过均匀细分区间 $[0, 4]$（输入大于 4 的值提供饱和输出 1）来表示输入：不需要表示完整的 $[-4, 4]$ 区间，即可节省存储空间。

在图 7.3 中给出了的 $Q6.10$ 输出编码的解的逼近能力。

实现 LUT 的嵌入代码如清单 7.2 所示。如图 7.3 所示，量化误差不会在近似函数中引入偏差，因为选择了减少参数的舍入，而不是值的简单截断。在逼近双曲正切函数时，偏移项的消除很好地补偿了四舍五入算子所需的额外移位和求和的花费。

清单 7.2　用一个 LUT 16 位体系架构估计激励函数的值。首先，激励函数可以变换成全部是正值。为了消除误差偏差，引入了舍入算子，否则可以考虑用截断算子代替

```
int sumProductsIn(int16_t x[],int16_t ured[]){

  int i, j, overflow=0;
  int32_t u;

  for (i=0;i<NEURONS;i++){
    u=0;
    for (j=0;j<INPUTS;j++){
        u=u+Win[i][j]*(x[j]);
    }/* Win is a global array
    containing the input-hidden layer weights*/

    u=u+b1[i];
    overflow=overflow+reduxSums(u,&ured[i]);

  }
}

int reduxSums(int32_t arg, int16_t *ured){

/* reduces a Q12.20 value to a Q6.10 value*/
  int16_t temp;
  int32_t redux=(arg>>10);/*realign radix point*/

/* overflow management */

  if (redux >32767){
        *ured=32767;
        return -1;
  }
  if (redux <-32768){
        *ured=-32768;
        return -1;
  }
  temp=redux&0xFFFF;
  *ured=temp;
  return 0;

}
```

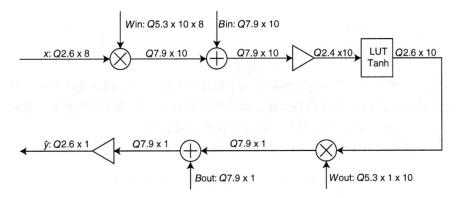

图 7.2　8 位的神经网络数据流传输架构。数据流的描述类似于图 7.1 的
标题所给出的，对涉及的示例在字长上有适当的改变

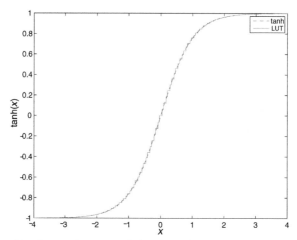

图 7.3　在 64 单元的 LUT 中，用 16 位表示输出值，双曲线正切曲线的近似准确度

```
int16_t tanhQ16(int16_t u){
        int16_t out;
        uint16_t reduced;
        int16_t uc;
        /* leverage the antisymmetry of the
        hyperbolic tangent:
        Th(-u)=-Th(u) */
        if (u<0)
                uc=-u;
        else
                uc=u;
        reduced = ((uc+((uc&0x7F)>>1))>>6)&0xFF;
        /* reduce value from $Q6.10$ to $Q3.5$ with rounding
        to reduce the bias */
        if (reduced>63)
                out=(1<<10); /* saturation value */
        else
                out=LUT[reduced];
                /* LUT is a 64 locations array
                containing the hyperbolic tangent
                values */
        if (u<0)
                return -out;
        else
                return out;
}
```

图 7.4 和图 7.5 将虚拟传感器在两个实现中的输出与在高准确度平台上评估的结果进行了比较。如预期的那样，提供的位数越多，重构性能就越好。然而注意到，8 位架构提供了比峰值低一点的良好的重构能力。

为了量化嵌入式系统上算法移植的准确度水平，采用了品质因数：

$$\hat{E}_N(u(x)) = \frac{1}{N}\sum_{i=1}^{N}|f(x_i, \theta) - \hat{f}(x_i, \theta)|$$

准确度性能评估是在比例函数 $u(\cdot)$ 之后，随着在 7.3.2 节中描述的品质因数期望问题来开展的。输入空间可以用根据切尔诺夫界采样的样本数 N 来探索。

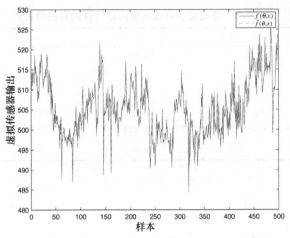

图 7.4 由 16 位嵌入式体系架构 [函数 $\hat{f}(\theta, x)$] 提供的虚拟传感器
的数据流的准确度和基准值 [函数 $f(\theta, x)$] 之间的比较

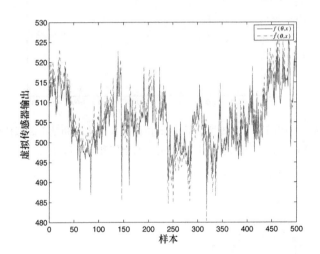

图 7.5 由 8 位嵌入式体系架构 [函数 $\hat{f}(\theta, x)$] 提供的虚拟传感器的数据流
的准确度和基准值 [函数 $f(\theta, x)$] 之间的比较

品质因数期望问题是通过采用关于准确度 ε 的增量来解的（置信度 δ 定为 0.05）。根据切尔诺夫界采样的点数在表 7.1 中已给出。因为在 8 维输入空间产生的分布是未知的，采用了均匀分布。每个实验重复 40 次。对于 16 位体系架构，性能损失的估计值已在图 7.6 中给出。结果也显示了基于一个标准偏差的置信区间。正如预期的那样，N 值越大，置信空间越小。

对于 8 位的嵌入式架构，相似的结果在图 7.7 中已给出。正如预期的那样，对于 8 位情况，平均误差更高。

表7.1　处理品质因数期望问题选择的点的数目

δ	ε	N
0.05	0.061	500
0.05	0.043	1000
0.05	0.035	1500
0.05	0.030	2000
0.05	0.025	3000
0.05	0.021	4000

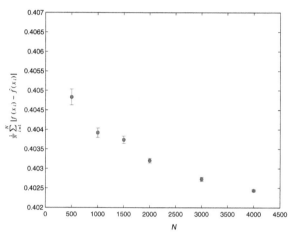

图7.6　品质因数期望问题。本图显示了在16位嵌入式架构上和基于虚拟传感器神经元网络代码的移植相关的性能损失。期望值和置信区间已给出

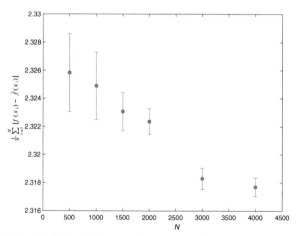

图7.7　品质因数期望问题。本图显示了在8位嵌入式架构上和基于虚拟传感器神经元网络代码的移植相关的性能损失。期望值和置信区间已给出

图 7.8 和图 7.9 表明了在 7.3.3 节中对于两个嵌入式架构实现提出的最大性能问题。对应于每个选择的 N（$\delta = 0.05$，$N \geqslant \dfrac{\ln\delta}{\ln(1-\varepsilon)}$），进行了 40 次实验。最大值 $\hat{u}_{\max}$ 的估计，$u(x) = |f(\theta,x) - \hat{f}(\theta,x)|$ 被绘制成图表（每次实验运行时）。要求 $u(x)$ 不要缩放到［0，1］区间。估计值的变化范围随着 N 的增长而减小，由 8 位体系架构引入的最大误差大约是由 16 位引入的误差的 4 倍。根据可容忍的性能准确度损失和给定的成本和功耗的限制，设计者可以决定在 8 位和 16 位之间考虑使用哪一个体系架构。

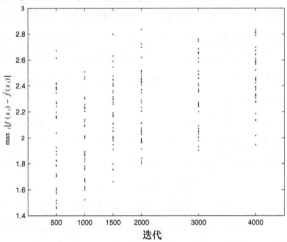

图 7.8　对于 16 位体系架构的最大性能问题。实验重复 40 次，绘制了来自 N 个输入上的特定实现的每一个最大值估计

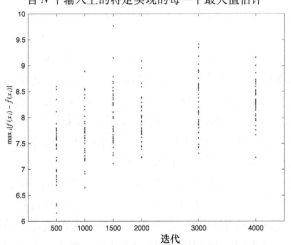

图 7.9　对于 8 位体系架构的最大性能问题。实验重复 40 次，绘制了来自 N 个输入上的特定实现的每一个最大值估计

第8章 嵌入式系统中的智能机制

许多嵌入式系统需要智能机制来处理进化或时变请求响应以授予性能级别的情况。自适应被公认为是最基本的形式，因为每个嵌入式系统都需要快速的响应，可能需要一个非常简单的算法来最小化反应时间和能耗。必须立即明确的是，简单不应与琐碎混为一谈。实际上，很多情况下，由于很多复杂技术所提供的理论的支持，适应机制才会得以产生。在第6章谈到过，自适应是指与自动认知过程的执行相关联的智能形式，当对某些刺激的迅速反应比答案的高准确度更相关时，必须考虑到这一点。人们会发现，自适应扮演着一个重要的角色，例如，控制设备的能耗、最大限度地提高能量收集过程的效率、保持装置时钟同步等。有时所需的智能程度可能较高，并可能要求一个可控的"有意识的"机制来执行更准确的判断。重新对嵌入式设备编程的必要性（什么时候、如何编程）、自适应感知复杂机制的实现、充分利用群组信息提高分布式时钟同步的准确度，这些都是一些与"有意识的"机制相关的例子。

在必须执行的策略之间做出最终决定，要么是自动的（自适应），要么是受控的（有意识的），这取决于应用程序的约束。如果嵌入式系统拥有强大的实时控制能力，同时具有与将要采取的行动有关的可控的能耗，那么只需要采用一些基于自适应的简单自动化设计就可以了。相反，如果准确度性能比计算复杂度、能量和功耗更重要，那可能需要采用一个受控机制。

本章注重于嵌入式系统应该具备的一些基本机制，以揭示其基本的智能能力。首先将分析低水平适应机制，例如同时调整时钟的频率和电源电压、使数字嵌入式系统降低能耗（自动处理、适应机制），其次将在更高的抽象层次上研究降低功耗的策略。特别是，将处理嵌入式系统要求的自适应感知问题，控制能量受限传感器（eager sensor）的功耗，同时控制数据采集的带宽。换句话说，采样是应用程序的一个特征，所要求的数据采样率取决于应用程序及其随时间的发展情况（自动和受控处理、适应和认知机制）。

与其他解决方案［如压电、风力机和帕尔贴（Peltier）电池］对比而言，小型光伏电池技术提供了更高的能量密度，所以将把重点转移到小型光伏电池的最优能量收集上。在能源收集方面，需要在电子和算法两级建立适应机制，通过被动跟踪环境变化，最大限度地利用所获得的能量。而这个适应机制则是与能量收集密切相关的：任何适应解决方案都不能假定提供能量的环境是弱时变的。当然这种情况在现实情况下很难遇到，例如考虑风的强度和风向，还有太阳能的方位和强度（自动处理、适应机制）。

这种适应机制的例子自然会引出需要一个更普遍的框架，以便能够在不断变化和时变的环境中处理自适应学习问题。针对不同的需求，将会在第 9 章给大家介绍被动和主动的学习方法（包括自动和受控处理、适应机制与认知机制）。

当嵌入式装置连接在一起组建网络时，可以考虑另一级别的自适应，比如传感器网络。这里通信层面需要引入适应机制，例如在线调整协议或物理通信的参数[234,235]或装置间授时钟同步。显然嵌入式系统之间的信息交互的可能性提高了潜在处理的水平，既可以呈分布式，亦可分等级（受控处理、认知机制）。

利用低成本的接收 – 信号 – 强度传感器数据进行装置的自定位，代表了嵌入式装置之间一种先进的协作形式。当然算法本身可以是自动的和受控的，取决于应用的设置和所需的准确度（自动与受控处理、适应和认知机制）。

本章最后一部分讲述了与应用程序可重编程性相关的方面。在这里，一旦决定是否需要进行重新编程，就会确定适当的操作并发出相关命令。可重编程性可以在硬件级别执行，也可以在软件一级执行，也可以两者同时执行（受控处理、认知机制）。

8.1 电源电压与处理器频率层面的适应能力

CMOS 电路的功耗主要与 CMOS 门开关中的运动电荷有关。因此 CMOS 电路门可以被简化成这样一个模型：一个等价的大电容器的充电、放电阶段。根据参考文献［159］所提供的模型，CMOS 电路的平均功耗 P 可以表示为

$$P = ACV_{cc}^2 f + \tau A V_{cc} I_{short} f + V_{cc} I_{leak} \tag{8.1}$$

式中，A 是电路中激活门的个数（即供电的晶体管）；C 是电路输出时所看到的电路的内部等效电容；V_{cc} 是电源电压；f 是设备的时钟频率；I_{short} 是短路时在时间 τ 内的短路电流；I_{leak} 是自放电机制的泄漏电流。

式（8.1）中前两项表示的是电路的动态消耗，而第三项代表由寄生现象引起的电容器自放电的静态功率贡献，式（8.1）表明功耗是如何随电源电压的二次方和频率呈线性变化的。这表明如果想要减少功耗，那么降低电源电压比降低频率更有效，相应地，降低频率意味着一个降低的 MIPS。也就是说，更倾向于增加时钟频率最大程度地提高 MIPS，通过调节电源电压 V_{cc} 来平衡功耗。

然而，有另外一个对电路最大时钟频率 f_{max} 的限制，f_{max} 本身取决于对噪声的抗干扰度，即 V_{cc} 和相关逻辑阈值 V_{th} 的电压差，高于 $V_{cc} - V_{th}$ 的逻辑值为 1，低于 V_{th} 的逻辑值为 0（这里通过假设两个阈值为单一值来简化分析），如下是它的函数关系：

$$f_{\max} \propto \frac{(V_{cc} - V_{th})^2}{V_{cc}} \tag{8.2}$$

式（8.2）表明，可以通过降低电压 V_{cc} 的方式来降低功耗，同时电路可以支持的最大频率降低（同时对噪声的抵抗力也会降低）。

值得一提的是，时钟频率的下降并不意味着 MIPS 的降低。实际上，虽然更高的时钟频率有利于计算密集型算法，但对主 RAM 过多的访问不利于应用程序和具体器件之间的平衡。执行存储在闪存中的代码会降低性能，而缓存内存的存在改善了这种情况，有利于提高性能。

由于上述考虑，许多芯片制造商在其微处理器中加入了电压和频率调节电路以支持动态电压/频率调整（DVFS）策略。

电压/频率调节器可以在软件级别管理，在受控微处理器/核心上执行代码，也可以通过专用硬件进行管理。在这两种情况下，目标都是引入适应机制，通过对电压/频率设置进行调整，将功耗/MIPS 性能比降到最低。

现有可以确定最合适电压/频率的方法分为在线和离线两种。在线方法中，相关文献建议使用基于时间间隔和检查点的解决方案。基于时间间隔的算法在一段固定时间后周期性地被激活，而是否去调整电压和频率取决于在时间框架上提取的特征值。不同的是，基于检查点的解决方案是在编译期间离线识别应用程序代码中的点，在那里应该检查和决定一个可能的电压和频率自适应。但是应用于电压和频率的比例系数是在运行时在线确定的。

应用程序在离线方法中，检查点和比例系数都是静态的，并且在嵌入式系统中的执行之前，直接编译时确定。

8.1.1 在线 DVFS

在在线方法中，对嵌入式系统进行适当的检测，并利用所获取的信息来表征其当前状态。然而应当指出，所考虑的特征不一定来自物理传感器：所需的信息主要由虚拟传感器提供，通过在元信息级别操作，提供与任务执行相关的功能。描述嵌入式系统状态的最常用策略是考虑性能计数器的特性，例如对缓存内存的访问次数，激活内核处理器的平均频率和能量延迟二次方积（这个术语指处理器由于门级的电路输入－输出延迟而消耗的能量）。

利用这些信息可以估计出一个嵌入式系统的性能，随后设计一个作用于电源电压和频率的闭环控制器，从而得到一个期望的参考值。

8.1.1.1 基于时间间隔的 DVFS

基于时间间隔的 DVFS 算法定期执行，根据嵌入式系统的先前状态和当前状态确定最优电压/频率设置策略。通过检查与上一时间间隔嵌入式系统的执行简况相关联的性能计数器，可以得到嵌入式系统的状态特征。特征或性能指标 I_ϕ

需要携带的有关任务/系统的状态信息，必须和电压/频率有关。因此，通过对其进行操作，可以直接或间接地控制功耗并且控制它与系统性能之间的平衡。可以考虑的第一个任务级别特性就是 $I_\phi = T - \tau$，T 指的是整个过程的执行时间，τ 是有效时间（$T - \tau$ 指可用的但未被使用的执行时间）。作为第二个例子，考虑一个任务，作用是对给定的输入 x 提供输出 $f(x)$，例如 7.6 节的神经网络示例。这里 I_ϕ 与单位时间内 $f(x)$ 中激活的数目有关，单位时间内激活的数量越多，功耗也就越高（甚至可能需要增加 f 来满足实时运行约束）。

这个体系中最简单的算法之一就是阈值法[163]，即与一对阈值比较过后，可得出处理器的性能指标 I_ϕ。如果 I_ϕ 高于上限阈值或者低于下限阈值，那么电压/频率设置将会随着阈值进行更新。否则系统设置将保持不变。

这样所取得的阈值是试探取得的。参考文献［164］中提出了另一种选择阈值的方法，将 DVFS 问题转化为一个控制问题，也就是将 I_ϕ 建模为电压和频率的一个线性函数。在这样一个模型里，影响 I_ϕ 的实际系统负载通常被视为一个噪声源，通过补偿使性能指标恢复到所要达到的值。然后设计一个轻量级的比例积分控制器来跟踪控制期望的性能指标值。

与这个方法不同，参考文献［165］提出了一个更"贪婪"的方法，通过最小化系统的能量与二次方吞吐量的比率，找到最优的电压/频率设置。计算每个时间间隔的比率，如果与前一状态相关联的值不同，则实施电压/频率的新配置。特别注意的是，如果在时间间隔内，以电压和频率为分量的向量在向量空间的给定方向上发生变化，导致性能指标增加，则电压/频率沿向量方向移动。相反的情况也成立。

在参考文献［166］中描述了将机器学习应用于 DVFS 问题的一整类方法的一个更复杂的例子。在那里，收集包含多个性能计数器的分析信息，如缓存命中数、缓存丢失数、用户指令数和循环计数器，以构成一个训练集。分类和回归算法生成一个决策树，用于在运行时根据当前间隔计数器值更新电压和频率。

8.1.1.2　基于检查点的 DVFS

基于检查点的方法根据应用程序代码的特定行（点）评估嵌入式系统的性能，具体做法是程序员在应用程序代码中的特定行（点）插入一个软件中断或调用函数。这种方法特别适用于硬实时系统，其中任务可预测性⊖是非常重要的。在周期恒定的实时动态电压调节（RTDVS）方法中，参考文献［160］检查点在当任务释放时（例如当它在基于时间共享的操作系统中进入等待状态时）或者已经终止执行时即被插入。嵌入式系统通过检测活动任务集，选择能够以最小能量满足任务约束的电压/频率设置。一旦正在执行的任务完成或释放，电压/

⊖　当可能确定最坏情况下的执行时间时，任务是可预测的。

频率将用相同的机制更新。换句话说，当一个任务给定时间为 T，在其所分配时间之前 τ 时刻结束，剩下的时间 $T-\tau$ 允许改变频率和电压的最小值，但仍然保证剩下的任务的运行不违反相关的约束条件。这样，所有的任务都会确保符合约束条件，但与此同时能量被节省了下来，因为电压和频率已经尽可能降低了。

这种方法在 Look – Ahead RT – DVS 算法中进行了优化[160]。采用了这种方法，剩余任务的所需频率是预先估计的，这要归功于重新安排任务执行以最小化能耗的调度操作（仍然满足每个任务运行的约束条件）。换句话说，只要可能，调度程序都可以用较低的能量来预估执行的任务。比较迫切的耗电的任务只能稍后执行，并可能被设置一个新的电压/频率。这里的希望当然是如果当前一个耗电的任务不能在最坏情况下的运行条件运行，那么将需要重新设置电压/频率，以满足高性能要求。

8.1.2 离线 DVFS

为嵌入式系统执行一个离线的电压/频率调节操作，意味着所有的电压/频率设置必须在编译时确定完毕。因此需要调用软件中断（或调用合适的例程），根据程序中的特定点，改变电压/频率的操作值。

最简单的例子就是硬实时系统的电压/频率调节[160]。在这种情况下，电压或者频率的调节问题完全由最后分配给任务的截止期（例如最早截止期优先）的满足程度，以给定的调度算法决定。如此看来，所选择的频率就会是满足调度请求的可用的最小值。在启动时（也就是在它的初始配置阶段）就会设置这样的频率。该设置在整个任务期间保持不变，不可能在运行时评估系统性能或对其进行干预。

在静态内部任务 DVFS 中，算法根据分析数据[161]以及性能评估[162]离线决定了电压/频率的工作间隙和值。在这两种情况下，该程序被划分成恒定的电压/频率区域，而调节值是由能量最小化问题的任务约束来确定的。虽然离线方式简单，不需要额外的计算量，并且不需要硬件来监控系统状态的特点很吸引人，但离线方式在功耗上是一个简单的开环控制，因此对应的扰动（不同的输入值、实际硬件的差异、温度的变化等）具有宽松的最佳性能约束。

8.2 自适应感知及其策略

智能嵌入式系统可以考虑用不同的策略来从传感器中获取数据。最简单的方法是基于顺序轮询方式，传感器在一个循环内，周期性地一个接着一个采样。通常轮询依赖于一种同步机制，该机制由经过固定时间后激活的硬件中断启动（分时任务的调度方式）。详细来说，当需要获取新数据时，一个任务（或线程）

将被启动，具体的步骤可细分如下：

- 首先，中断可能唤醒微处理器，也许是从一个省电的深度睡眠模式唤醒。
- 其次，中断例程向传感器发送预热指令（如果需要），并且向可用数据发送等待命令（或者将任务插入到任务的等待列表中）。这个操作也可以通过一个特设的例程来完成。
- 一旦传感器准备就绪，采样过程将被激活，开始采集数据，并将数据存储在存储器里。如果传感器中没有数据估计模块（参见 2.1.1 节），为了减少电子噪声的影响，可能会选择一种高频采样方式，即数据在存储前被平均处理。
- 一旦采集任务完成后，例程将会终止。

根据应用程序和需要解决的问题，可以存在或不存在以上的某一个阶段。在某些情况下，相同的例程在轮询机制内从传感器获取所有数据。如果中断例程根据给定的频率被激活，则通常为每个测量分配相同的时间戳。这可能会导致不同采集时间之间的显著差异。其结果就是对所有的数据采集都分配了相同的时间戳，即使有可能在第一次和最后一次测量之间有显著的时间差异。与给定采集相关的时间误差是一个随机变量，其性质和特征可以用基于随机算法的方法来估计（例如只需取一个平均值或计算最大期望时间偏差）。

然而相对于许多嵌入式系统测量现象的动态特性而言，采样已经是一个相当快的操作了，在一个采样周期内，同一时间戳对所有轮询的数据的影响可以被认为是忽略不计的。否则设计人员就要非常关注应用程序的代码，并且授予每个相关的测量一个精确的时间戳。

使微处理器周期性地执行一组任务的过程，例如数据采样后禁能以节省能量，这被称为占空度。占空度是一种有效地能源管理策略，与开关模式相关的开销是可以忽略不计的，并证明在关闭状态下所节省的能量是合理的。

采样率一般在设计时确定，并且取决于具体的应用程序，它应该是时不变的。通常，设计人员根据所监测的物理问题的一些先验信息或他/她简单的解释来设置采样率。例如，要测量外部环境的温度，基于个人感受可能会简单地认为，每秒钟都需要一个样本。通常情况下，应用程序的设计者会认为 “1Hz 采样就足够了”，任何物理研究或者真实的动态现象都可以证明这句话是不合理的。在最好的情况下，这种方法看起来是非常保守的，因此产生一个过度采样的数据流，在数据的处理、存储、传输中都会产生一个不必要的额外成本。当然要执行不同操作还是要取决于具体的应用。

为了避免/减轻这种过度采样的现象，需要研究要采样信号的动态特性，确定它的时不变信号下的有限带宽，从而得到奈奎斯特频率 f_N[52]。例如用快速傅里叶变换来估计，然后得到所设的信号采取的采样频率 f_S 为

$$f_S = c f_N$$

式中，c 是一个标量值，通常设置为 3～5，以补偿与奈奎斯特频率估计相关的不确定性（通常依赖包含一系列噪声影响的数据）。在一个理想的无不确定性的情况下，信号具有有限的带宽，c 应该设置为 2。虽然上述方法效果很好，在采样信号时应该采用，但值得回顾的是，还要求对要采样的信号进行时不变性假设。这个假设反过来还需要奈奎斯特频率 f_N 不变。在许多应用中这个假设不成立，并且自适应感知策略应该被采用以自适应估计值 f_S，以采样适当的样本，由此减少存储、处理和可能传输的数据量。

占空度和自适应感知是互补的解决方案，可以应用于嵌入式系统的最优能量管理，也可以结合起来，形成双倍的优势。更具体地说，操作系统提供传感器供电所需的命令集（传感器层面的占空度），并且如果任务是根据一个自适应感知策略被激活的，则传感器将采集数据。占空度的时间必须仔细设计，以避免传感器还没有准备好时（例如预热时间还没有完成）采样等很难检测到的副作用，由此将会产生一个不相关的信息或者能耗超过所需要保持处理器和传感器一直激活的能量。后者情况出现时，传感器将短时间关闭，肯定不足以平衡传感器在预热阶段消耗的能量[53]。

遵循在参考文献［54，55］中已给出的自适应感知策略分类，图 8.1 进行了总结。假设所设想的传感器是无故障的、准确的和有补偿的。在启用以下每一种技术之前，应对这些假设进行检查/验证。

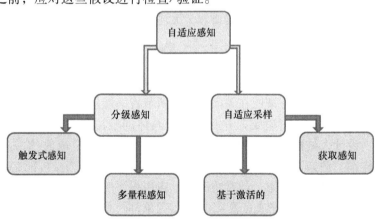

图 8.1　文献中自适应感知策略的分类

8.2.1　分级感知技术

分级感知技术是一种冗余感知技术，在嵌入式系统中可以使用同一类型的多个传感器来监测特定的现象。传感器在分辨率和能量消耗方面存在差异，从而导致具有不同准确度的测量（假设传感器本身是精确的）。举个例子，如果想测量一个温度，可能会用一个集成的数字温度传感器（分辨率为 0.5℃）、热敏电阻（分辨率为 0.1℃）和高性能热电偶（分辨率为 0.03℃）。分级感知背后隐含的假设是，与高分辨率传感器相比，分辨率低的传感器还具有更低的功耗和/或成本。通常这个假设是可以成立的，然而在启用该方法之前，嵌入式系统设计人员必须进一步研究传感器数据表。

在运行期间，数据大多是由低分辨率传感器获取，并根据其值做出决定。相反，只有当需要提高测量准确度或者运行更精确的算法时，才激活高分辨率传感器。例如通过跟踪由设计用于处理低分辨率温度值的算法触发的事件，情况如图 8.2 所示。

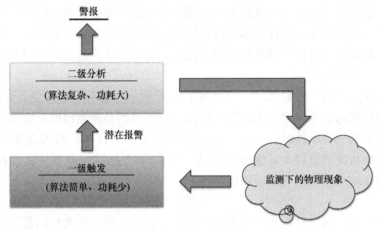

图 8.2　分级采样。采用简单算法对低分辨率/低功耗传感器采集的数据进行处理。当检测到潜在警报（可能会发生事件）时，通常具有较高功耗的高分辨率传感器被激活。一个更复杂的算法对可用的数据进行评估，以确定最终的决策或采取适当的措施

换言之，分级感知技术背后的主要思想就是在现有的传感器平台内动态地选择激活的传感器，以权衡准确度和能源消耗。最后决定的做出是通过处理来自所有传感器的数据，或者是一部分传感器的数据，取决于传感器的分辨率、期望的准确度和所选择的处理算法的复杂度。分级感知方法在后面做了详细的说明。

8.2.1.1　触发感知

在触发感知中，通过处理基本数据获得的即时测量或派生特征被用于决定是否因为事件发生与否激活报警。比如说，通过对低温度传感器数据取平均值，检测到已经超过阈值了，这就意味着可能违反了某个约束。但是如果一个传感器的分辨率较低，不能保证它所描述的就是完全正确的。然后激活高分辨率传感器来验证违反约束这一假设。

在大量文献中得到一个不同的例子[65]，每个传感单元都有一个集成的

CMOS 摄像头，可以根据空间分辨率重新配置。分辨率越低，图像越粗糙，能耗也变得越低。环境中的低分辨率图像可以快速进行目标检测。如果检测到目标，一些数码摄像头会经过一个适应阶段重新配置，之后会提供更高质量的图像，用于目标检测的验证。一旦做出决定，摄像头将重新配置回低分辨率模式。

显然可以考虑更复杂的适应策略，以确定图像分辨率的正确水平，或根据先验或历史信息改进对适当分辨率的估计。但是天下没有免费的午餐，一个更准确的自适应解决方案，需要更复杂的算法来执行。而复杂度和准确度之间的折中，则由应用程序本身和具体的传感器来决定。

8.2.1.2　多量程感知

在多量程感知中，在监测现场中识别一个区域需要更准确的检测。不同的区域使用不同的分辨率，这样当感知区域的相关性较低时，预计会用到一个较低的分辨率，如果需要进行高精度采集就会用到高分辨率了。这个想法最初是在参考文献［56］中提出的。

参考文献［57］中给出了一个非常有趣的例子，是一个消防应急管理方案。现场监测用静态、低分辨率传感器进行检测，其目的是检测预期温度曲线中的异常。当检测到一个事件时，一个移动传感器单元（综合体）被发送到该区域采集额外的高精度测量以及其他可用信息，用来验证/推翻一些事件的假设。自适应将作用在综合体级别的激活层面。

注意

可以得出，触发感知和多量程感知都有受限的一面，因为它们都需要不同分辨率的传感器，进而都需要更复杂的硬件和软件管理策略。此外，影响多量程感知方法的其他关键因素还有确定传感器的最佳位置、确定每个传感器感兴趣区域的大小以及每个分区的适当类型传感器的分配等。这些问题的答案并不简单，要么需要关于应用程序/环境的先验信息，要么需要对一系列环境数据进行采集和分析。当优化布局时，也就是将使用传感器数目最小化，这就是一个优化问题的序列分析和求解过程，而影响区域可以由 Voronoi 环境空间来划分［58］。总之所有方法的使用都在假设环境是时不变这一前提下。将这一假设作为前提一方面使得系统智能水平提升，另一方面它也变得更复杂。

8.2.2　自适应采样

自适应采样方法根据感知数据携带的信息内容、电池剩余电量以及传入或估计收集的电量对采样率进行修正。情况描述如图 8.3 所示。

例如所采样的量随着时间的变化缓慢，以致随后的样本没有显著差异。但如果功耗存在限制，那么系统自适应降低采样率是有意义的。所以说，当顺序采集所携带的信息内容不会随着时间而迅速变化的概率很高时，存在一个时间局部

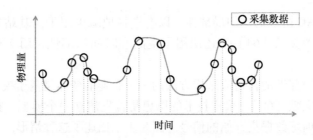

图 8.3　激活驱动型自适应采样

性。同时有一个类似的空间局部性原则，也就是在附近的空间采集相似内容呈现一个高概率的情况。而时间局部性在传感器级别上具有有效性，因此，在单个嵌入式装置中，空间局部性要求装置可以某种方式进行通信，以便利用可用的分布式信息。

当遇到空间或时间局部性的问题时，可以通过调整采样率来减少与传感相关的功耗。按照这个说法，激活驱动型自适应采样结合了两个局部性的原则，来减少需要的采样数。然而作为电池中剩余电量和输入电能（如果有能量获取选项）的函数，该机制不一定总是激活的。

8.2.2.1　基于激活的自适应采样

在应用程序赋予时间和空间存在局部性时，基于激活的自适应采样就体现出了它的优势。

例如在自适应采样算法中使用时间局部性来最小化雪量传感器的能量消耗[59]，并在参考文献［60］中将其推广到一般情况。即当有传感器的数据输入时，该算法可以在线估计奈奎斯特频率f_N，并且验证f_N的改变是否会超过数据窗的固定大小。如果检测到f_N变化了，那么就会确定并更新一个新的采样频率。

这种检测 – 反应机制属于主动学习算法的范畴，将在第 9 章中详细介绍。值得注意的是，在检测变化时出现误报（对奈奎斯特频率变化的错误检测）只会带来不必要的能量消耗。实际上，误报导致的结果是，一个新的f_S在不需要时被应用了。如果变化很小（变化幅度很小，与有限的训练数据集和噪声数据相关的f_N随机扰动相混淆），则漏报（在发生更改时没有检测到变化）是可以忽略不计的。在一些情况下，变化不可能立刻被发现，比如f_N受到缓慢变化的漂移的影响时。在这种情况下，延迟会导致采样频率自适应延迟。

基于激活的自适应采样方法已被用于许多应用中。比如在参考文献［61］中提到过一个用于洪水预警系统的自适应采样解决方案。该系统包含一个洪水预报器，用于调整独立传感单元的采样率。在参考文献［62］中提出了一种空间局部性方法，并提出了一种反演算方案。这里主要的思想是，传感器网络的传感单元应该更密集地出现在信号高方差的区域。在参考文献［63］中使用了基于相关的协作 MAC 协议的空间局部性，以有选择地减少用于向基站发送数据的单元数量。在参考文献［64］中还使用了空间和时间局部性，用于充当移动骡子的机器人。

采用时间局部性的自适应采样方法的一个有趣的变体是基于模型的主动感知范式，见参考文献［68］。采样技术的思想是首先建立一个模型，描述由采集到的数据组成的训练数据集开始的信号。图 8.4 中描述了这种情形。一旦模型建立好，就会应用相同的采样频率，直到输入的数据被模型很好地表示为止，也就是说，当前数据与模型提供的数据之间的残差是白噪声。不同的是，残差残留的白度越少（基于标准差的更简单的阈值解也可以使用，尽管不太精确），模型越难以表示数据，所以必须要基于当前数据来预估一个新的采样频率。这种方法自然属于第 9 章中提出的漂移检测的概念，这里用来预测残差序列。

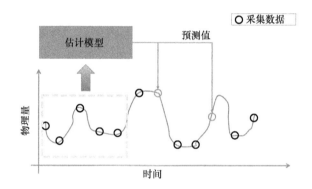

图 8.4 基于模型采样。基于模型采样是一种特殊的自适应采样机制，它在时间和空间的局部性冗余使人们设计出一个随时间传入数据的模型。不是所有的传入数据都可以获取和预测，而是生成数据流。其结果是，由于有效采样频率降低，能量得以节省。数据被获取后，可以计算出预测值和真实值之间的差异，并且通过研究残差的性质，可以决定是否生成一个新的模型

8.2.2.2 获取感知自适应采样

获取感知自适应采样通过利用与电池中剩余电量有关的信息以及从能量获取装置中得到的预期的能量，在嵌入式系统级对功耗进行了优化。比如，如果电池电压比较低，意味着剩余电量比较低，同时意味着下一小时预期从能量获取模块中获取的能量很小，就应该降低采样频率。传感器上的动作可以根据期望的信息内容来区分。如果一个嵌入式系统安装了大量的传感器，根据传感器本身的相关性和功耗，可以禁用其中的一些传感器。参考文献［66］和参考文献［67］提出了与该方法相关的两个例子都是用光伏电池作为参考能量获取装置。

8.3　能量获取级别自适应

　　小型设备的能量获取问题是一个非常热门的研究领域，也是自适应机制在提高能源提取效率方面发挥作用的地方。能源可以从光伏电池中提取，光伏电池是户外应用的最有效的解决方案之一，这得益于阳光充足的天气提供的高功率密度。但是依赖于应用场景和嵌入式设备部署的地点，人们从其他来源中提取能量，例如利用风能的小型风力发电机、利用振动提取能量的压电元件以及利用热梯度的帕尔贴电池等。对于水利部署，可以从波浪中提取动能和势能，利用潮汐引起的海平面的上升和下降获得能量，这些归功于月亮对水施加的引力或来自温度或盐度梯度的洋流。

　　上述所有例子的特点都是将动能、弹性或势能转换为电能以进行能量存储的情况下是时不变的，并且还取决于一些无法控制的外部条件，如果被视为一种干扰，就会导致能量获取效率低下。优化能量提取需要能量获取模块能够跟踪环境的变化和演进，并可以通过自适应机制和 ad hoc 低功耗获取装置来完成操作，参见参考文献［69 – 72］。

　　下面将详细介绍光伏电池的自适应机制，因为它是代表能量获取级别上最相关的自适应例子之一。有几个因素影响时间方差，例如天气条件的改变、光伏电池老化效应和效率下降、表面存在灰尘和水以及在一年内白天太阳光入射角度的变化。

　　在小型嵌入式设备中收集太阳能的最简单的解决方案如图 8.5 所示，依赖于将光伏电池与蓄电池连接的二极管直接通/断充电机制[73]。

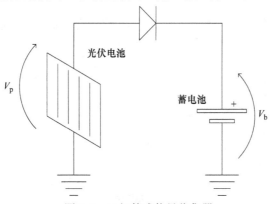

图 8.5　二极管式能量收集器

　　当光伏电池的电压 V_p 超过蓄电池的电压 V_b + 0.7V 时，二极管导通并且电流流到电池中。相反，当 V_b 大于 V_b – 0.7V 时，二极管作为一个开关，本身没有能量供给电池。

基于二极管的方案特征是极低的成本和功耗（没有比二极管更简单的电能获取设计了），但有两个主要的局限：

- 尽管能源供应或能源传导机制发生了变化，但是没有任何一种机制可以最大化地采集能量。实际上，由于光伏电池的工作点是由电池电压决定的，不能进行调整，因此不能进行自适应。直接结果就是，在低照射功率时该系统不能运行，因为二极管断开了光伏电池与蓄电池的连接。

- 必须认真挑选光伏电池的尺寸和类型（例如单晶硅、多晶硅、非晶硅）和蓄电池的额定电压。设计用于单晶硅电池尺寸的方法可能不适合效率较低的非晶硅电池。

上述问题可以通过采用基于自适应机制以最佳获取能量的最大功率点跟踪器（MPPT）系统代替二极管式电路来解决。

下面来看看在图 8.6 中给出的光伏电池功率传递曲线，作为施加在光伏电池上的电压的函数 V_p。无论光伏电池的制作技术如何，功率 - 电池电压曲线 $P(V_p)$ 显示出一种凸形特性，具有与太阳辐射条件及传导机制相关的唯一最大值[74]。

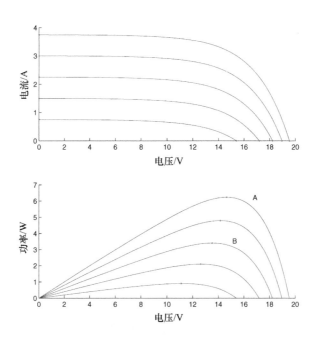

图 8.6 光伏电池特性的功率传递曲线。功率是施加在光伏电池上的电压 V 的函数。不同太阳辐射条件产生不同的曲线，其中每一个特征是具有不同的最大可获取功率。本图中，相比曲线 B，曲线 A 具有较大的功率传递，并与具有更强的太阳辐射有关

干扰因素可以轻易将该曲线移动以形成一个新的曲线，如老化效应和灰尘的存在。相比于曲线 B，曲线 A 的特征是具有较高的功率传递，例如它具有更强的太阳能辐射。显然如果考虑在光伏电池上施加固定电压（例如就像二极管方案，所施加的电压基本上是蓄电池的电压），可能在一个合理的而不是允许最大限度地收集能量的工作点上运行。因此，给定一个曲线和电压的初始值，将随着时间连续改变电压以收敛到最优值，最大化为电池提供电能。这就是自适应在 MPPT 框架中如何工作的。

更具体而言，相关文献中给出的不同解决方案都是针对不断逼近的未知可用功率曲线而提出的，因此要施加到光伏电池板的电压趋向于最大化功率传递的值。在光伏电池中，令 $V_p(k)$ 是时刻 $t=k$ 时施加的电压，$i_p(k)$ 是输出电流，从而产生的功率是 $P(V_p(k)) = i_p(k)V_p(k)$。由于曲线 $P(V_p)$ 是未知的，因此不可能立即确定最佳电压，并且必须采用迭代的方法解此问题。首先假设理想情况下，确定期望的电压 $V_p(k+1)$，并简单地将其应用于光伏电池。在这种情况下，一种基于梯度的自适应优化方法可以直接作用到 V_p，从而迭代地识别出使输出功率最大化的电压，即

$$\begin{cases} V_p(k+1) = V_p(k) + \Delta V_p(k) \\ \Delta V_p(k) = \gamma \dfrac{\mathrm{d}P(V_p)}{\mathrm{d}V_p} \mid V_p(k) \end{cases} \tag{8.3}$$

在时不变假设下（太阳辐射使装置在特定但未知的曲线上工作），只要梯度函数放大的参数增益 γ 足够小，自适应算法收敛就会得到正确值。另外还注意到，最佳电压点周围的曲率相当平坦，这意味着即使是对最优点的粗略估计也可以容易地与搜索到的未知最优值混淆。此外可以用相对大的 γ 快速达到该工作点，则需要很少的迭代来收敛。γ 必须通过试错法选择，因为它取决于在给定时间上嵌入式系统部署（或驻留）的特定位置。识别给定地点 γ 的更加可靠的方法是依赖于由国家能源组织提供的准确的太阳辐射信息，参见参考文献 [228]，它可以提供在一年中对于给定位置的可用预期太阳能密度。局部性的最佳 γ 可以用在第 7 章中给出的随机化过程来识别，具有与品质因数的折中获得的能量可达 γ 的高值（γ 值越高，收敛到一个次优值越快），事实上代价是可能会收敛到一个粗略的估计值。

在准稳态条件下，算法收敛到准最优值的速度比太阳辐射的变化要快得多。这种情况是最常见的，并且还解决了老化效应、面板上存在灰尘或水滴以及改变光伏电池的效率的温漂。在快速演进的时变情况下，算法必须快速跟踪变化。这可能需要高采样率，因此需要更高的功耗。

先前的推导已经假定可以在 $t=k+1$ 时刻在光伏电池处直接施加电压 $V_p(k+1)$。然而由于电子设备的约束这不是可行的，因此在能量获取器的设计中必须

引入受控功率传递模块（CPTM）。该模块的作用是通过将输入电压设置为给定的参考值，将功率从输入端传递到输出端（在这里，光伏电池电压必须设定为 $V_p(k+1)$）。图 8.7 显示了运行框架。控制回路将 V_p 驱动到参考电压 V_s。从电路角度来看，CPTM 可以用几种技术实现，例如升压 DC – DC 变换[76]或单端一次电感变换器（SEPIC）[229]。

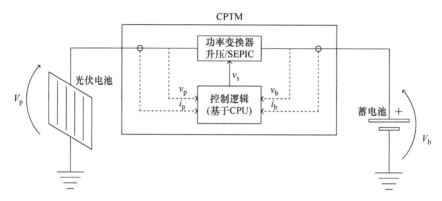

图 8.7　CPTM。由控制逻辑控制的模块输入（装置）和输出（电池）之间的功率传递，该控制逻辑通过利用可能可用的信息 V_p、i_p、V_b、i_b，允许将 V_p 驱动到期望的参考值 V_s

通过引入 CPTM，可以将式（8.3）按步骤的顺序进行变换：

$$\begin{cases} V_p(k) = V_p(t = \tau k) \\ V_p(k+1) = V_p(k) + \gamma \dfrac{\mathrm{d}P(V_p)}{\mathrm{d}V_p} \mid V_p(k) \\ V_s = V_p(k+1) \\ V_p(t) = \mathrm{CPTM}(V_s) \mid V_p(t = \tau(k+1)) = V_s \end{cases} \tag{8.4}$$

必须详细说明式（8.4）中给出的操作序列，以便定义与时间相关的不同含义，给出时间的离散连续表示。定义 τ 为采样周期，可以知道 $V_p(k)$ 意味着要取得在时间 τk 处的 V_p 和其他所需信息，或者表示为 $V_p(t = \tau k)$。通过计算 $V_p(k) + \gamma \dfrac{\mathrm{d}P(V_p)}{\mathrm{d}V_p} \mid V_p(k)$，计算 V_p 在时间为 $k+1$ 时得到的值，将其命名为 V_s。CPTM 实现内部控制回路激活并保证在时间 $t = \tau(k+1)$ 时要采集的所有传感器信息的特征具有 $V_p(t) = V_s$ 过程迭代。

在计算能力有限的嵌入式系统中，自适应算法可以被适当地简化以保持对 MPPT 模块功耗成本的控制。这可以通过采用不同的策略解决，如增量电导法、扰动观测法。接下来将详细介绍这些方法。

8.3.1　增量电导法

在增量电导法中，通过调节电导 $\dfrac{i_p}{V_p}$ 来实现获取功率的最大化。通过回顾 $P(V_p(k)) = V_p(k)i_p(k)$，式（8.3）可以重写为

$$\begin{cases} V_p(k+1) = V_p(k) + \Delta V_p(k) \\ \Delta V_p(k) = \gamma \left(i_p + V_p \dfrac{di_p}{dV_p} \Big| V_p(k) \right) \end{cases} \qquad (8.5)$$

由作为主控 CPU 的微控制器执行的算法遵循式（8.5）。更详细地，并且参考图 8.8，嵌入式系统通过微控制器内部的 A – D 转换器获取 i_p 和 V_p，然后通过计算增量比

$$\frac{di_p}{dV_p} \approx \frac{i_p(k) - i_p(k-1)}{V_p(k) - V_p(k-1)}$$

来评估式(8.5)中所需的电导梯度 $\dfrac{di_p}{dV_p} \big| V_p(k)$。

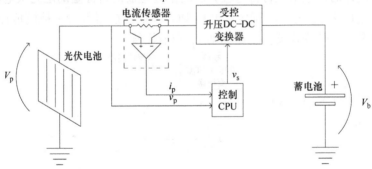

图 8.8　增量电导型 MPPT 能量采集器，带有升压 DC – DC CPTM

根据采样时间和与环境的时间变化相关的动态特性，这种近似是很好的。最后微控制器执行行式（8.5）中的算法，并且识别要分配给光伏电池的下一个电压值 V_s。最后的顺序步骤在式（8.6）给出：

$$\begin{cases} V_p(k) = V_p(t = \tau k) \\ V_p(k+1) = V_p(k) + \gamma \left(i_p(k) + V_p(k) \dfrac{i_p(k) - i_p(k-1)}{V_p(k) - V_p(k-1)} \right) \\ V_s = V_p(k+1) \\ V_p(t) = \mathrm{CPTM}(V_s) \big| V_p(t = \tau(k+1)) = V_s \end{cases} \qquad (8.6)$$

如果与太阳辐射的变化的动态特性相比，A – D 转换器、算法和升压 DC – DC 变换模块所需要的时间的总和是可忽略的，则设定值 $V_p = V_p(k+1)$ 仍然是沿着梯度方向采取的步骤的一个很好的估计，因为功率曲线在此期间并没有发生太

大的变化。

8.3.2 扰动和观测法

扰动和观测法可以从式（8.3）推导出假设 $P(V_p) = i_p V_p \approx \eta i_b V_b$，其中 η 考虑了功率变换模块的效率，这里假定为常数。假定电池电压 V_b 不随 V_p 的瞬时变化而改变太多（合理假设），于是有

$$\frac{\mathrm{d}P(V_p)}{\mathrm{d}V_p} = \eta V_b \frac{\mathrm{d}i_b}{\mathrm{d}V_p}$$

代入式（8.3）为

$$\begin{cases} V_p(k+1) = V_p(k) + \Delta V_p(k) \\ \Delta V_p(k) = \gamma \dfrac{\mathrm{d}i_b}{\mathrm{d}V_p} \mid V_p(k) \end{cases} \tag{8.7}$$

显然，γ 包含了所有恒定或准常数项，例如 η 和 V_b。MPPT 的作用可以通过图 8.9 的功能块来呈现。流入电池的电流 i_b 以及电压 V_b 由电流和电压传感器测量。提供这样的信息给执行自适应算法的微处理器的目标是确定光伏电池应该施加的最佳电压 V_s。一旦 V_s 确定，升压 DC – DC 变换器引入一种模拟控制动作，通过修改 DC – DC 变换器占空比驱动 V_p 到最优值 V_s。

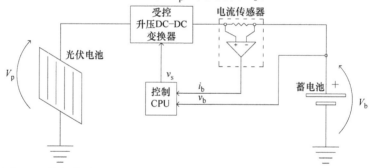

图 8.9 具有升压 DC – DC CPTM 的基于扰动和观测的 MPPT 能量采集器

根据增量电导算法，假设太阳辐射过程比装置施加 $V_p = V_s$ 所需的时间慢。决定算法的最终方程是

$$\begin{cases} V_s(k+1) = V_s(k) + \Delta V_s(k) \\ \Delta V_s(k) = \gamma \dfrac{\mathrm{d}i_b}{\mathrm{d}V_p} \mid V_p(k) \end{cases}$$

并且用增量比近似导数：

$$\frac{\mathrm{d}i_b}{\mathrm{d}V_p} \approx \frac{i_b(k) - i_b(k-1)}{V_p(k) - V_p(k-1)}$$

最后一组算法步骤是

$$\begin{cases} V_{\mathrm{p}}(k) = V_{\mathrm{p}}(t = \tau k) \\ V_{\mathrm{p}}(k+1) = V_{\mathrm{p}}(k) + \gamma \left(\dfrac{i_{\mathrm{b}}(k) - i_{\mathrm{b}}(k-1)}{V_{\mathrm{p}}(k) - V_{\mathrm{p}}(k-1)} \right) \\ V_{\mathrm{s}} = V_{\mathrm{p}}(k+1) \\ V_{\mathrm{p}}(t) = \mathrm{CPTM}(V_{\mathrm{s}}) \mid V_{\mathrm{p}}(t = \tau(k+1)) = V_{\mathrm{s}} \end{cases} \tag{8.8}$$

本书认为非常简单的嵌入式系统没有除法运算，需要在软件中进行模拟。这作为一个额外的成本，在功耗方面，降低了能量获取模块的效率。因此为了进一步简化算法以降低能量收集器的功耗，设计者可以遵循参考文献［75］中建议的方法，其中仅考虑梯度 $\dfrac{\mathrm{d}i_{\mathrm{b}}}{\mathrm{d}V_{\mathrm{p}}}$。尽管粗略地近似，在参考文献［76］中显示的算法几乎总能收敛到最佳值，而检测到不能收敛的情况时，MPPT 重新启动。该算法通过在工作电压中引入干扰并测量感应电流 i_{b}，如上所述，在能量获取效率方面只考虑比率的符号被认为具有无疑的优势。

8.4　时钟同步智能算法

实际时钟并不是理想的，它容易受到时钟漂移的影响，随着时间的推移，参考时钟的时间和实际时钟之间的差异会变大。在没有任何形式的同步的情况下，嵌入式系统将失去协作的能力，无法在系统中发生的事件之间确定任何优先级[167]，或者如果应用程序请求在同一时间帧内获取的分布式数据，它所提供的信息几乎无效。

事实上，由于传感器随时间持续而获取数据流，因此可以将时间标签分配给每个数据。这样的标签表示时间的相对度量，是由采集设备内部时钟（定时器）提供，并且指的是从最后相关事件发生以来所经过的时间，例如嵌入式系统的启动、与外部高度精确的时钟的最近一次同步、中断例程的启动等。

根据采集到的信号的性质和希望在应用程序中处理的特定问题，时间信息可能是宝贵的，也可能根本不相关。一般来说，如果信号由依赖时间的物体组成，那么在大多数情况下，时间信息对于执行任何后续步骤均是至关重要的。相反地，如果数据是独立的，例如采样的实例可以被建模为一个以均值为中心的随机变量，时间信息可能就不那么相关了。在包含数据估计模块的复杂传感器内或传感器有一些软件来提高读出值的准确度，可看到这两种机制（参见 2.1.1 节）。事实上，在更高的层次上，要求从一个传感器上获取一个数据以检查一个物理现象：这里时间信息是要求精确的。那么一旦采样过程被激活，与信号的动态特性相比，会以非常高的频率获取一组连续采集数据，对测量值进行平均以更好地估计实际值。在连续采集过程中，时间信息根本不相关。

然而对绝对理想的时钟而言，任何实际的时钟都会引入时间漂移，即使在采用原子钟（其时间误差特别小：标准机构保持时钟准确度为 10^{-9} s/天）的情况下。在嵌入式系统中，时钟漂移在很大程度上取决于其生产质量和外部温度。后者表明，同一个时钟会随着不同的外部条件而改变时间漂移。

示例：嵌入式系统中的时钟漂移

检查一个额定频率为 32kHz 的商业级时钟晶体振荡器的性能。其组件的数据表显示该时钟第一年中的最大老化预期是

$$\frac{\Delta f}{f} = \pm 3 \times 10^{-6} \tag{8.9}$$

式中，f 是时钟频率；Δf 是最大预期变化。

给定的公差在参考温度 $T_0 = 25\,℃$ 下有效。在第一年后，时钟漂移趋于稳定到固定速率[227]。因此预期时钟在一年后保持在温度 T_0 的最大频率变化将是 $|\Delta f| = \pm 3 \times 10^{-6} \times 32 \times 10^3 < 1\text{Hz}$。为了提供一些定量信息，假设老化效应在第一年后停止，之后其他年份在时间标签上引入时间误差为每年 3s。这是一个很重要的结论，但应该注意到假设时钟不再漂移，而这个假设与现实不符。

此外，应该研究温度对时钟的影响。从器件数据表得到

$$\frac{\Delta f}{f_0} = -0.035(T - T_0)^2 \pm 10\% \tag{8.10}$$

在百万分之一内。T 是当前温度，f_0 是在温度 T_0 下的时钟频率。给出关于温度的影响的定量概念 Δf，假设器件由于电路板工作在恒定 $T = 35\,℃$ 并且由于不确定性造成的 $\pm 10\%$ 贡献为零。从式（8.10）中可知比率 $\frac{\Delta f}{f_0}$ 是 -3.5×10^{-6}，与式（8.9）的结果有相同的量级（即 3×10^{-6}）。

最后假设时钟在其额定频率值下正常工作。数据表说明频率容差 $\frac{\Delta f}{f}$ 为 $\pm 30 \times 10^{-6}$。这个标准是造成绝对时间和当前时间差异的主要因素，然而作为结构性误差是可以被补偿的。最简单的补偿方法是假设时钟以额定频率工作，并相应地启用计时器。在固定已知时间之后，读取计时器的内容并且使用时间差来确定有效时钟频率。显然另一种可能是需要用示波器测量可用晶体振荡器的精确时钟频率。

前两种类型的时钟误差取决于外在变量，即工作温度和时钟老化因素。由于这些因素随时间变化，所以需要靠专用硬件或智能算法来尽量减少外在因素的影响。

从上面可以看出，对于任何需要精确时间的应用，嵌入式系统设计人员均应注意时钟同步。对于给定的嵌入式系统而言，可通过硬件或者软件介入，或者两

者同时介入。如果时间同步是主要问题，可以通过为嵌入式系统配备 GPS 接收机访问 GPS 信号，可以在 40ns 内准确地得到一个时间[226]。另一个不太精确的选项是同步时钟，例如通过使用一些应用访问 Web 并定期下载当前时间。然而由于嵌入式计时器中与信息传输和信息处理以及更新相关的时间存在偏差，可以通过重复操作以减少在操作中受随机性的不良影响。这种情况在分布式传感器网络中也特别重要，一组装置部署在给定环境中，具有自己的传感器平台和时钟。时钟信息共享将允许这些装置提供更准确的共同时间概念，也可以用一个能够访问 GPS 服务的装置（同步主机）来改进准确度并同步其他时钟。尽管事实上，有许多技术解决方案可以提高整体准确度，下面将重点介绍那些在一组分布式装置之间提供准同步时间概念的方法。

下面讨论的方法应该周期性地执行，以便使装置同步。由于"周期性"是定性项，时钟漂移表示在温度和老化双重影响后稳态的变化，所以应该采用第 9 章中提出的方法。鉴于以下方法需要交换同步信息（即对能源消耗和性能有影响），这里认为主动学习时钟同步策略比被动学习策略更可取。

8.4.1　时钟同步：框架

构建由至少一个计算元件组成的分布式传感器网络。将绝对时间表示为 t，并令 $C_i(t)$ 为通用的第 i 个由嵌入式系统所提供的时间量。

将通用装置的时钟的时间误差 e_C 定义为 $e_C = C_i(t) - t$，时钟漂移为时间的导数 $\frac{de_C}{dt} = \frac{dC_i(t)}{dt} - 1$。对于设计精良的时钟来说，由于时钟漂移非常小（一般不大于额定时钟频率的百万分之几），可以确定正实数 $k \ll 1$，使得绝对值 $\left|\frac{de_C}{dt}\right|$ 由 k 限制，即 $\left|\frac{dC_i(t)}{dt} - 1\right| < k$。在每一个时钟周期，时间参考系统都会因以 k 为界的漂移而偏离。

描述 t 和 $C_i(t)$ 之间的差异的最简单的模型是线性增益 $f_i = \frac{dC_i(t)}{dt}$ 和偏置 $\theta_i = C_i(t_0) - t_0$，其中 t_0 是时钟的初始参考时间[173]：

$$C_i(t) = tf_i + \theta_i$$

式中，f_i 是时钟（时间）漂移；偏置 θ_i 也称时钟（时间）偏移。

如果有另外一个（第 j 个）时钟设备可用（在同一个板上或不同的板上），通过回顾可知，所有装置的绝对时间是相同的，可以写出

$$C_j(t) = tf_j + \theta_j = \tag{8.11}$$
$$= f_{i \to j} C_i(t) + \theta_{i \to j} \tag{8.12}$$

已定义 $f_{i \to j}$ 且 $\theta_{i \to j}$:

$$f_{i \to j} = \frac{f_j}{f_i} \quad \theta_{i \to j} = \frac{f_i \theta_j - f_j \theta_i}{f_i}$$

作为时钟 j 相对于时钟 i 的相对漂移和相对偏移，值得说明的是，式 (8.12) 与所使用的技术无关，对任何两个时钟都可以成立。因此，一个时钟可能是移动设备中的一个时钟，另一个时钟与提供时间的服务（访问网络以同步本地时钟）相关联。

从以上等式得出，为使时钟 i 与时钟 j 同步，第 i 个装置必须计算项 $f_{i \to j}$ 和 $\theta_{i \to j}$ 并校正使得两个读数之间的差变为零或最小。

为了解决这一问题，设计了硬件和软件两种方法。硬件方法通过使用由电子时钟同步信号同步了时钟的硬件基础结构来提供非常紧密的同步[168,174]。在这里，分离的同步网络/总线的可用性允许充分描述系统延迟，例如通过计算不同装置之间的预期传输判断其延迟性。

相反，算法（软件）方法利用同步消息提供的信息使本地时钟与连接系统的其余部分同步。基于算法的方法有统计法、自适应法和预测法 3 种。

8.4.2　时钟同步的统计方法

用于时钟同步的统计方法，也称为概率方法，在收集了足够的同步信息之后更新本地时钟。

根据同步信息和设定实体的作用，将统计方法划分为"双向消息交换方法"（也称发送方–接收方方法）和"单向消息传播方法"（也称接收方–接收方方法）。

8.4.2.1　双向消息交换方法

在双向消息交换方法中，如参考文献［246］中的一种，时钟同步影响通信的两个终端点。考虑装置 i 以装置 j 作为参考。在同步过程的每次迭代中，装置 i 向装置 j 发送具有其时间戳 t_{i1} 的消息。

在 t_{i2} 时刻收到第一个时间戳之后，节点 j 向装置 i 发送包含时间戳 t_{j3} 并且记录时间 t_{j2} 的消息，装置 i 在 t_{i4} 时刻收到该信息。这种情况如图 8.10 所示。

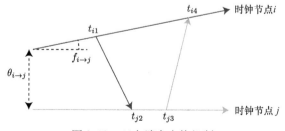

图 8.10　双向消息交换机制

如图 8.10 所示，以下关系成立：

$$t_{j2} = f_{i \to j}(t_{i1} + \tau + \zeta) + \theta_{i \to j} \tag{8.13}$$

$$t_{j3} = f_{i \to j}(t_{i4} - \tau - \xi) + \theta_{i \to j} \tag{8.14}$$

式中，ζ 和 ξ 分别是从装置 i 到装置 j 的独立同分布的随机变量，该变量对影响消息传输延迟的噪声进行建模，反之亦然；τ 是由通信信道引入的固定延迟，这里假设它是对称的（在一个对称的通信信道的两个传输方向上具有相同的噪声表征，即 ζ 和 ξ 具有相同的概率密度函数）。

开始从考虑只有时钟偏差的简化情况分析（即 $f_{i \to j} = 1$）。在这种情况下，式（8.13）和式（8.14）变成

$$U = \tau + \theta_{i \to j} + \zeta \tag{8.15}$$

$$V = \tau - \theta_{i \to j} + \xi \tag{8.16}$$

已经定义 $U = t_{j2} - t_{i1}$ 和 $V = t_{i4} - t_{j3}$。注意到 U 和 V 不取决于 τ，而仅取决于到达时间之差。

通过迭代 N 次图 8.10 所示的完全双向消息交换机制，得到由 4 组 N 个测量数据组成的集合 Z_N，$Z_N = \{t_{i1,k}, t_{j2,k}, t_{j3,k}, t_{i4,k}\}$，$k = 1, \cdots, N$。

通过定义 $U_k = t_{j2,k} - t_{i1,k}$ 和 $V_k = t_{i4,k} - t_{j3,k}$，式（8.15）和式（8.16）变成

$$U_k = \tau + \theta_{i \to j} + \zeta_k \tag{8.17}$$

$$V_k = \tau - \theta_{i \to j} + \xi_k \tag{8.18}$$

在 ζ 和 ξ 是具有零均值和方差为 σ^2 的高斯分布的假设下，参考文献 [175] 表明最大似然估计（MLE）提供了 $\theta_{i \to j}$ 的最优估计 $\hat{\theta}_{i \to j}$ 为

$$\hat{\theta}_{i \to j} = \frac{1}{N} \sum_{k=1}^{N} (U_k - V_k) \tag{8.19}$$

估计器的方差 $\mathrm{Var}(\hat{\theta}_{i \to j})$ 由 Cramer – Rao 界设置：

$$\mathrm{Var}(\hat{\theta}_{i \to j}) \geq \frac{1}{I(\theta_{i \to j})} = \frac{\sigma^2}{2N} \tag{8.20}$$

式中，$I(\theta_{i \to j}) = \dfrac{2N}{\sigma^2}$ 是费希尔（Fisher）信息。

回顾 Cramer – Rao 界设置了一个估计质量的下限，在这种情况下，时钟偏差可以通过提供其方差下限的方式实现。在理想情况下，Cramer – Rao 界退化为等式：完全消息交换的数量 N 越高，应该期望的估计的方差越低。

不同的是，如果通信信道是这样的，那么噪声由平均值 λ 的指数分布 $\exp(\lambda)$ 决定，则 MLE 估计变为

$$\hat{\theta}_{i \to j} = \frac{\min_{k=1,\cdots,N} U_k - \min_{k=1,\cdots,N} V_k}{2} \tag{8.21}$$

$$\mathrm{Var}(\hat{\theta}_{i \to j}) \geq \frac{1}{I(\theta_{i \to j})} = \frac{\lambda^2}{4N^2} \tag{8.22}$$

其中包含的费希尔信息为 $I(\theta_{i \to j}) = \dfrac{4N^2}{\lambda^2}$。

本书准备扩展上述推导使之可以涵盖除了时钟偏移外两个时钟之间的时间差还正在经历漂移的情况。为了使它在数学上可行，遵循在参考文献［175］中描述的推导，并首先假定高斯噪声影响通信信道。$\hat{\theta}_{i \to j}$ 和 $\hat{f}_{i \to j}$ 的 MLE 估计如下：

$$\hat{\theta}_{i \to j} = \frac{\sum\limits_{k=1}^{N}(t_{i1,k} + t_{i4,k})\sum\limits_{k=1}^{N}(t_{j2,k}^2 + t_{j3,k}^2) - Q\sum\limits_{k=1}^{N}(t_{j2,k} + t_{j3,k})}{\sum\limits_{k=1}^{N}(t_{j2,k} + t_{j3,k})\sum\limits_{k=1}^{N}(t_{i1,k} + t_{i4,k}) - 2NQ} \tag{8.23}$$

$$\hat{f}_{i \to j} = \frac{-2N\Big[\sum\limits_{k=1}^{N}(t_{i1,k} + t_{i4,k})\sum\limits_{k=1}^{N}(t_{j2,k}^2 + t_{j3,k}^2) - Q\sum\limits_{k=1}^{N}(t_{j2,k} + t_{j3,k})\Big]}{\sum\limits_{k=1}^{N}(t_{i1,k} + t_{i4,k})\Big[\sum\limits_{k=1}^{N}(t_{j2,k} + t_{j3,k})\sum\limits_{k=1}^{N}(t_{i1,k} + t_{i4,k}) - 2NQ\Big]} + \tag{8.24}$$

$$+ \frac{\sum\limits_{k=1}^{N}(t_{j2,k} + t_{j3,k})}{\sum\limits_{k=1}^{N}(t_{i1,k} + t_{i4,k})} - 1$$

其中

$$Q = \sum_{k=1}^{N} t_{i1,k}t_{j2,k} + t_{j3,k}t_{i4,k} + \tau(t_{j2,k} - t_{j3,k}) \tag{8.25}$$

$$V = \sum_{k=1}^{N}(t_{i1,k} + \tau)^2 + (t_{i4,k} - \tau)^2 + 2\sigma^2 \tag{8.26}$$

与估计式（8.23）和式（8.24）相关联的 Cramer - Rao 界表示如下：

$$\mathrm{Var}(\hat{\theta}_{i \to j}) \geqslant \frac{\sigma^2(1 + f_{i \to j})^2 V}{N[2V - N(\bar{t}_{i1} + \bar{t}_{i4})^2]} \tag{8.27}$$

$$\mathrm{Var}(\hat{f}_{i \to j}) \geqslant \frac{2\sigma^2(1 + f_{i \to j})^2}{2V - N(\bar{t}_{i1} + \bar{t}_{i4})^2} \tag{8.28}$$

式中，$\bar{t}_{im} = \dfrac{1}{N}\sum\limits_{k=1}^{N} t_{im,k}$，$m = 1, \cdots, 4$ 是时间的平均值时刻。

虽然式（8.23）和式（8.24）提供 MLE 估计，但是除非 τ 可用，否则这些估计是不切实际的。此外对于典型的嵌入式系统，式（8.23）和式（8.24）的计算可能会受到限制。可以采用一个不太精确但计算简单得多的最大似然类估计器，其仅利用 Z_N 的第一个和最后一个数据。定义为

$$D_1 = t_{i1,N} - t_{i1,1}$$

$$D_2 = t_{j2,N} - t_{j2,1}$$

$$D_3 = t_{j3,N} - t_{j3,1}$$

$$D_4 = t_{i4,N} - t_{i4,1}$$

在信道受高斯噪声影响的情况下，时钟漂移估计器的估计量和品质分别为

$$\hat{f}_{i \to j} = \frac{D_2^2 + D_3^2}{D_1 D_2 + D_3 D_4} - 1 \tag{8.29}$$

$$\mathrm{Var}(\hat{f}_{i \to j}) \geqslant \frac{2\sigma^2 (1 + f_{i \to j})^2}{D_1^2 + D_4^2 + 4\sigma^2} \tag{8.30}$$

同样，在信道噪声可建模为指数的概率密度函数的情况下，有

$$\hat{f}_{i \to j} = \frac{2D_2 D_3}{D_1 D_3 + D_2 D_4} - 1 \tag{8.31}$$

$$\mathrm{Var}(\hat{f}_{i \to j}) \geqslant \frac{\lambda^2 (1 + f_{i \to j})^2}{D_1^2 + D_4^2 + 4\lambda^2} \tag{8.32}$$

一旦漂移已经被估计，则可以估计时钟偏差。定义

$$U'_k = U_k - \hat{f}_{i \to j} t_{i1,k}$$

$$V'_k = V_k + \hat{f}_{i \to j} t_{i4,k}$$

那么，如果噪声是高斯分布则有

$$\hat{\theta}_{i \to j} = \frac{\sum\limits_{k=1}^{N} U'_k - V'_k}{2N} \tag{8.33}$$

就估计器的方差而言，在已经实现时钟漂移的校正之后，仅需处理单个时钟偏移的情况。因此，估计器必须满足式（8.20）中给出的 Cramer – Rao 界。同样，当噪声服从指数分布时，有

$$\hat{\theta}_{i \to j} = \frac{\min_k U'_k - \min_k V'_k}{2} \tag{8.34}$$

其中由 Cramer – Rao 界设置的估计器的方差在式（8.22）中给出。虽然不太精确，但这些最后的估计不需要 τ 的相关知识，在许多情况下这些知识大多是未知的。它们所包含的计算成本使得这样的估计也适用于移动嵌入式设备。

然后可以将双向同步传播到构成网络的各个单元，例如通过使用生成树探索方法。应当注意，虽然树的根应该代表所有其他装置用于同步的参考时钟，但是在主装置故障的情况下，任何其他装置均可以被提升为主同步的角色。

8.4.2.2　单向消息传播方法

在单向消息传播方法中，被选择为主机的装置 i 向构成网络的装置发射其时

间信息。通用第 j 个接收机装置接收的时间信息由式（8.13）给出，其中 t_{i1} 对应于接收到的同步消息中的时间戳，t_{j2} 是到达节点 j 的时间。如果假设 τ 是已知的（知道了装置的位置，可以提取这个装置位置并相应地校正时钟）或相对于时钟偏移可以忽略不计，并且 $f_{i\rightarrow j} \approx 1$（大多情况下），式（8.13）可以近似为

$$t_{j2} \approx f_{i\rightarrow j} t_{i1} + \theta_{i\rightarrow j} + \zeta \tag{8.35}$$

式中，ζ 再次采用了影响通道的等效噪声。

在参考文献［172］中描述的洪泛时间同步协议（FTSP）中，每个装置收集越来越多的定时消息。基于由 N 个测量对 $Z_N = \{t_{i1,k}, t_{j2,k}\}$，$k = 1, \cdots, N$ 构成的数据集 Z_N 通过参考式（8.35）中的系统模型和最小二乘法估计 $\hat{f}_{i\rightarrow j}$ 和 $\hat{\theta}_{i\rightarrow j}$。该装置的时钟可以通过在初始消息传播阶段获得的估计值来补偿它们的漂移进行周期性调整（并且复位绝对误差）[242]。在这种情况下，假设装置的工作温度不随时间变化。如果温度是时变的，则必须重复估计过程，除非已经在不同温度下收集了时钟漂移足够的估计值，并且该值包含在查找表中。

8.4.2.3 接收器 – 接收器方法

接收器 – 接收器同步方法来自以下考虑，给定由主装置 i 发射的带时间戳的消息，接收装置 j 和 k 可以基于主装置的公共时间彼此交换消息来同步。如果装置 i 发送其具有时间戳 t_{i1} 的同步消息，则可以从式（8.13）写出

$$t_{j2} = f_{i\rightarrow j}(t_{i1} + \tau_j + \zeta_j) + \theta_{i\rightarrow j} \tag{8.36}$$

$$t_{k2} = f_{i\rightarrow k}(t_{i1} + \tau_k + \zeta_k) + \theta_{i\rightarrow k} \tag{8.37}$$

式中，固定延迟 τ_j 和 τ_k 分别考虑了装置 i 和 j 及装置 i 和 k 之间的不同路径；ζ_j 和 ζ_k 是模拟影响两个通道的噪声的两个随机变量，如前面所述。

通过从式（8.36）中减去式（8.37）得到

$$\begin{aligned} t_{j2} - t_{k2} &= f_{jk} t_{i1} + \theta_{jk} + (f_{i\rightarrow j}\tau_j - f_{i\rightarrow k}\tau_k) + (f_{i\rightarrow j}\zeta_j - f_{i\rightarrow k}\zeta_k) \\ &= f_{jk} t_{i1} + \theta_{jk} + \tau' + \zeta' \end{aligned} \tag{8.38}$$

式中，$f_{jk} = f_{i\rightarrow j} - f_{i\rightarrow k}$；$\theta_{jk} = \theta_{i\rightarrow j} - \theta_{i\rightarrow k}$；$\zeta'$ 是等效噪声。

可以忽略 τ' 项，因为它通常表示非常小的两个项之间的差，那么

$$t_{j2} - t_{k2} = f_{jk} t_{i1} + \theta_{jk} + \zeta' \tag{8.39}$$

通过数据采集生成数据集 $Z_N = \{t_{j2,l}, t_{k2,l}, t_{i1,l}\}$，$l = 1, \cdots, N$ 之后，可以得出线性系统：

$$\begin{bmatrix} t_{j2,1} - t_{k2,1} \\ \vdots \\ t_{j2,N} - t_{k2,N} \end{bmatrix} = \begin{bmatrix} t_{i1,1} & 1 \\ \vdots & \vdots \\ t_{i1,N} & 1 \end{bmatrix} \begin{bmatrix} f_{jk} \\ \theta_{jk} \end{bmatrix} \tag{8.40}$$

采用最小二乘法从中导出估计量 $\hat{f}_{jk}$ 和 $\hat{\theta}_{jk}$。

如果假设没有漂移影响时钟，即 $f_{jk} = 0$（并且 τ' 像以前一样可忽略），从

式（8.39）得到在参考文献［171］中描述的参考广播同步（RBS）算法。该算法中，与式（8.40）相关的最小二乘解换算为相对偏移 θ_{jk} 的估计，简化为

$$\hat{\theta}_{jk} = \frac{1}{N} \sum_{l=1}^{N} (t_{j2,l} - t_{k2,l}) \tag{8.41}$$

在由 RBS 方法设置的简化场景中，对主装置发射时间的需求消失了［在式（8.41）中不存在对时间 t_{j1} 的参考］，并且时钟偏差的估计由组成网络的不同装置减少为时间的分布式协商。

8.4.3　时钟同步的自适应方法

自适应方法，也称直接方法，仅需要装置之间的单个消息交换来估计时钟偏移。大多数现有方法依赖于 8.4.2 节中描述的双向消息交换方案。在这样的框架下，定义为

$$U = t_{j2} - t_{i1} \tag{8.42}$$
$$V = t_{i4} - t_{j3} \tag{8.43}$$

估计器 $\hat{\theta}_{i \to j}$ 可以简化为

$$\hat{\theta}_{i \to j} = U - V \tag{8.44}$$

从计算的角度来看，该方法非常轻量级，成为在参考文献［170］中提供的基于轻量级树的同步协议（LTS）。在网络时间协议（NTP）[176] 中也采用了同样的方法来同步计算机网络中的时钟。不同于 LTS，在 NTP 中，同步消息被连续发送。

8.4.4　时钟同步的预测方法

预测方法基于通过利用参考时钟和要同步的时钟之间的关系来预测定时信息的值的能力。可以在参考文献［177 - 179］中找到这种方法的例子。所有这些方法均依赖于这样的事实，归功于式（8.12），关系如下：

$$\hat{f}_{i \to j} = \frac{C(t_{j,n}) - C(t_{j,n-1})}{C(t_{i,n}) - C(t_{i,n-1})} \tag{8.45}$$

8.5　定位和跟踪

定位和跟踪问题可以依靠不同的技术来解决。例如在硬件方面，可以安装一个 GPS 传感器，只要卫星信号不是长时间地丢失，就可以使用这个安装在系统主板上的惯性平台进行位置重现和轨迹追踪。而在室内 GPS 信号不可用，实际上可以考虑使用超宽带技术（UWB）替代 GPS。机器人领域提供了大量的可以实现追踪和定位技术机器人的解决方案。感兴趣的读者可以在参考文献［233］

中，找到关于不同方法和有用参考信息的详细介绍。若想获得在几十厘米之间的定位精度，就需要价格比较昂贵的仪器。

因此，更倾向于进一步研究嵌入式系统资源并不丰富的情况（就安装的传感器平台而言），并且必须采用智能技术才能提供自身定位、对装置进行跟踪等功能。在无线网络通信设备可用的情况下，可以在无线网络内进行定位信息交换。这种情况是具有特殊意义的。

定位问题[197,198]可以归纳如下：给定 N 个通用装置放置在未知位置，而把 M 个固定装置放置在确定的位置，通过适当地成对测量它们的间距来确定 N 个装置的坐标。在某些情况下，固定装置（锚装置）可能不存在或失踪，当这种情况发生时，它将有可能只得到网络装置的相对位移。

跟踪由一组传感器装置（传感器网络）监测的区域内的目标可以被看作一个扩展的定位问题，这里一个通用节点正在移动，其余的装置要么是固定节点（锚点），要么是需要定位的节点。现有的大多数跟踪方法都是从要求可用的定位信息开始的，这些定位信息通常是根据这里公开的原则导出的。

根据计算装置间距离的技术，有很多种测距方法，例如基于接收信号强度（RSS）、到达时间（TOA）、到达角（AOA）和到达频率（FOA）等。然后通过定位方法处理所述距离信息，以估计所述装置的位置。根据定位算法的执行方式，下面这些方法可以被分为集中式或分布式。

8.5.1 基于 RSS 的定位

根据基础物理学，电磁波（EM）在真空中无障碍传播的能量大小与传播距离的二次方成反比[243]。基于该原理，利用接收信号强度（RSS）信息可以实现定位［即由接收电磁波的装置的无线电设备中的接收信号强度指示器（RSSI）电路（传感器）测量的功率来实现定位］。

RSS 定位过程通常需要经历 3 个不同的阶段[195]：

1）功率/频率勘探阶段。可能通过探索可用的频率信道，网络装置以不同功率电平发射一个又一个短数据包。每个装置依次发送消息（发送方式），其余装置接收消息（接收方式）。网络的每个装置都填一个表格，其中行代表传输装置的功率电平和频率，而列则代表接收装置。为了简单地说明情况，下面假设发送功率电平固定在 P_t 值，并且只采用一个通信频率。这样简化后，RSSI 矩阵的元素 $c_{i,j}$ 包含与由发送装置 i 发送并由装置 j 接收的数据包相关联的 RSSI 值。功率电平表示在以固定功率发送的情况下装置之间的共享信息。在这种情况下，应该选择更复杂的方法，需要探索不同的功率电平或频道，发送功率电平被封装在接收到的消息的信息字段中。

2）建立准确的 RSS 距离模型。在两个固定装置之间收集的 RSSI 元组用于生成 RSS 距离模型。这样的模型可以具有局部有效性，即它用于推断组成子网的装置之间的距离，或者具有一般的有效性，并且适用于整个网络。

3) 优化问题的求解。定位问题被形式化为一个优化问题，其解提供了每个装置的位置。

在中心化解决方案中，如参考文献 [195] 中所提出的，迫切的校准处理和优化阶段的处理由高性能中央装置执行。定位算法假定要定位的元素分布在开放且均匀的环境中，使得 RSS 距离模型对于所有节点都是唯一的。用于拟合接收功率 P_r 和距离 r 之间的关系的函数族 $m(r, \theta)$ 由式（8.46）给出：

$$P_r = m(r, \theta) = P_t\left(a + \frac{b}{r^k}\right) \tag{8.46}$$

式中，P_t 是发送功率；参数向量 $\theta = [a, b, k]$ 必须在节点被部署之后学习，且必须遵循 3.4.1 节提到的学习机制。

例如学习是通过最小化应用于所有锚节点之间的测量的 SE 值来进行的（根据 3.4.1 节中给出的方程，x 是 r，y 是测量的功率 P_r）。得到的结果是与模型 $m(r, \hat{\theta})$ 相关的向量 $\hat{\theta}$。

通常，优化过程是通过将 k 的值固定为增量整数正值，然后从所学习的模型池中选择性能最好的模型来实现的。这种方法提高了学习的效率（对于敏感性问题，学习指数值 k 可能是至关重要的，估计中的不确定性会导致性能上的显著差异）。一些情况下，在式（8.46）中应用对数，使功率直接以分贝表示。

在这里，假设整个网络只有一个模型。如果网络可以根据一些定位原则（地理细分市场）分区为子网络，可以考虑为每个子网络提供一个模型[244]。然而考虑到较高的不确定性，获得的准确度几乎不能证明处理过程的高复杂性是值得的。显然如果有先验信息或需要高准确度的定位，可以考虑不同的模型。

在这种测距模型的基础上，网络中两个通用节点 i 和 j 间的估计距离变为

$$r_{i,j}^o = \sqrt[\hat{k}]{\frac{\hat{b}}{\frac{P_r}{P_t} - \hat{a}}} \tag{8.47}$$

预计 k 根的解不会成为嵌入式系统的计算问题，因为它可以通过使用预编译的查找表（LUT）来计算，正如在 7.6 节中计算的双曲正切函数那样。

定位问题可以通过使品质因数最小化来求解：

$$E = \sum_{i,j,i \neq j} k_{i,j} a_{i,j} (r_{i,j} - r_{i,j}^o)^2 \tag{8.48}$$

对于所有未知距离 $r_{i,j}$ 与固定节点对不相关联。在式（8.48）中，$a_{i,j}$ 是二进制变量；$a_{i,j} = 1$ 表示由节点 i 发送的消息由装置 j 接收（即 RSSI 矩阵中有一个非空项），$a_{i,j} = 0$ 意味着在功率 P_t 上装置 i 和 j 之间没有电磁场能见度（这是可能

需要进行功率勘探的主要原因。频率勘探也比电力勘探更有利和更相关,因为它对电磁场有直接影响)。$k_{i,j}$ 是根据某些先验信息来区分不同贡献的权重。

可以利用一个中心最小均方误差估计节点之间的未知相互距离,通过最小化式 (8.48) 来实现未知装置的定位。在这种情况下,可以得到距离的几个估计 [式 (8.48) 将提供 $r_{i,j}$ 和 $r_{j,i}$ 的不同估计],然后求其平均数。距离识别方法将被应用于后面基于到达时间的方法。

然而,如果想确定位置未知的装置的坐标,考虑两个点 P (x_i, y_i, z_i) 和 Q (x_j, y_j, z_j) 之间的所有距离,式 (8.48) 变成如下:

$$E = \sum_{i,j,i \neq j} k_{i,j} a_{i,j} \left(\sqrt{(x_i - x_j)^2 + (y_i - y_j)^2 + (z_i - z_j)^2} - r_{i,j}^0 \right)^2 \quad (8.49)$$

在式 (8.49) 中,将避免计算 P 和 Q 都是固定点 (它们的距离是已知的) 的那些项。要确定的变量是与固定节点不相关联的那些点 (x, y, z)。还认为式 (8.49) 可以用任何有效的最小化方法来解决,例如基于遗传算法或序列二次规划。

当进行功率 (不同功率电平) 或频率 (不同频率) 的勘探时,必须考虑式 (8.48) 和式 (8.49)。

注意

在基于 RSS 的嵌入式系统中的节点定位问题由于多种原因而变得复杂,但仍优于反射方法,例如基于粒子滤波器[232] 的方法,它对计算负载所要求的少得多。

基于 RSS 的定位问题的解需要一个精确的模型,模型基于多项式功率衰减律 (关于传播距离),取决于节点部署的几何空间、障碍物的存在、地形的类型、采用的发送功率以及设想的通信频率。特别是,如果天线离土壤很近,比如距离 30cm,那么就会惊讶地发现模型会缩减到 $\frac{1}{r^3}$ 或 $\frac{1}{r^4}$ 倍,直接后果是接收功率在几米后就迅速变小,并且需要很多装置才能覆盖一块较大的面积。此外障碍物的存在引入持续的反射,其干扰无论是建设性的还是破坏性的,都显著地改变了电磁场的传播,远离其 $\frac{1}{r^k}$ 强度变化的规律。这种情况在室内环境中尤为严重,在室内环境中,由于电磁干扰机制,障碍物的存在会使电磁场形成一个非常复杂的结构[245]。另外,室内电磁场是时变的,这种情况会对定位准确度产生负面影响,需要采取特别的自适应策略,例如首先识别站点的变化,然后再做出反应。显然,在室内和室外应用中,通过增加装置数 N 和固定装置数 M 来提高定位的准确度。这是以成本更高的优化问题为代价的,这个优化问题是由要估计的大量变量造成的 (假设装置位于平面上,以方程 $z = \bar{z}$ 为特征,$\bar{z}$ 是常数,在某种程度上缓解了这个问题)。

最后观测到,由于计算负载,通常倾向于采用集中式处理方法。在分布式方法中,由于装置的处理能力有限,先验信息几乎不能集成到问题中。然而一些作者采用分布式方法,例如在参考文献 [199] 中提出的,将部署的装置作为自组织映射(SOM)神经网络的神经节点。

8.5.2 基于到达时间的定位

使用到达时间和到达时间差(TDOA)的方法[197,198,200,201],两个通用节点 i 和 j 之间的距离是通过处理它们之间交换的信号/消息的信息到达时间来得出的。

回顾图 8.10,以便立即理解这里使用的术语。假设装置之间时间同步,发送时间戳 t_{i1} 的节点 i 和在时间戳 t_{j2} 处接收到它的节点 j 的距离计算方法如下:

$$\tau = t_{j2} - t_{i1} \tag{8.50}$$
$$r \approx c\tau \tag{8.51}$$

式中,c 是光速。

这种近似是成立的,因为与典型定位过程中涉及的其他不确定性相比,电磁波在空气中传播的时间和在真空中传播的时间之间的时间差是可以忽略不计的。注意,这种简化的模型假设在发送端和接收端是直线传播。

定位方式表明,只要设计并使用了基于专用无线电的专用硬件,定位方法就会非常准确。在这种情况下,处理接收无线电信号所需的时间引入了一个固定的确定性的附加延迟,可以通过校准过程准确地估计该延迟。另一种方法是利用现有的用于装置间通信的无线电,这种方法值得深入分析。这里无线电发送一系列信息,并通过处理定时信息进行定位。特别是在单向消息交换机制的情况下,通过处理与发送方和接收方相关联的时间戳来估计式(8.51)中所需的时间信息。显然为了提供高质量的估计 t_{j2} 和 t_{i1},必须假定时钟同步,而硬件和软件之间的交互(结构延迟)引入的开销可以被准确估计和补偿。回顾一下,估计值的定性应该用 Chernoff 界所设定的一些样本来进行,必须保证估计值接近未知的期望值。

这种情况可以通过采用完全双向消息交换方法来改善:

$$\tau_{RT} = t_{i4} - t_{i1} = 2\tau + \tau_r \tag{8.52}$$
$$\tau_r = t_{j3} - t_{j2} \tag{8.53}$$
$$r \approx c\frac{\tau_{RT} - \tau_r}{2} \tag{8.54}$$

式中,τ_{RT} 是消息交换的往返时间;τ_r 是在装置 j 上程序执行的已知(可测量的)响应时间。

式(8.54)的有效性取决于时间估计的准确性。探讨了第 4 章和第 7 章中的鲁棒性和敏感性问题后,很明显,即使是估计中的小不确定性也会对距离 r 的准确性产生巨大影响，这种情况在对应的近距离的情况下会更糟糕。

在 TDOA 方法中，节点 k 部署在一个未知的位置发送一个定位信号/消息，信号至少由两个位置已知的同步接收器 i 和 j 接收。假设装置属于同一平面（如 $z = \bar{z}$），于是有

$$r_{ik} = c(t_{i2} - t_{k1})$$
$$r_{jk} = c(t_{j2} - t_{k1})$$
$$r_{ik} - r_{jk} = c(t_{i2} - t_{j2}) \tag{8.55}$$

式（8.55）描述了一个双曲函数，其焦点位于固定节点 i 和 j 的位置。可以证明，如果有至少 3 个固定节点，泛型节点 k 的定位则可由所有可能的双曲交点确定。考虑到相交相位的复杂性（双曲线确实为存在不确定性的定位问题提供了一个可行的区域），定位问题通常是采用中心化方式执行的。

8.5.3　基于到达角的定位

在到达角（AOA）定位法中，每个装置安装一组天线，放置在以这些装置为中心的极坐标系统中的一些已知的角度上。要定位的装置发送信号/信息，相邻装置的天线接收并用于估计每个天线所感知的节点间距离。然后这些距离用于计算信号的到达角，或换言之，计算两个节点之间的角度值[197,198]，然后根据角度值和距离计算坐标。例如在简单情形下，两根天线 a 和 b 部署在距离该装置 l 处，并 180°安装。假设这些装置位于同一平面（$z = \bar{z}$），距离 r 和关于基准轴（两天线之间的连线）的角度值 α 的估计值为[202]为

$$\hat{r} = \sqrt{\left(\frac{r_a^2 - r_b^2}{4l}\right)^2 + r_a^2 - \left(\frac{r_a^2 - r_b^2}{4l} + l\right)^2} \tag{8.56}$$

$$\hat{\alpha} = 90° \pm \arcsin\left(\frac{\sqrt{4(l^2 + r^2)^2 - [2(l^2 + r^2) - (r_a - r_b)^2]^2}}{4lr}\right) \tag{8.57}$$

式中，r_a 和 r_b 分别是装置到天线 a 和天线 b 的距离，用 RRS 法或时间基准法计算可得。

8.5.4　基于到达频率的方法

在到达频率（FOA）法或灯塔法中，固定装置以角速度 ω 旋转一个角宽为 b 的激光束。接收该信号的装置通过测量光束照射（经过的时间）的持续时间 τ 来估计其与固定装置的距离。通过已知激光束的扫描速度与宽度，计算出距离估计值如下：

$$\hat{r} = \frac{b}{2\sin(\omega \cdot \tau/2)} \tag{8.58}$$

8.6　应用代码级别的自适应

在设计嵌入式解决方案时，主要考虑的是应用程序的时不变性。时不变性要求应用程序背后的算法不随时间变化，或者算法所依赖的生成数据的机制不进化。然而时不变假设是强假设，尽管有时它可以在一个中/短期的时间内满足和成立，但很难满足长期运行。

需要更新代码的错误（bug）、在应用程序设计阶段没有预料到的情况的出现、传感器和环境之间相互作用的结构变化就是时不变性的几个例子。每当出现上述一种或多种情况时，应用程序就会被淘汰，必须进行修改以与应用程序性能相匹配。在时不变的环境中学习，如在第 9 章中所述，提供了何时更新应用程序以及更新应用程序的解决方案的机制。不同的是，现在提出了允许应用程序代码在需要时进行更新的基本机制。

下面考虑在嵌入式系统上执行的通用程序及其需要满足的一组约束条件。最大功耗、输出准确度、执行时间是一些性能的例子，在这些例子中加入了时间约束。回想一下，性能（约束）验证问题是在 4.7 节用概率来解决的。

程序以代码的原子功能段划分，表示可以进行更改的最小块，并可以建模为图[210]。每个与图的节点相关联的块，由表示可执行流程的弧线连接。代码的远程可重编程可以在不同级别上执行满足约束集的可行操作来更改图。一般来说，与图相关的代码存在于嵌入式系统存储器中（但不同的策略可能会按需使能不同的存储器块）。可以考虑的操作有：

- 替换与节点关联的代码。构成块的主体被替换。
- 替代子图（或整个图）。在这种情况下，新的子图可能具有不同的拓扑，但是保持子图的接口不变。
- 激活/删除弧线。由于参数的可重编程性，通过启用/禁用代码的某些部分来修改执行流程，然而所有程序代码都保存在存储器中（即节点的拓扑不会改变）。

在接下来的部分，将介绍远程代码可重编程性的最相关策略。

8.6.1　远程参数 – 代码可重编程性

在参数可重编程性中，应用程序代码包含一组参数 θ，根据假设值，激活/禁用/修改要执行的代码。在函数代码的图形描述中，参数可以与存在/删除（参数值为 NULL）的弧线相关联。图中的这些点就是嵌入代码中的参数，在编译时被固化和定义；参数值和类型可以是根据所给的应用程序代码确定的。可以通过远程改变这些参数的当前值来改变运行模式。是否更改参数值要么由用户决定，要么依赖于某些（半自动）工具。

算法 17 中给出的伪代码示例描述了一个复杂的数据采集任务，为后续处理提供了一个准确的滤波后的传感器读数。一开始，一个程序启动激活的传感器（设置了一个占空度用于激活能量受限的传感器）。一旦传感器准备好操作（预热阶段完成），采样循环获取一组样本，可能对它们进行滤波，并在输出之前根据平均值或加权平均值进行数据处理。一旦采样阶段结束，传感器将会被关闭。

算法 17：一段参数化程序。代码在参数集 $\theta = \{\theta_1, \theta_2, \theta_3, \cdots, \theta_n\}$ 中被参数化。根据赋给集合 θ 的值，代码修改其属性。

1) $i = 0$;
2) enable – sensor（ ）；
3) **while** $i < \theta_1$ **do**
4)   data $[i]$ = sample（ ）；
5)   **if** $\theta_2 = 0$ **then**
            Data $[i]$ = lowPass（data $[i]$）；
        end
6) $i = i + 1$；
        end
7)   disable – sensor（ ）；
8)   **if** $\theta_3 = 1$ **then**
          dataF = average（data）；
        else
            dataF = weighted average（data, θ_4, $\cdots$, θ_n）；
        end
9)   output（dataF）

代码是以 n 参数进行参数化的，n 参数是由集合 $\theta = \{\theta_1, \theta_2, \theta_3, \cdots, \theta_n\}$ 组成的，n 是固定的。参数 θ_1 是整数，代表了任务一旦被激活所需要的样本数量。假设参数 θ_2 为二进制值，起使能或禁用低通滤波器的作用。参数 θ_3 控制了最后输出值 dataF 的处理。如果 $\theta_3 = 1$，则输出的值为向量数据的简单求平均值，否则程序的输出值为向量 data 和相应的向量参数的标量积，这里向量参数数量的最大值等于 θ_1 且必须小于 $n-3$。

假设参数集合 θ 是经过编码的，则每个元素会分配一个数值。可以设想用较小的字节来编码信息的不同策略，从而减少要传输到远程装置的字节数。

为简单起见，考虑第一种情况，假设 $n=9$，希望采集 $\theta_1 = 4$ 个数据，禁用低通滤波器并以参数 1/8、3/8、3/8、1/8 激活加权平均程序。那么要发送给装置以更新程序的参数向量为 $\theta = \{4, 1, 0, \frac{1}{8}, \frac{3}{8}, \frac{3}{8}, \frac{1}{8}, 0, 0\}$。可以说，因为只在最大数量 6 个样本中获取 4 个样本，那么最后两个参数 θ_8、θ_9 将被设置为 0。

利用参数的可重编程性，由设计人员决定哪些常量需要参数化。在部署时，系统从一个向量 θ 启动，其值（默认值）被认为是基于某些先验信息的最佳配置。随后在运行时，设计人员或自动工具可能会决定修改代码，根据新的配置发布新的向量参数并发送到装置。在安全完成参数更新过程后，任务将使用新的模式运行。

参数化程序的优点是在包含的字节数中有需要更新的内容。

8.6.2 远程代码可重编程性

在远程代码可重编程性中，程序或其部分程序在运行时被更改。与参数可重编程性相比，这提供了更高的灵活性，但需要对可重编程性提供运行时的支持。此外应该清楚的是，在系统部署后更改系统行为的能力带来了可能导致系统崩溃的意外风险。

在算法 18 的伪代码例子中，提出了与算法 17 相同的代码且配置相关的 $\theta = \left\{4,1,0,\dfrac{1}{8},\dfrac{3}{8},\dfrac{3}{8},\dfrac{1}{8},0,0\right\}$。这里为了简化管理，远程代码可重编程性需要替换所有的程序代码。

算法 18：远程代码可重编程性。该程序与算法 17 中的代码相同，参数配置 $\theta = \left\{4,1,0,\dfrac{1}{8},\dfrac{3}{8},\dfrac{3}{8},\dfrac{1}{8},0,0\right\}$

---

1)　　$i = 0$;

2)　　enable $-$ sensor（）;

3)　　**while** $i < 4$ **do**

4)　　　　data $[i]$ = sample（）;

5)　　　　$i = i + 1$;

　　　end

6)　　disable $-$ sensor（）;

7)　　dataF = weighted average$\left(\text{data},\dfrac{1}{8},\dfrac{3}{8},\dfrac{3}{8},\dfrac{1}{8}\right)$;

8)　　output（dataF）

8.6.3 决策支持系统

在上述可重编程性框架内，智能可以在两个级别上应用。在更高级别上，机器智能可以帮助或替代操作人员做出决策，例如，通过确定最适当的操作（修改部分应用代码，设置新的参数配置）以保证服务质量并最大化提升系统的效率。这里，变更可以由操作者基于他/她的专业知识进行最终决定，或自动变更。当它是自动变更的情况时，进入机器对机器（M2M）交互的领域：决策由机器做出并影响机器。在较低级别时，智能用于辅助可重编程基础设施以安全的方式在执行的代码中进行变更。将前一种情况称为"应用程序更新规划"，后一种情况称为"应用程序更新验证"。

8.6.3.1 应用程序更新规划算法

变更管理器，即识别随时间分配给自适应、自主或可重编程嵌入式系统的最合适的重编程操作的模块，可以方便地使用监测、分析、计划、执行、（知识）MAPE（K）框架进行建模[211,222]。在 MAPE（K）框架中，变更管理器，即可重编程嵌入式系统后面的管理进程，由图 8.11 所示的 4 个阶段组成。更具体地说，变更管理器由以下组成：

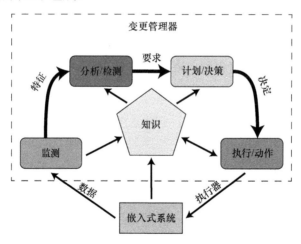

图 8.11 MAPEK 周期：知识的监测 – 分析 – 计划 – 执行。变更管理器确定何时在嵌入式系统上对执行中的应用程序进行干预和重新编程。从嵌入式系统获得的数据被用来描述它的状态。变更管理器一旦确定需要用更改代码中的方式进行干预，就会通过终端执行器实现适当的操作

1）监测进程。监测进程负责收集和处理从嵌入式系统获取的表征嵌入式系统当前状态的信息。

2）分析进程。分析进程通过利用与系统的当前状态及其历史相关联的信息

来确定是否需要更改嵌入式系统的代码。

3）计划进程。此阶段标识应用程序代码的哪些段需要更改，以及如何执行更改以获得最佳结果。

4）执行进程。该模块通过将决策转化为对执行者的行动和命令来实现计划进程中的决策。例如，在参数可重编程模型的情况下，进程生成允许将新参数发送到嵌入式系统的命令。类似地，在动态可重编程的框架中，该进程会半自动地生成代码，用于在嵌入式系统中更新或集成正在执行的固件。

组成 MAPEK 的功能模块利用了一个共享知识库，其中包含了一组操作 - 性能示例，说明给定的操作在过去（或被认为是有效的）实现嵌入式系统所设定的目标方面是如何有效的。在其他一些情况下，知识库是丰富的，并采取显式模型的形式来评估所做的决策将如何影响嵌入式系统的未来状态。

变更管理器和嵌入式系统上下文之间的关系可以用贝叶斯决策理论来描述，例如参考文献［212］。在这样一个框架中，变更管理器玩了一个违背"自然"[⊖]的游戏，"自然"定义了嵌入式系统 $y \in \mathscr{Y}$ 的运行的上下文信息，这对于变更管理器是未知的，并且提供可以由变更管理器获取的观测值 $x \in \mathscr{X}$，以及嵌入式系统的状态信息 $s \in \mathscr{S}$。

变更管理器的作用是做出决定或者在可行的操作空间 $\mathscr{A}$ 中选择一个操作 a。在将特定操作 a 应用于嵌入式系统之后，获得一个奖励，用效用函数 $U(y,s,a)$ 假定的值表示，效用函数测量所选操作 a 与 y 的兼容性。

一个决策可以用一个函数 $\delta: \mathscr{X} \times \mathscr{S} \to \mathscr{A}$ 表示，因此

$$\delta(x,s) = \mathrm{argmax}_{a \in \mathscr{A}} E[U(y,s,a)] \tag{8.59}$$

关于给定的策略 $\pi(t,y,s,a)$ 取期望值代表了给定状态 $[y,s]$ 下在 t 时刻选择操作 a 的概率。

在参考文献［213］中引入了效用函数来评估在自治系统中所采取的操作的有效性，其中假定上下文的状态是未隐藏和可测的（$\mathscr{X} = \mathscr{Y}$）。在这样的情况下，式（8.59）变成了一个直接优化问题。基于优化框架方法的局限性在于建立决策系统所需知识的数量和质量，以及设计适当效用函数的能力，该函数用来连接环境状态和变更管理器运行的选项。为了克服这一限制，文献介绍了"白板（tabula rasa）"学习方法，即从知识库中的少量或完全不内置的领域知识开始构建知识。然而由于嵌入式系统的工作域以及它如何与环境交互的一些知识是可用的，我们可以直接在决策过程中纳入这些信息，例如，通过采用强化学习算法[214,215]，直接从嵌入式系统与其运行的上下文信息的交互中学习。

在强化学习中，在 t 时刻发布的适当的操作策略可以在 $t+1$ 时刻评估的效用值的基础上进行更新。好的策略得到奖励，它们的权重会增加，不稳定的策略将

⊖　在这里，"自然（nature）"一词，指的是所有影响嵌入式系统环境的外部行为体。

被惩罚，这样决策策略可以在系统的运行期间在线更新。在强化学习设置中，效用函数 $U(y,s,a)$ 代表了从一个状态 – 操作对开始，或者更正式地，根据策略 π 采取行动所能获得的所有奖励的平均值。

$$U(y,s,a) = E_\pi\big[R_t \mid y_t = y, s_t = s, a_t = a\big]$$

$$= E_\pi\Big[\sum_{k=0}^{\infty}\gamma^k r_{t+k+1} \mid y_t = y, s_t = s, a_t = a\Big] \qquad (8.60)$$

式中，参数 γ 用来减少（打折）在遥远的未来获得的奖励 r 的影响；π 是与每一个操作 – 状态对相关的概率集。

参考文献［215，217］中提供的 R 学习算法的一个改进版本允许对算法 19 中描述的先验知识进行解释。

学习算法不需要任何关于上下文及其与嵌入式系统关系的先验知识（在原来的公式中，效用/操作值函数都被初始化为零，因此实现了一个"白板"的方法）。显然，任何关于嵌入式系统的先验知识都可以提供一个改进的起点。

如果在系统运行期间，外部环境和设备之间的关系发生变化，那么学习算法就会做出反应，从而导致效用函数的即时更新。从长远来看，由算法确定的效用函数值是式（8.60）的一个近似。

算法 19：R 学习算法。α 和 β 是足够小的正参数。

1）使用可用系统的先验信息初始化 $U(y,s,a)$ 和奖励；
2）用任意值初始化当前策略 ρ 下的平均预期奖励，例如 0；
3）**while** *true* **do**
4）　　　用当前设备的状态估计 y 并更新 s
5）　　　使用行为策略（例如 ϵ – greedy on U）选择给定 (y,s) 的操作 a
6）　　　执行操作 α 并观测 r，(y',s')
7）　　　$U(y,s,a) = U(y,s,a) + \alpha\big[r - \rho + \max_{a'}U(y',s',\alpha') - U(y,s,a)\big]$
8）　　　**if** $U(y,s,a) = \max_a U(y,s,a)$ **then**
　　　　　　　$\rho = \rho + \beta\big[r - \rho + \max_{a'}U(y',s',a') - \max_a U(y,s,a)\big]$

　　end
　end

该方法要求给定状态的可行操作集是有限的。然而可以通过适当设置与每个选择相关联的概率来更新策略 π，从而修改集合。换言之，添加新操作涉及相应地更新 π 值的概率。

作为该框架的一个例子，将混合动力汽车的电子控制模块（ECM）看成嵌入式系统。这里专注于研究允许汽车在燃料发动机和电子推进系统之间进行转换的机制，目的是使在由 n 个路径段 s_i 组成的给定的轨迹 $s = \{s_1, s_2, \cdots, s_n\}$ 上行驶所消耗的燃料最小化。

可行路径的例子是"斜坡""平坦地带""光滑的下坡"。在这里，奖励函数取决于走完一段轨迹所需要的燃料，即 $r_t = r(s_i, \mathrm{en}) = \dfrac{1}{\mathrm{fuel}(s_i, \mathrm{en})}$，其中 en 是表示内燃机动力 f 或电子推进力 e 的一个变量。此外，该策略考虑了汽车的实际速度、剩余的燃料和电池电压。视路径的性质（如坡度）和剩余燃料/电池的电量（低电池电压）而定，汽车的 ECM 可能会发现使用燃料比电力推进更方便。U 的初始值是由汽车的数学模型推导出来的。在不同天气条件下，当前的驾驶和地形条件决定了实际的奖励和状态，从而提供了更新效用函数和平均预期奖励的值。由于效用函数嵌入了行为策略，通过更新效用函数，更新了由功率跟踪控制器规划的选择。

8.6.3.2　应用程序更新验证算法

在参数化可重编程的情况下，设计人员在部署阶段之前早就确定了代码可能经历的可行更改。在这样做时，也能保证性能是令人满意的，代码是正确的。一般来说，应该不期望一个不满意的行为是通过在代码中用一个新的参数集激活变更而引起的。不同的是，在动态可重编程的情况下，形势更为复杂，应该确保新的操作不会在应用程序中带来问题。由于设备、操作系统（大部分是实时的）和应用程序之间的紧密耦合，这个问题在嵌入式设备中更加重要。

代码验证研究的重点是代码更改的合法性和提供新代码的源代码的可靠性。换言之，代码是由可靠的提供者提供，比内容的正确性似乎更加重要。如果不考虑代码被恶意更改的情况，则仍然存在一个问题，即验证所建议的更改是否会在系统级别产生副作用。例如，可以通过引入一种机制来避免这个问题，例如，除了正在执行中的新代码，仍然在设备的内存中保留一个默认的无错误代码。若变更管理器发现执行中的线程出了问题，则使用旧代码重新启动设备，（例如通过监测一些心跳信号、验证函数约束是否得到满足）。当变更管理器检测到一个问题时，执行中的当前线程被中止（必须考虑一个抢占机制），执行默认线程保证系统在一个低性能/有效性水平但是以一种安全的方式运行。造成问题的代码必须被修复，大多数情况下是由一个操作员进行干预，该操作员通过检查日志文件来标识和修复问题。新的（希望得到修正的）代码随后被上传到嵌入式系统中。默认代码被抢占（但保存在闪存中），而新代码切入执行。

8.6.4　在线硬件可重编程性

现场可编程门阵列（FPGA）是由逻辑模块阵列和路由通道组成的可编程器件，可以通过编程实现自定义的硬件功能。FPGA 的内部复杂性和丰富性取决于特定的器件系列，它们之间的区别在于所提供的内容，例如包含基本逻辑运算符、LUT（查找表）、触发器、寄存器、算数逻辑单元（ALU）和最简单实现的存储器系统与微控制器、I/O 接口、控制模块以及更复杂的 CPU 内核。

FPGA 具有离线可重编程能力，包括部分或全部的 FPGA 器件，并通过上传"比特流"文件离线执行。这些文件包含用于配置路由交换机、查找表和可编程器件的信息。它和以上介绍的参数化编程方法很类似，因为比特流文件包含重新配置器件的那些参数。总的来说，重新编程需要人工干预并且涉及整个器件，至少上传新的比特流代码是这样的。

动态部分重构（DPR）FPGA 在市场上的出现为现在可以在线实现的硬件应用可重构性方面开辟了一个新的维度，这要归功于增强的功能使其可用。DPR FPGA 的主要优点在于可以以增量的方式，依赖于 FPGA 中的核心执行可重编程应用程序在线重编程 FPGA。如果顺序执行的函数代码要放在硬件中，但是由于其复杂性不能在器件中全部实现，那么与已使用过的函数相关的硬件可以被释放和重编程［在这种情况下，（用于重编程的）比特流文件仅仅指的是整个器件中的一部分］。由于重编程时间和重编程的区域成正比，这种技术带来的硬件可重编程性成为明显优势。

作为一个例子，采用一个简单的功能流程，需要执行 3 个模块 A、B、C，特点是模块 A 和 B、A 和 C 之间有功能依赖关系。模块 A 必须在其他两个并行执行之前完成。假设 FPGA 因为大小限制不能执行所有的模块组合。在 DPR 的框架内，首先执行模块 A。完成后，任务 A 被释放，可用区域被重编程用来承载任务 B 和 C。在重编程期间，对 B 和 C，可能有不同的实现，最终的选择取决于一些应用限制，并旨在寻求性能（致力于任务的区域越多，性能越高）和能源消耗（致力于任务的区域越少，能源消耗越低）之间的一个平衡。根据当前的能量和时间限制，变更管理器，即解决权衡问题的决策模块，确定了要放在 FP-GA 中的最终解决方案。一般来说，变更管理器是按照图 8.11 中的 MAPEK 周期在嵌入在 FPGA 的一个处理器内核中执行的。此外，它通过传感器（例如测量实际配置的有效能耗）来监测执行，并控制要完成的任务的状态，假设可行的参数值。

参考文献［223］提出了一种方法，该方法描述了嵌入式应用作为有限状态机（FSM）的功能，在 FSM 中，根据一些逻辑条件的输出（例如和约束满意度相关的）来采取操作。变更管理器所做的决策与控制器相关联，该控制器将适应问题转换为离散控制器综合（DCS）问题。DCS 探索 FSM 图并检查与那些可以被控制的变量相关的约束。通过对可控变量的作用，DSC 优化了给定的控制目标[231]，例如它作用于可控变量，如电压和频率（见 8.1 节提出的 DVFS 方法）来使能耗最小化。在控制变量的过程中，它保证其余的约束条件得到满足，例如，与任务完成相关的一些截止时间。

其他作者采用类似的方法，将启发式方法应用于变更管理器，以决定哪些更改需要在 FPGA 中实现，参见参考文献［224］。关于系统性能的信息是通过使用基于心跳的方法获得的：系统定期记录任务的进度级别（心跳），以便对当前配置的效率做出决策。

然后执行硬件/软件划分阶段，通过利用心跳信号提供的信息，决定任务执行是全部在 FPGA 上，还是在嵌入式内核上或者采用混合的方式，将计算分布在处理器和 FPGA 器件之间。随着时间的推移，可以采取不同的策略，这取决于现有的制约因素。显然变更管理器必须平衡由基于 FPGA 的硬件解决方案提供的性能增益和重置 FPGA 所需要的时间。

一旦决定了应该实现哪种重新配置解决方案，所有上述方法都假设对 FPGA 进行干预是可能的。然而在目前的技术状况下，这是一个很强的假设，在某些情况下可能难以实现。例如一个通用的 FPGA 模块，为了与其他的模块协作或者用 FPGA 引脚访问外部电路，必须以直通信号路径的方式穿过第二个模块的区域，这是图 8.12 描述的情况，其中模块 A 的线必须穿过模块 B 到达模块 C 和外部的 I/O 接口。由于直通信号的存在，任何影响模块 B 的重新配置都会间接影响模块 A 和模块 C。

还应该指出，由于技术限制，访问外部线路的模块不能再更改。事实上，对访问外部端口的线路的更改将需要对涉及整个器件的全局重编程操作。这个问题可以通过参考文献［225］中提出的交叉解决方案来解决，该方案允许不同的模块用一个可重新配置的多总线连接到外设和存储器上。换句话说，交叉模块的作用就像内部 FPGA 模块和外部模块之间的一个代理。

图 8.13 显示了与图 8.12 相关联的实验的 3 个模块的新配置，并引入了交叉模块。模块 B 的重新配置不再影响其他两个模块。

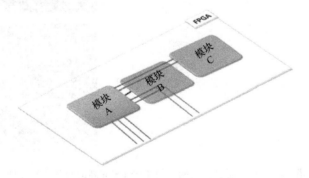

图 8.12　FPGA 直通信号：模块 B 的重新编程由于直通信号的存在而对模块 A 和模块 C 产生影响

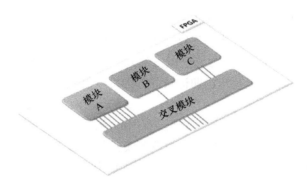

图 8.13 带交叉模块的 FPGA。交叉模块的引入消除了由于连接模块的
信号线在模块之间产生的不希望的依赖关系

8.6.5 应用：Rialba 塔监测系统

Rialba 塔是一个类似石塔状的石灰岩复合体，位于意大利北部莱科省，俯瞰覆盖着重要设施（高速公路、铁路、配电线路）的地区。塔屹立在黏土上，也许在某天经历一次变动就会导致岩体崩塌/塌陷，如图 8.14 所示。

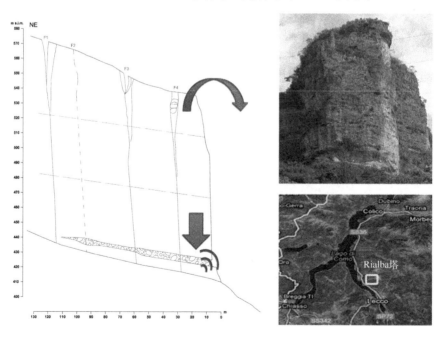

图 8.14 Rialba 塔是屹立在一层黏土上的一组 4 个 100m 高的石灰岩柱。地球引力正在引起结构的移动，使最右边的塔楼面临倒塌的危险。结构下部受应力作用引起裂缝的聚集并发出微弱的声音信号。上部会向右移动，导致现有裂缝的扩大和塔体倾斜度的变化，可能会倾覆

　　鉴于该地区存在的风险，一个相当复杂的传感器网络被设计出来，并部署在 Rialba 塔[218,219,230] 来监测该区域。由于塔处于岩体崩塌的风险中，传感器网络是由两部分组成的，下面部分观测与裂缝合并相关的微声的迸发，上面部分观测塔之间间距的扩大和倾斜角度的变化。参照图 8.15，给出了所设想的传感器的类型。

　　更具体地说，混合传感器网络是在塔的基础上设想的技术。它是由 1 个网关系统（管理能量收集操作、本地和远程的数据通信）和 5 个感知与处理单元（SPU）组成的，用来采集岩石的裂缝发出的声音信号以及两个泉眼的水流。图 8.16 中已给出了 SPU 的图示。SPU 在 2kHz 连续采集数据，并实时检查输入信号是否存在具有突发性的微声发射。对于 MEMS 加速度计的每个通道，在两个不同尺寸的滑动窗口上计算输入信号的能量。当短窗能量与长窗能量之比大于阈值时，即电流信号远高于背景噪声时，就被认为信号包含一个微声爆发。滑动窗机制使人们能够适应电子噪声的概率密度函数中的变化。

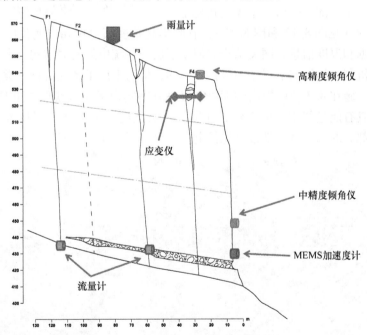

图 8.15　Rialba 塔监测网络。上层系统采用无线传感器网络技术，由 3 个节点装置和 1 个网关组成。节点装置安装评估断裂可能扩大的应变仪和高精度倾角仪。网关上安装一个雨量计，并将数据发送到远程控制室进行进一步的处理。下层系统采用一个有线－无线混合技术，通过 CAN 总线连接的 5 个装置采集与微声发射和泉水流量相关的信息

　　在检测到异常之后，该信号被标记为有效，并与预触发缓冲器的内容一起存储，该预触发缓冲器的设计目的是不忽视对爆发性信号的初始部分的存储。缓冲

区的尺寸是参数化的。

系统控制器可以决定输入信号是否必须下采样，此操作由可配置参数设置。可以对信号进行偏置和再次修正，从而实施补偿机制提高准确度和精度（见第 2 章）。然后可以用具有参数化系数的 FIR 滤波器对信号进行滤波。

通过设置网关的唤醒时间，引入了占空比参数来控制系统的能耗、SPU 的数据采集和远程传输到控制室的频率。低频数据，如流量或温度信息可以用较低的频率采集并取平均值以提高数据的质量，如第 2 章。

图 8.16　微声传感和处理装置

部署的上层部分是由一个无线传感器网络组成的（见图 8.17 和图 8.18），它收集高精度倾角仪和应变仪的数据，以及暴雨数据和温度信息。网关结构类似于下层子系统中的网关结构。大多数数据采集管理机制，尽管与下层子系统技术不同，但与下层子系统的行为类似。

通过实施在 8.3 节中提出的 MPPT 解决方案实现了能量获取。更具体地说，下层系统具有能量集中获取系统，在网关一级上配备了扰动观测技术。不同的是，上层部分的每个装置都带有光伏电池，可实现分布式的能量获取。

图 8.17　上层子系统的网关（左）和节点装置（右）

参数化可重编程范例（见 8.6 节）已设想用于监测系统。因此通过控制一些结构参数的值来实现系统的代码自适应。参数控制方面涉及如能量管理、数据采集、数据质量增强以及触发。控制 SPU 的一些参数的示例列于表 8.1 中。

通过遵循 MAPEK 框架（见 8.6.3 节），操作人员验证输入数据的质量，如果不满意，则通过远程更改系统参数进行

图 8.18　高精度倾角仪（左传感器）和应变仪（右传感器）

干预。因为微声爆发脉冲的采集大多处于未知的阶段（关于爆发脉冲的预期性质的已知信息很少），将奖励分配由专家给定参数配置进行设置（参数是那些控制 MEMS 加速度计的，比如偏移和增益、预触发缓冲器大小、下采样）。如果对接收到的爆发脉冲的质量不满意（其他事件也可以通过改变灵敏度和滤波器参数来获得），操作人员可以引入配置上的改变来减少误报率。

表 8.1　SUP 软件参数

受影响的模块	参数	功能	值
滤波	FE	使能参数滤波器	{True, False}
滤波	FT	FIR 系数（每轴）	128 元素的整数向量
滤波	TLTMA	使能滑动平均，倾斜信号	{True, False}
滤波	TMPMA	使能滑动平均，温度信号	{True, False}
事件检测	STA	短平均窗口大小	{16, 32, 64, 128}
事件检测	LTA	长平均窗口大小	{64, 128, 256}
事件检测	A_SET	记录轴设置	{x, y, z, xy, xz, yz, xyz}
事件检测	EVTWS	事件窗口大小（每轴）	{16, 32, 64, 128, 256, 512, 1024, 2048}
事件检测	PRTWS	预触发器大小（每轴）	{0.8, 16, 32}
事件检测	DS	下采样	{1, 2, 4, 8, 16, 32}
事件检测	EVTTH	事件阈值（每轴）	(0 ~ 255)
事件检测	DSIZE	数据窗口大小	{256, 512, 1024, 2048}
事件检测	PSIZE	预触发窗口大小	{256, 512, 1024, 2048}
一般硬件	MDG	数字放大器增益（3 通道）	(0 ~ 255)
一般硬件	MAG	模拟增益开关（加 20dB 到 M DG）	{True, False}

第9章　非稳态和演进环境中的学习

前几章已经形成了解决嵌入式系统智能处理具体问题方面的方法和方法论，并提出了对它们的性能进行评估的技术。然而如果仔细观察这些方法，可以发现，通常假设产生由传感器获得的数据的过程是不随时间变化的（稳态或时不变性假设）。

当产生的数据是一个特定随机变量的独立同分布实现且随机变量的分布不随时间变化时，认为数据生成过程是稳态的。因此稳态适用于随机过程。当一个过程的输出不明显地依赖于时间时，认为它是时不变的。非正式地说，前一种情况，描述概率密度函数的参数不随时间变化，在后一种情况下，系统的传递函数（可能是动态的）不具有显式的时间依赖性。

在某些情况下，非稳态和时不变性的概念是有关系的。例如，在本章中可以看到，在某些情况下，时间方差的检验可以通过提取传递函数中的特征值并验证稳态的潜在变化来实现。稳态性要求，要么是直接通过独立同分布的数据流或特征要求的，要么是应用程序或从固定数据中学习得到的模型在部署到嵌入式系统中之前间接要求的。稳态/时不变性是性能评估方法的要求，比如 PACC 框架，其中给定的勒贝格可测函数，尽管受不确定性的影响，但却是固定的。对于最初工作在稳态/时不变处理流程上的鲁棒性分析，也同样成立。

总之在应用程序中，基本上假设为稳态/时不变性，我们知道，这样的假设是一阶的，但在许多情况下，对于数据处理过程，也是一个合理的假设。

然而现实世界中的过程往往受概念漂移影响，即在固有结构上的变化，这将导致过程偏离它初始的稳态（时不变）条件。例如概念漂移可以归因于对于环境的自然进化、系统运行计划的改变、老化的影响（例如在传感器转换机制中结构的变化）以及影响信息物理系统的故障（例如突发性或缓慢的漂移）。那么非稳态和时变性可以建模为概念漂移的实例。当概念漂移随着时间的推移而不断演进时，有了渐变的概念漂移（例如漂移类型的进化）。相反，当概念漂移具有一个突如其来的变化时，就产生了一个突发性概念漂移（例如突发性的进化）。

举一个例子，假设数据生成过程允许一个特定的参数表达式 $f(\theta, x) \in Y \subset R$，$\theta \in \Theta \subset R^d$，$x \in X \subset R^l$，它可以是系统的传递函数或随机变量的概率密度函数。考虑参数向量受缓慢变化的概念漂移影响的情况，将给定的 θ_0 转变为一个扰动状态，该扰动状态是由属于 θ_0 邻域的参数向量 $\theta_0 + \delta\theta$ 来描述其特征的。通过将可微函数 $f(\theta, x)$ 在 θ_0 处进行泰勒展开，得到

$$f(\theta_0 + \delta\theta, x) = f(\theta_0, x) + \frac{\partial f}{\partial \theta}^{\mathrm{T}} \Big|_{\theta_0} \delta\theta + O(\delta^2\theta) \qquad (9.1)$$

式中，$\frac{\partial f}{\partial \theta}$ 和 θ 为列向量。

稳态/时不变性假设假定没有扰动影响系统或者扰动可以忽略不计［和驱动项 $f(\theta_0, x)$ 相比，梯度项可以忽略不计］。式（9.1）中给出的展开式表示的是一个缓慢变化的概念漂移持续地影响参数。然而如果概念漂移在 θ_0 上引入小幅度的突发性的扰动，则不会产生什么变化。

显然，如果想要设计有效的智能嵌入式系统，它们必须能够处理时不变/非稳态的情况来确保在系统或环境的运行随时间演进的情况下保持良好的性能。我们将用于不断变化的环境中的学习机制的所有方面命名为非稳态和演进环境中的学习。

关于在非稳态和演进环境中学习的文献将现有的学习方法分类为主动的还是被动的，取决于用来处理过程演进的学习机制，例如参考文献［77］。当应用经历连续的训练而不明确知道是否发生概念漂移时，我们说该方法是被动的。不同的是，在主动方法内，触发机制［例如变化检测测试（CDT）］被认为用来检测生成数据的过程中的变化，当且仅当检测到变化时，应用演进并且自适应。

本章介绍了在演进的环境中学习的被动和主动方法。首先介绍学习方法，然后详细说明成功的自适应所需的关键要素。

9.1　被动学习和主动学习

在演进的环境中学习根据所选择的学习方法、在训练过程中使用可用的数据实例的方式和所预想的应用的类型，在相关文献中进行了专门的研究。大多数学习方法遵循主动或被动方法，这取决于在训练阶段和在运行阶段中使用可用数据实例的方式。在非稳态环境中，可以采用被动和主动方法来应对概念漂移：最合适的方法通常取决于预想的应用的类型。

9.1.1　被动学习

因为在被动方法中，既没有关于潜在概念漂移的先验信息，也没有派生信息，所以对概念漂移已经、正在或者即将发生的事实完全一无所知。因此，自适应策略必须是强制的，并且被动地执行，无需利用接收数据提供的信息。事实上，随着新数据的输入，应用程序被重新配置，自适应还是重新学习取决于其性质和约束。例如，如果最初从数据构建模型 M_1，那么由于数据是在整个运行期间到来，模型 $M_2, \cdots, M_t$ 的序列随着时间推移而产生。

现在可以根据输入数据的处理方式对被动方法进行分类：

• 在线学习。在线学习中，通过用在 ι 时刻获取的数据更新先前模型 M_{t-1} 来获得新模型 M_t。为了推导在线学习过程，首先采用在 3.4.1 节中给出的传统的离线训练机制。通过使经验风险最小化，在训练集 Z_N 上估计模型参数：

$$V_N(\theta, Z_N) = \frac{1}{N} \sum_{i=1}^{N} L(y_i, f(\theta, x_i))$$

导出估计：

$$\hat{\theta} = \arg \min_{\theta \in \Theta} V_N(\theta, Z_N)$$

不失一般性，假设通过简单梯度下降算法的直连反向传播过程来实现函数最小化。迭代 $i+1$ 处的参数 θ，即 θ_{i+1} 可以表示为

$$\theta_{i+1} = \theta_i - \eta \frac{\partial V_N(\theta, Z_N)}{\partial \theta} \mid \theta_i$$

式中，η 是学习率。

当满足某些终止条件时，训练停止。

在线学习中，连续地训练新的实例应用模型，并且 $V_N(\theta, Z_N)$ 简化为

$$V_N(\theta, \{(x_i, y_i)\}) = L(y_i, f(\theta, x_i))$$

式中，(x_i, y_i) 是在 i 时刻提供的运行监督样本。

参数更新为

$$\theta_{i+1} = \theta_i - \eta \frac{\partial L(y_i, f(\theta, x_i))}{\partial \theta} \mid \theta_i \tag{9.2}$$

式中，η 是在反向传播的最简单版本中足够小的正标量，存在许多变体，对于进一步的细节，感兴趣的读者可以参考参考文献 [100]。

常见的损失函数是二次方函数 $L(y_i, f(\theta, x_i)) = (y_i - f(\theta, x_i))^2$。应该注意的是，在每个 $i+1$ 时刻，给出新的样本对 (x_{i+1}, y_{i+1})，并重复该过程。如果损失函数是二次型，并且给出了足够小的 η，则训练算法收敛到参数的最优值并使经验风险最小化。由于逐个样本进行训练的方法是一种耗时的操作，可以引入批处理模式以缓解这种问题并稳定学习过程。因此，当一批 n 个数据可用时，模型参数会在特定的时间事件中异步更新。批处理中的所有数据实例均被认为具有相同的相关性，并且可以从可能是重叠的 n 维数据窗口中收集，即使重叠机制没有任何合理的理由。如果用 $Z_{n,i} = \{(x_i, y_i), (x_{i-1}, y_{i-1}), \cdots, (x_{i-n+1}, y_{i-n+1})\}$ 表示在时间事件 i 的 n 个数据的批处理，那么式（9.2）之后的学习过程变为

$$\theta_{i+1} = \theta_i - \eta \frac{\partial V_N(\theta, Z_{n,i})}{\partial \theta} \mid \theta_i \tag{9.3}$$

• 集成学习。在集成学习中，同一时刻激活几个独立的模型，并且通过聚合每个独立模型的输出来获得集成的输出。对独立模型没有具体限制，可以根据

在线学习方案在运行期间对其进行训练和更新。注意到，要选择的模型既不需要属于相同的模型族（参数向量 θ 的维数可以变化），也不需要属于相同的模型等级结构（模型不受限于属于同一个模型类的泛型实体）。

通常，聚合包括对模型的输出进行平均，即集成提供对独立模型的输出的加权平均。然而在许多文献中，考虑了几种不同的聚合机制，这些机制不一定可以解决在演进环境中的学习问题。事实上，在许多情况下使用模型的集成是有优势的，并且这一说法有理论依据，例如参考文献［240］，其中证明了模型的集成表现得比单个通用模型更好，即使不一定比性能最好的模型更好（然而在嘈杂的环境中很难识别）。

用 $M = \{M_i(\,\cdot\,), i = 1, \cdots, k\}$ 表示组成整体的独立模型的集合。由于集成学习中最简单的聚合机制包括加权平均，所以与实例 x 相对应的集成的输出是

$$y(x) = \sum_{i=1}^{k} w_i M_i(x)$$

式中，$\{w_i, i = 1, \cdots, k\}$ 是适当选择的权重，通常为产生独立模型输出的线性凸组合。

处理概念漂移的一个可行选择是为最近已经训练或更新的独立模型分配较大的权重。该方法在时间序列属性确定的渐进性概念漂移中是有效的。不同的是，如果有一个突发性概念漂移，那么根据突发性引入的"步骤"，引入了一个伪效应。如果每个时间事件均与新模型相关联（在 k 个时间事件之后，模型将只与受概念漂移影响的数据相关联，因此是一致的），伪效应在 k 个时间事件之后消失。特定情况下，每个独立模型 M_i 以在线学习的方式在时间事件 i 时接受训练，该集合模型可以对 k 个的最新模型加窗，减掉或丢弃比 k 个事件更早的那些模型。

可以通过不同的方式设置权重聚合，这取决于掌握的和概念漂移的应用或发展类别相关的先验信息。在实例选择框架内，可以首先选择要聚合的独立模型，例如，可以仅选择更适合于描述当前观测的 $l < k$ 个模型。集合将提供输出：

$$y(x) = \sum_{i \in \mathscr{A}} w_i M_i(x)$$

式中，$\mathscr{A}$ 是包含所选择的独立模型索引的基数 l 的集合。

在这种情况下，在处理渐进性的概念漂移的同时能够更好地处理突发性概念漂移。

在其他情况下，可以根据在公共验证或测试集上评估的独立模型的准确度设置权重。例如，如果模型 $M_i(x)$ 由在验证或测试中的均方误差 σ_i^2 描述其特征，那么权重 w_i 可以选择为

$$w_i = \frac{\dfrac{1}{\sigma_i^2}}{\displaystyle\sum_{j=1}^{k} \dfrac{1}{\sigma_j^2}}$$

当所有独立模型需要同等对待时或当没有关于每个独立模型的有效性的先验信息时，所有权重自然地设置为 $\frac{1}{k}$。

权重可以根据环境的演进进行自适应调整。

9.1.2 主动学习

主动学习是一种假设学习者与预知值（Oracle）或其他信息来源相互作用的学习范式。在非稳态环境中学习的情况下，预知值（Oracle）是一种能够检测概念漂移的自动触发机制。这种触发机制通常对从数据中提取的特征进行操作，当数据生成过程是稳态或时不变的时，假定触发机制是稳态的，一旦出现变化，则期望其能衍生概念漂移的效果。通常这种触发方法为变化检测测试（CDT）或变点法（CPM），将在本章的其余部分中详细描述。

一旦检测到概念漂移，就必须重新训练应用/模型/服务。作为说明性示例，采用图9.1中的嵌入式系统设置，其中传感器提供的数据流为应用程序/服务提供信息，并由 CDT 或 CPM 进行检查。当触发器检测到数据流中的改变时，可利用来自附近传感器（当这些传感器插入到网络中时）的额外数据通过认知机制重新配置/训练应用/服务。这里将这种范式称为检测和反应。

例如，如果应用（agent）检测到移动设备的温度传感器不再准确（概念漂移的结果），可以激活信息交换模式：App 将检查附近的气象站或构成本地网络的其他智能手机，以提供正确温度的估计。引入校准和补偿机制，作为装置的反应操作。此外，触发机制可能需要重新训练，其配置可能已经超过时效，因为它是在原来的状态下配置的。如果没有检测到任何更改，则不会在触发机制和应用程序级别请求重新配置。

当分布式嵌入式系统的网络可用时，如图9.2所示，在这种情况下，智能既可以存在于嵌入式系统中，也可以存在于分布式系统的上层管理层，信息在那里被收集和处理用于决策。这种情况下，则智能系统的各组件之间的通信必须存在并被激活以传送相关信息。

最简单的触发机制是确定性的，并且基于固定的阈值。当特征超过阈值时，变化会被检测到。

示例：固定阈值

考虑一个标量特征值 x，为具有期望 μ_x 和方差 σ_x^2 的一个独立同分布随机变

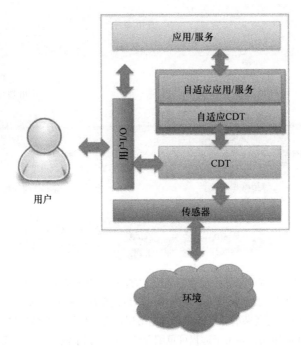

图 9.1　智能嵌入式系统的总体主动检测和反应方法。触发机制检测概念
漂移（例如通过 CDT）。当检测到概念漂移时，执行中的应用必须
自适应跟踪改变，因此 CDT 在新的操作状态上被重新配置

量。该特征值可以是一个分类场景中随时间计算的平均分类误差，或测量值或受不确定性影响的计算结果通过设置一个阈值 $T = \lambda\sigma_x$，可以以直接的方式检测变化，根据切比雪夫不等式，这意味着在稳态条件下 x 超过 T 的概率小于 $\frac{1}{\lambda^2}$。第 3 章给出的所有的注解和推导也适用于此。

也就是说，当 $|x - \mu_x| > \lambda\sigma_x$ 时，则超过阈值，并且触发器通过检测变化来提供报警响应。这个情况在图 9.3 中给出，其中阈值（虚线）已设置。一旦实例（样本）高于阈值，则检测到变化。

然而由于 x 的实现是独立的，在 n 次观测之后具有误报的概率是 $1 - \left(1 - \frac{1}{\lambda^2}\right)^n$，随着 n 增长迅速趋近于 1。参考图 9.4，误报是指那些高于阈值线的数据实例，而不是与真正的变化相关联的。

本书认为在"检测和反应"机制中误报可能是一个令人不愉快但不是突然的事件，在这种机制中，概念漂移的检测跟随着一个反应，使应用经历一个适应阶段。事实上，当误报出现时，被激活的反应将引入不必要和不适当的计算，其

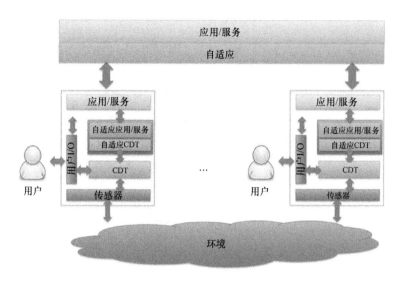

图 9.2 分布式智能系统的总体主动检测和反应方法。应用/服务是分布式的，并且利用由组成分布式平台的装置提供的信息。自适应可以以简单的策略在嵌入式系统级别上运行，并且同时在可以执行更复杂的算法的分布式网络层运行。该算法的结果将自适应引入到了分布式应用层，并由于远程可重编程性，引入到了嵌入式分布式装置

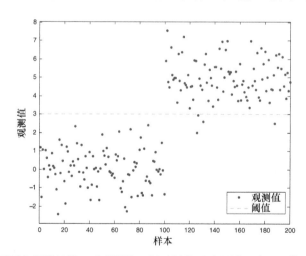

图 9.3 用固定阈值触发：当观测值 x 超过阈值（这里设置为 3）检测到变化时

结果是即使没有必要，也要配置新的模型/应用/服务。在受严格的实时执行限制和/或能耗问题驱动的嵌入式系统中运行这种不必要的计算并不可取，因此应该尽量使误报率尽可能小。

在一些其他应用中，误报可能是极其不愉快的事件。例如，假设这样一种情况，在机场，一个视觉系统识别到"不论死活通缉犯"的面孔，而那个人是你。

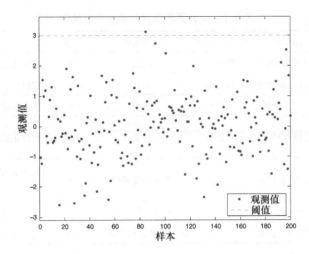

图 9.4 用固定阈值触发：当样本超过阈值时，出现误报

误报不受欢迎的另一种情况与故障检测相关联。这里当设备正常工作时，误报会错误地表明概念漂移与设备、传感器、系统模块中的故障关联。由于问题的敏感性和相关性，将在第 10 章讨论故障诊断方面的问题，在那里智能将发挥主要作用。

为了缓解上述问题，可能会在触发机制的输出引入滤波器，例如中值滤波，因此隐含地假设如果概念漂移出现，则它将是永久的而不是瞬态类型。虽然这个解决方案很简单，并且在某些应用中和在关于故障性质的特定假设下可能是有效的，但对于其他应用，可能需要更准确的基于统计的触发机制来减少误报和漏报。

更复杂的 CPM 和 CDT 类型的随机触发机制将在 9.2 节中提出。这里预先了解了存在于数据处理（用于决策）方式的两种触发方法之间的主要区别。CPM 运行在一组固定的数据集上以决定是否存在概念漂移，尽管已经提出了一些扩展来缓解这个问题，以便解决顺序分析问题，但它们大多不足以处理数据流。此外，CPM 计算成本可能变得令人望而却步，使得其在嵌入式系统中几乎不可用。另一方面，CPM 在检测概念漂移方面非常有效，可以在设计时控制误报率，并且检测中的延迟较低（CPM 显示出很强的反应能力）。相反，CDT 能够在数据流级别操作，其计算成本是可控制的，因此适合于智能嵌入式系统。必须付出的计算成本与增加的延迟相关联，很难保证一个固定的误报率。

表 9.1 和表 9.2 列出了相关文献中提出的主要随机触发方法，分别根据参数/非参数特征对它们进行分类。参数测试需要概率密度函数的知识和/或关于概念漂移的先验信息，而非参数测试更灵活，并且只需要很少的假设，从应用的角度来看这些假设大多都是合理的。

表 9.1　概念漂移检测的参数触发机制

名称	测试族	变化（A/D）	被测实体	类型	注释
Z 测试	统计假设测试	突发性	均值	1D	假设正态性和已知方差[89]
t 测试	统计假设测试	突发性	均值	1D	假设正态性[89]
F 测试	统计假设测试	突发性	方差	1D	假设正态性[89]
Hotelling 的 T 二次方统计	统计假设测试	突发性	均值	ND	假设正态性[92]
SPRT	顺序假设测试	突发性	概率密度函数	1D	最小化停止时间，提供非参数扩展[88]
CUSUM	顺序变点检测	突发性	概率密度函数	ND	最小化最差检测延迟[87]
CPM 参数	顺序变点检测	突发性	取决于所使用的统计	1D/ND	变点方法的顺序版本[93]

　　具体来说，表 9.1 和表 9.2 呈现了该方法所属的测试族，是在给定数据集上设计的统计假设检验或者顺序假设检验，因此适合于处理数据流。"变化"一列显示了该方法已经被设计用于何种类型的概念漂移，而"被测实体"列表示测试操作所使用的关键特征。"类型"是指测试可以接收的数值数据的性质，它是标量（单变量检验，1D）或多维向量（多变量检验，ND）。在最后一列中给出了对测试的关键引用以及注释，以完成概述。

表 9.2　用于概念漂移检测的非参数触发机制

名称	测试族	变化（A/D）	被测实体	类型	注释
Mann – Whitney U 测试	统计假设测试	突发性	中值	1D	基于秩测试误差[186]
Kolmogorov – Smirnov 测试	统计假设测试	突发性	概率密度函数	1D	也是拟合优度[90]
Mann – Whitney Wilcoxon 测试	统计假设测试	突发性	概率密度函数	1D	基于秩[186]
Kruskal – Wallis 测试	统计假设测试	突发性	中值	1D	基于 Mann – Whitney[91]
皮尔逊卡方测试	统计假设测试	突发性	概率密度函数	1D	拟合优度与独立性测试[80]
无分布 CUSUM	顺序变点检测	突发性	中值	1D	CUSUM 测试的非参数扩展[86]
Mann Kendall	顺序变点检测	突发性	均值	1D	设计旨在分析气候变化[79]
多图检测算法	顺序变点检测	突发性	中值	1D/ND	入侵系统检测[85]
CI – CUSUM	顺序变点检测	突发性，漂移	概率密度函数，样本矩	1D/ND	基于计算智能[84]

（续）

名称	测试族	变化（A/D）	被测实体	类型	注释
ICI CDT	顺序变点检测	突发性，漂移	均值和方差	1D	利用置信区间（ICI）规则的交集[83,94]
等级 CDT	顺序变点检测	突发性，漂移	均值和方差	1D	基于 CDT 的等级[82]
Shiryaev – Robert 扩展	顺序变点检测	突发性	中值	1D	Shiryaev – Robert 测试的非参数扩展[81]
Mood	统计假设测试	突发性	分散	1D	基于秩[93]
Lepage	统计假设测试	突发性	定位和分散	1D	Mann – Whitney 和 Mood 统计的总和[93]
非参数 CPM	顺序变点检测	突发性	取决于使用的统计	1D	变点方法的顺序版本[93]

9.2   变点方法

变点方法检验给定数据序列以确定其稳态性，即构成序列的样本是否是唯一随机变量的独立实现。通过检查序列是否包含变点（即数据分布发生改变的特定时间点）来解决该问题。

9.2.1   变点

给定序列

$$\mathscr{X} = \{x(t), t = 1, \cdots, n\}$$

在时间/样本 $\tau < n$ 上包含变点，如果序列

$$\mathscr{A}_\tau = \{x(t), t = 1, \cdots, \tau\}$$
$$\mathscr{B}_\tau = \{x(t), t = \tau + 1, \cdots, n\}$$

(9.4)

是作为 $\mathscr{F}_0$ 和 $\mathscr{F}_1$ 分布的两个不同未知随机变量的不同独立同分布的实现，问题检测可以重新写为

$$\tau \text{ 是变点, 如果 } x(t) \sim \begin{cases} \mathscr{F}_0 & t < \tau \\ \mathscr{F}_1 & t \geq \tau \end{cases}$$

(9.5)

然后变点问题被转换为等价问题，条件是询问 $\mathscr{A}_\tau$ 和 $\mathscr{B}_\tau$ 是否是从相同或不同分布产生的集合。

9.2.2   集合差异性

确定给定的 τ 是否是变点的直连前向网络解决方案在于对子序列 $\mathscr{A}_\tau$ 和 $\mathscr{B}_\tau$ 制定双样本假设检验。在假设检验中，空（H_0）和替代（H_1）假设组成如下：

$$H_0 : x(t) \sim \mathscr{F}_0 \, \forall t \tag{9.6}$$

$$H_1 : x(t) \sim \begin{cases} \mathscr{F}_0 & t < \tau \\ \mathscr{F}_1 & t \geq \tau \end{cases} \tag{9.7}$$

为了测试上述假设，需要一个统计量 $\mathscr{T}$，评估式（9.4）中定义的 $\mathscr{A}_\tau$ 和 $\mathscr{B}_\tau$ 之间的差异性。用 $\mathscr{T}_\tau$ 表示在比较 $\mathscr{A}_\tau$ 和 $\mathscr{B}_\tau$ 中的统计量 $\mathscr{T}$ 的值：

$$\mathscr{T}_\tau = \mathscr{T}(\mathscr{A}_\tau, \mathscr{B}_\tau) \tag{9.8}$$

根据标准假设测试程序，当 $\mathscr{T}_\tau$ 的值超过一个合适的阈值 $h_{n,\alpha}$ 时，H_0 可以被拒绝，该阈值对应于给定的置信度 α 并取决于 n。在这种情况下，考虑误报的百分比 α，可以称 $\mathscr{A}_\tau$ 和 $\mathscr{B}_\tau$ 是从不同的分布中产生的（因此，$\mathscr{X}$ 不是稳态的）。

示例：评估两个集合的差异性

作为示例，考虑 $\mathscr{A}_\tau$ 和 $\mathscr{B}_\tau$ 中的数据是相同方差的高斯分布这一情况，旨在研究它们是否具有相同的期望值。选取两个样本均值之间的标准差作为测试统计量 D，进行双样本 t 测试。测试统计量为

$$D_\tau = \sqrt{\frac{\tau(n-\tau)}{n}} \frac{\overline{\mathscr{A}_\tau} - \overline{\mathscr{B}_\tau}}{S_\tau} \tag{9.9}$$

式中，$\overline{\mathscr{A}_\tau}$ 和 $\overline{\mathscr{B}_\tau}$ 分别是在 $\mathscr{A}_\tau$ 和 $\mathscr{B}_\tau$ 上评估的样本平均值；S_τ 是在 $\mathscr{A}_\tau$ 和 $\mathscr{B}_\tau$ 上评估的合并样本方差。

统计量 D 的阈值 $h_{n,\alpha}$ 由具有 $n-2$ 自由度的 Student t 分布提供。

9.2.3 变点公式

当对应于 $\mathscr{X}$ 的特定划分的测试统计不能提供足够的统计证据来拒绝 H_0 时，只能声明在给定的置信度下，特定的 τ 不被视为变点，因此意味着在样本 τ 处没有发生稳态性的变化。构成序列的所有其他点需要通过考虑 $\mathscr{X}$ 的所有可能分区来检查是否是潜在变点。变点公式提供了用于测试序列 $\mathscr{X}$ 中变点的存在的严格框架。在 CPM 框架内，例如参考文献［183］，变点方法的空假设和替代假设被公式化为

$$H_0 : \forall t, x(t) \sim \mathscr{F}_0 \tag{9.10}$$

$$H_1 : \exists \tau, x(t) \sim \begin{cases} \mathscr{F}_0 & t < \tau \\ \mathscr{F}_1 & t \geq \tau \end{cases} \tag{9.11}$$

$\mathscr{X}$ 中的每个可行时间点都必须被认为是候选变点。更详细地，对于每个候选变点 $s \in \{2, \cdots, n-1\}$ ⊖，序列 $\mathscr{X}$ 被划分为两个非重叠集合 $\mathscr{A}_s = \{x(t), t = 1, \cdots, s\}$ 和 $\mathscr{B}_s = \{x(t), t = s+1, \cdots, n\}$。根据在 9.2.2 节中提出的，集合的差异性用合适

⊖ s 的实际范围取决于从 $\mathscr{A}_s$ 和 $\mathscr{B}_s$ 计算 $\mathscr{T}$ 所需的最小样本数。

的测试统计量$\mathscr{T}$来测量，对每个变点的候选值进行评估，产生$\{\mathscr{T}_s, s = 2, \cdots, n - 1\}$。序列$\mathscr{X}$的最可能的变点是最终使统计量最大化的点：

$$M = \underset{s = 2, \cdots, n - 1}{\mathrm{argmax}} (\mathscr{T}_s) \tag{9.12}$$

对应于$\mathscr{T}$的$\mathscr{T}_M$值：

$$\mathscr{T}_M = \max_{s = 2, \cdots, n - 1} (\mathscr{T}_s) \tag{9.13}$$

为了完成测试，$\mathscr{T}_M$必须与预定阈值$h_{n,\alpha}$比较，这保证了误报的受控率α。除了α，阈值还取决于统计量$\mathscr{T}$和$\mathscr{X}$的基数n。

当$\mathscr{T}_M$超过$h_{n,\alpha}$时，CPM 拒绝空假设，并且$\mathscr{X}$被声明在M处，使式（9.13）最大化的位置包含变点。在这些情况下，除了声明$\mathscr{X}$不是稳态的，CPM 还提供M，即变点时刻τ的估计。相反，当$\mathscr{T}_M < h_{n,\alpha}$时，没有足够的统计学证据来拒绝空假设，并且在$\mathscr{X}$内没有识别到变点。以上这些可以在 CPM 测试的最终结果中形式化：

$$\begin{cases} \mathscr{X} \text{ 中估计的变点为 } M & \mathscr{T}_M \geqslant h_{n,\alpha} \\ \mathscr{X} \text{中没有检测到变点} & \mathscr{T}_M < h_{n,\alpha} \end{cases} \tag{9.14}$$

需要注意的是，通常情况下，CPM 的主要问题是阈值$\{h_{n,\alpha}\}$的定义。事实上，即使当统计量$\mathscr{T}$的分布对于$\mathscr{X}$的任何分区均是已知的，其最大值$\mathscr{T}_M$的分布也难以计算。渐进结果可用于一些测试统计，然而在低样本量时经常不准确。人们还提出，当有可能提供一个最大值的近似分布时，结果可能是不适当的。例如参考文献［183］中所讨论的，Bonferroni 近似随着n增长，趋向过于保守。由于这些原因，通常用蒙特卡洛方法计算阈值，更好的是用随机算法。

示例：CPM

图 9.5 说明了依赖于 Student t 统计量D的 CPM 的操作原理式（9.9）。图 9.5a 呈现了由 500 个数据组成的序列$\mathscr{X}$。变点在$\tau = 350$注入，因此

$$x(t) \sim \begin{cases} \mathscr{N}(0,1) & t < 350 \\ \mathscr{N}(-1,1) & t \geqslant 350 \end{cases} \tag{9.15}$$

图 9.5b 给出了函数在$s = 2$，$\cdots$，499 的统计量D_s的值。

对应于$\alpha = 0.05$的阈值，即$h_{500, 0.05}$由 CPM 包[184]提供，用 R 语言实现。其他 CPM 可以被设计为检测高斯随机变量的平均值的偏移，例如参考文献［183］。

9.2.4　CPM 中使用的测试统计信息

通常，测试统计量$\mathscr{T}$通过比较期望值（样本平均值）和方差（样本方差）的估计值来测量两个集合之间的相异性。这种选择是出于这样的事实：在实践中，根据式（9.5）的分布的变化也将影响其初始时刻[185]。由于通常分布（甚

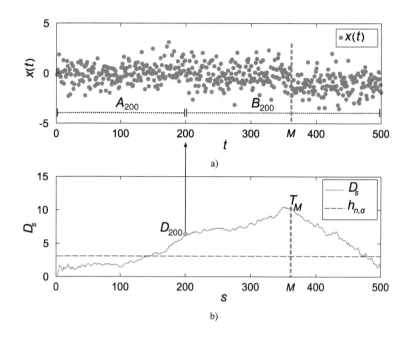

图 9.5　基于 Student t 统计量的 CPM 示例。图 9.5a 中的数据是根据式（9.15）分布的。
由相应的测试统计量 $\{D_s, s = 2, \cdots, 499\}$ 假设的值在图 9.5b 中给出。还给出估计
变点 M 和测试统计量 $\mathscr{T}_M$ 的对应值。为了阐明目的，本图还给出了当
$s = 200$ 时，在 $\mathscr{T}_s$ 和 $\bar{\mathscr{T}}_s$ 中 $\mathscr{X}$ 的分区以及统计量 $D_s = 200$ 的对应值

至在变点之前）是未知的，因此也更倾向于采用非参数测试统计量。

　　一些非参数统计是基于秩计算的，例如 Mann – Whitney [186]（评估位置的变化）、Mood [187]（评估规模的变化）和 Lepage [188]（评估影响位置和规模的变化）的计算。基于 Mann – Whitney 统计的 CPM 与 Bernoulli 随机变量的 CPM 在参考文献 [189] 中一起介绍。

　　另一种不同的方法是通过比较两组数据的经验分布来定位变点，如在 CPM [190] 中基于 Kolmogorov – Smirnov 和 Cramer Von Mises [191] 统计数据一样。到目前为止，提到只有标量的测试统计量，然而变点公式可以用于分析多变量数据，例如参考文献 [192] 中的 CPM，它依赖于 Hotelling T^2 统计量。

9.2.5　基本方案扩展

　　变点公式最初被作为离线处理工具。然而这些方法最近获得了很多关注，并且已经提供了用于在线和数据流的 CPM 解决方案。这种扩展基本上存在于在每个新的样本到达时迭代 CPM 的过程中 [205]。结果表明，这种 CPM 的计算复杂度

将不断增长，考虑到这些方法的计算复杂度和内存需求[185,190]，从而推动了研究方向的变化。特别地，当测试统计量 $\mathscr{T}$ 计算要求很高时（例如在基于秩计算的测试统计中），需要数据流自适应调整。

另一个相关问题是如何设置在线 CPM 的阈值。首先，在假设测试中控制误报的概率没有任何意义。事实上，测试必须在新样本到达时进行迭代，并且误报的控制必须在顺序场景中进行。因此必须设置阈值以保证测试的固定平均运行长度（ARL）[87]，即测试前的期望样本数在运行期间产生误报。其次，$\mathscr{T}_M$ 超过第 n 个样本的 $h_{n,\alpha}$ 的概率必须在这里调节为 $\mathscr{T}$ 从未超过先前 $n-1$ 个样本中的阈值的事实。由于这些原因，阈值 $\{h_{n,\alpha}, n>0\}$ 必须通过模拟仿真进行数值计算，如在参考文献［183］中。CPM 包[184]基于不同的测试统计来实现几个 CPM，并且还为离线（传统）CPM 及其在线版本提供阈值 $\{h_{n,\alpha}\}$。当将 CPM 移植到嵌入式系统时，可以将这些阈值加载到 LUT 中。

任何 CPM 式（9.10）都要求数据在整个序列（稳态）或变点之前和之后（非稳态）为独立同分布。这似乎是一个限制性假设，因为在实际应用中，数据通常具有不同形式的属性。当发生这种情况并且希望使用 CPM 时，有必要将数据映射到一个满足独立同分布假设的特征空间。一种可能性是通过设计合适的模型（例如回归或预测类型）来在模型空间中操作，以拟合观测值，然后分析残差，参见参考文献［193］。然而残差可能不是独立同分布的，因为很多时候，所获得的模型具有模型偏差分量：在这种情况下，可以方便地在集合中聚合多个 CPM，如参考文献［204］中所述。

在下面，CDT 将作为设计的统计技术提出，其中考虑在线和顺序监测。

9.3　更改检测测试

你能发现研究概念漂移检测的大量文献，其主要基于统计假设测试，统计假设测试通常需要生成数据的过程的概率密度函数和/或关于概念漂移的结构的先验知识，例如故障或环境的变化。同样，引用的是表 9.1 和表 9.2 的数据。在 CDT 的参数类中，发现经典的教科书测试，例如 Student t 测试和 Fisher f 测试，分别解决影响提取的特征值的均值和方差的变化。

非参数测试是更灵活的工具，只需要较弱的假设，在应用程序级别兼容性好。例如 Mann - Whitney U 测试和 Wilcoxon 测试是被设计用于检测单个变点的非参数测试，不能像传感数据流所要求的支持顺序使用。不同的，Mann Kendall 和 CUSUM 是广泛使用的测试，就像最近引入的基于 ICI 和分层测试一样用于顺序分析。在本节中，提出和详细说明了 3 个 CDT，它们表示要在嵌入式系统中实现的有效顺序非参数解决方案。

9.3.1 CUSUM CDT 系列

复杂和有效的非参数测试通常需要一个配置阶段，在设计时确定测试参数。传统的累加和控制图（CUSUM）是一种用于变化检测的顺序分析技术，在关于概念漂移的先验信息和产生数据的过程可用时，能保证可观的变化检测准确度。接下来介绍两个 CDT 方法，通过放宽一些限制性的假设来扩展传统的 CUSUM。第一个测试通过允许设计者自动识别测试参数（自适应 CUSUM）的配置来扩展 CUSUM。自适应 CUSUM 的变化检测能力基于对从数据生成过程提取的一些特征的平均值和方差随时间的演进的分析。第二个测试命名为计算智能 CUSUM（CI－CUSUM），通过考虑更丰富的特征集来扩展第一个测试集，以提高检测稳定性变化的效率。

9.3.1.1 自适应 CUSUM CDT

令 $X = \{x(t), t = 1, \cdots, N\}, x(t) \in \mathbb{R}$ 是由概率密度函数 $f_\theta(x)$ 生成的实例序列，假设其在参数向量 $\theta \in \mathbb{R}^n$ 中是未知的和参数化的。

假设随机过程在未知时间 T° 改变其统计行为。这通常通过考虑从参数向量 θ_0 到 θ_1 的转变来建模，它分别与概率密度函数 $f_{\theta_0}(x)$ 和 $f_{\theta_1}(x)$ 相关联。与 CUSUM 一样，评估在时间 t 的两个概率密度函数之间的差异，通过计算对数似然比

$$s(t) = \ln \frac{f_{\theta_1}(x(t))}{f_{\theta_0}(x(t))} \qquad t = 1, \cdots, N$$

以及累加和：

$$S(t) = \sum_{\tau=1}^{t} s(\tau)$$

CUSUM 确定当 $g(t) = S(t) - m(t)$ 时 X 在时间 $\hat{T}$ 的变化，累加和 $S(t)$ 的值与其当前最小值 $m(t) = \min_{\tau=1,\cdots,t} S(\tau)$ 之间的差超过给定阈值 h，即

$$\hat{T} \text{ 是 } g(t) \geq h \text{ 时的第一时刻}$$

CUSUM 假定关键参数 θ_0、θ_1 和 h 在设计时可用。该假设通常难以满足，但是参数可以通过以下过程来估计。首先生成累加序列 $Y = \{y(1), y(2), \cdots, \}$，其中第 s 个实例 $y(s)$ 表示在从 X 取得的宽度为 n 的滑动非重叠窗口上估计的样本平均值：

$$y(s) = \frac{1}{n} \sum_{t=s(n-1)+1}^{sn} x(t)$$

从中心极限定理出发，只要 n 足够大，Y 的分布可以用高斯分布近似。然后可以将基本 CUSUM 应用于序列 Y。X 的前 K 个配置实例构成配置集，用于生成基数为 K/n（K 从 n 的倍数中适当地选择）的 Y 的训练集。整个过程如图 9.6 所

示。表征高斯分布的参数 θ_0 是 Y 的平均值和方差,即在训练集上估计的 $\theta = [\mu, \sigma^2]$。通过识别 θ_0 的邻域置信度来获得参数 θ_1。

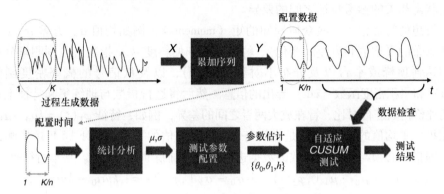

图 9.6   自适应 CUSUM 测试的操作过程。数据流 X 在数据进入时经历连续加窗。当 n 个样本可用时,将完成一个数据窗口并准备对其进行平均处理,以生成转换后的实例 $y(s)$。如果 n 足够大,则 $y(s)$ 的分布近似为高斯分布,这归功于中心极限定理。基本 CUSUM 测试可以应用参数 $\theta = [\mu, \sigma^2]$。需要的参数 θ_0、θ_1 和阈值 h 可以在训练集上估计得到

9.3.1.2   CI – CUSUM CDT

CI – CUSUM 表示自适应 CUSUM 的一个有趣扩展,并且变得比基本 CUSUM 和自适应 CUSUM 强大得多,因为其利用概念漂移检测中的不同灵敏度可以从数据流中提取任意特征。参考图如图 9.7 所示。

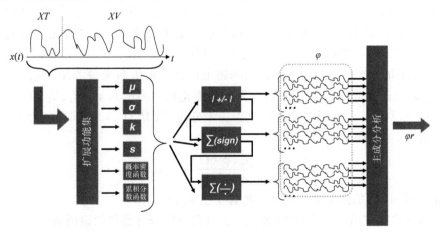

图 9.7   CI – CUSUM 的特征提取和约简阶段。从输入信号中提取丰富的特征集合用以构成特征集合 φ。从操作集合 XV 提取的特征与在训练配置集合 XT 上评估的特征形成对比。一种 PCA 技术产生约简的特征向量 φ_r

特征 φ 被选择为对概念漂移敏感。特别地，由于从训练集合 XT 提取的数据被假定为独立同分布，所采用的特征以差分的方式评估，以放大当前特征与训练稳定状态相关的参考特征之间的差异。

设想的特征包含一些众所周知的矩（moments），例如均值 μ、方差 σ^2（以评估分布的平均值和方差的变化）、峰度 $kurt$ 和偏斜度 $skew$ 指数（分别测量分布如何达到顶峰或平台以及分布不对称的程度），以及从信号的概率密度函数（pdf）和累积密度函数（cdf）导出的信息。然后将运行指数与训练集和特征上相应的评价指数进行对比，旨在放大两者之间的差异，例如，特征 $\varphi_1(t) = |\mu_0 - \mu_V|$ 旨在扩大平均值的差异。μ_0 是在训练集 XT 上评估的平均值，下标 V 是指测试集，即指标必须与对运行指数的数据进行评估（排除训练数据）。基本特征是

$$\varphi_1(t) = |\mu_0 - \mu_V|, \varphi_2(t) = |\sigma_0 - \sigma_V|, \varphi_3(t) = |kurt_0 - kurt_V|,$$
$$\varphi_4(t) = |skew_0 - skew_V|$$

$$\varphi_5(t) = \int_x |\mathrm{pdf}_0(x) - \mathrm{pdf}_V(x)| \, \mathrm{d}x, \varphi_6(t) = \int_x |\mathrm{cdf}_0(x) - \mathrm{cdf}_V(x)| \, \mathrm{d}x$$

$$\varphi_{7 \le j \le 12}(t) = \left\{ \sum_{v=1}^{t-1} \mathrm{sgn}(\varphi_{j-6,v+1} - \varphi_{j-6,v}) \right\}, \varphi_{13 \le j \le 24}(t) = \left\{ \sum_{v=1}^{t-1} \left(\frac{\varphi_{j-12,v+1}}{\varphi_{j-12,v}} \right) \right\}$$

特别地，特征 $\varphi_5(t)$ 和 $\varphi_6(t)$ 分别评估运行的概率密度函数和累积分布函数之间的差异以及由训练集引起的差异。

特征 $\varphi_7(t) \sim \varphi_{12}(t)$ 研究连续元素中符号序列的变化，$\varphi_{13}(t) \sim \varphi_{24}(t)$ 研究连续元素比率的累加和。为了降低特征空间的复杂度，在 φ 上执行 PCA，提供了变换特征 φ_r。由于 φ_r 的概率密度函数不是先验可用的，所以在自适应 CUSUM 情况下运行。详细地说，取非重叠窗口处 φ_r 的平均值，并调用中心极限定理，它为由平均值 M 和协方差矩阵 C 表征的变换变量 φ' 提供近似的多元高斯分布。φ_r 的均值 M_0 和协方差矩阵 C_0 在训练集上评估并提供名义参考配置 $\theta_0 = [M_0, C_0]$。调用自适应 CUSUM 过程，计算对于变化检测测试 $\theta_1 = [M_1, C_1]$ 的替代假设。CI-CUSUM 现在通过检查其是否属于分布 $\mathscr{N}(M_0, C_0)$ 来在时间 $\varphi'(t)$ 上配置和评估，采用对数似然率机制：

$$s(t) = \ln \frac{\mathscr{N}_{M_0, C_0}(\varphi'(l))}{\mathscr{N}_{M_1, C_1}(\varphi'(l))} \qquad l = 1, \cdots, t$$

测量在时间 t 处的两个多元概率密度函数之间的差异。

现在可以应用自适应 CUSUM 测试，并且返回概念漂移的检测或声明概念漂移不存在。

9.3.2 置信区间 CDT 系列的交集

置信区间（ICI）CDT 的交集及其演进[94]通过监测从输入数据中提取的适

当特征的演进来检测影响数据流的概念漂移。至少在概念漂移发生之前特性必须为独立同分布和高斯分布。这些假设，特别是独立同分布特性，可能看起来很强并且远离工程现实。然而在许多实际应用中，只要调用适当的变换，情况就会不同。

例如，该方法可以用于检查残差序列，例如与描述数据流的预测模型和它们获得的真实数据之间的差异相关。当测试检测到残差的变化时，则检测到概念漂移。这个问题将在后面进一步讨论，现在介绍 ICI - CDT 系列的主要特征。

9.3.2.1　ICI - CDT

在 ICI - CDT 中，特征是通过在由 n 个实例组成的不相交子序列中对可用数据加窗来提取的。对于每个子序列，计算的样本均值和样本方差都是高斯分布的，前者采用中心极限定理，后者采用自组织变换[95]。详细地说，命名 s 为第 s 个子序列，提取的特征是

$$M(s) = \frac{\sum\limits_{t=(s-1)n+1}^{ns} x(t)}{n}$$

$$V(s) = \left(\frac{\sum\limits_{t=(s-1)n+1}^{ns} [x(t) - M(s)]^2}{n-1} \right)^{h_0} \tag{9.16}$$

参数 h_0 是在参考文献 [95] 中设计的幂律变换的指数，用于为样本方差生成近似的高斯分布。h_0 是从对训练数据 O_{T_0} 计算的样本累加量中估计的。

ICI - CDT 是在两个特征序列 $\{M(s), s=1, \cdots, S_0\}$ 和 $\{V(s), s=1, \cdots, S_0\}$ 上配置的，从 O_{T_0} 提取 $S_0 = T_0/n$。

我们计算两个特征在训练集的均值 $\hat{\mu}_{S_0}^M$，$\hat{\mu}_{S_0}^V$ 以及标准差 $\hat{\sigma}_{S_0}^M$，$\hat{\sigma}_{S_0}^V$，即

$$\hat{\mu}_{S_0}^M = \frac{\sum\limits_{s=1}^{S_0} M(s)}{S_0}$$

$$\hat{\sigma}_{S_0}^M = \sqrt{\frac{\sum\limits_{s=1}^{S_0} [M(s) - \hat{\mu}_{S_0}^M]^2}{S_0 - 1}} \tag{9.17}$$

以及

$$\hat{\mu}_{S_0}^V = \frac{\sum\limits_{s=1}^{S_0} V(s)}{S_0}$$

$$\hat{\sigma}_{S_0}^V = \sqrt{\frac{\sum\limits_{s=1}^{S_0}\left[V(s) - \hat{\mu}_{S_0}^V\right]^2}{S_0 - 1}} \qquad (9.18)$$

这些估计定义了在稳态条件下对平均值和标准差特征的置信区间，被定义为

$$\mathscr{I}_{S_0}^M = \left[\hat{\mu}_{S_0}^M - \varGamma\,\hat{\sigma}_{S_0}^M, \hat{\mu}_{S_0}^M + \varGamma\,\hat{\sigma}_{S_0}^M\right]$$
$$\mathscr{I}_{S_0}^V = \left[\hat{\mu}_{S_0}^V - \varGamma\,\hat{\sigma}_{S_0}^V, \hat{\mu}_{S_0}^V + \varGamma\,\hat{\sigma}_{S_0}^V\right] \qquad (9.19)$$

式中，$\varGamma(>0)$ 控制置信区间的幅度，以及特征属于稳态假设下的区间的概率。

一旦训练完成，CDT 开始运行并且可以用于评估数据流中稳态的变化。每当 n 个数据可用时，就会创建一个新的序列 s 并提取特征以填充 $\mathscr{I}_S^M$ 和 $\mathscr{I}_S^V$。

然后可以应用置信区间交集规则（ICI 规则）[96]。ICI 规则验证新特征实例是否可以作为现有高斯分布的实现。如果不可以，则在数据流中检测概念漂移。

从运行的角度出发，计算所有特征值的样本均值，以及相应估计器的置信区间，表示为式（9.19）。一旦所有置信区间到当前置信区间的交集产生一个空集，基本的 ICI - CDT 就会检测到一个变化。因此在子序列 $\hat{s}$ 中检测概念漂移，如果

$$\bigcap_{s < \hat{s}}\mathscr{I}_s^M \neq \varnothing$$
$$\bigcap_{s \leqslant \hat{s}}\mathscr{I}_s^M \neq \varnothing$$
$$或 \qquad (9.20)$$
$$\bigcap_{s < \hat{s}}\mathscr{I}_s^V \neq \varnothing$$
$$\bigcap_{s \leqslant \hat{s}}\mathscr{I}_s^V \neq \varnothing$$

则检测时间 $\hat{T} = n\hat{s}$ 对应于子序列 $\hat{s}$ 的最右边的项。

概念漂移与产生交叉空集的那些特征相关联。图 9.8 说明了 ICI 规则的工作原理。为了减少计算负荷，对平均特征和置信区间的交集进行增量计算，并对每个特征分别进行处理。

在算法 20 中总结了整个过程。如参考文献 [94] 中所指出的，基本 ICI - CDT 是特别有效的，但是引入了一个结构限制，随着时间流逝，会导致结构性误报。

尽管事实上这个问题在许多检测和反应机制中都是可以容忍的，但重要的是设计一个测试，它不会随时间流逝而引入结构性误报。这个问题可以通过考虑建立在基本 ICI - CDT 顶部的第二级测试来解决，它一旦被激活，则验证第一级 CDT 是否产生误报，或者发出的报警应当被认为是适当的概念漂移。由于其分层结构，该测试命名为分层 CDT。

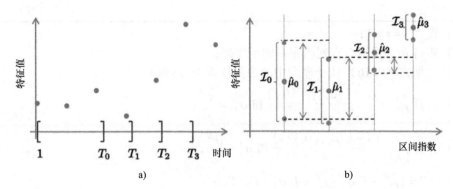

图 9.8　用于变化检测的设置中 ICI 规则的说明性示例：图 a 为特征值和区间集合
$\{[1,T_0],[1,T_1],[1,T_2],[1,T_3]\}$，图 b 为相应的多项式零阶估计及其置信区间。
ICI 规则选择区间 $[1,T_2]$，因为 $\mathscr{I}_0 \cap \cdots \cap \mathscr{I}_2 \neq \emptyset$ 且 $\mathscr{I}_0 \cap \cdots \cap \mathscr{I}_3 = \emptyset$。
图 b 中的大括号表示置信区间，箭头指向区间的交汇点

算法 20：基本 ICI – CDT

1）计算 $\{M(s), s=1,\cdots,S_0\}$，$S_0 = T_0/n$；

2）$\hat{\mu}_{S_0}^M = \sum\limits_{s=1}^{S_0} \dfrac{M(s)}{S_0}$；

3）$\hat{\sigma}^M = \sqrt{\sum\limits_{s=1}^{S_0} \dfrac{[M(s) - \hat{\mu}_{S_0}^M]^2}{S_0 - 1}}$，$\hat{\sigma}_{S_0}^M = \dfrac{\hat{\sigma}^M}{\sqrt{S_0}}$；

4）定义 $\mathscr{I}_{S_0}^M = [\hat{\mu}_{S_0}^M - \varGamma\,\hat{\sigma}_{s_0}^M,\ \hat{\mu}_{S_0}^M + \varGamma\,\hat{\sigma}_{S_0}^M]$；

5）计算 h_0；

6）计算 $\{V(s), s=1,\cdots,S_0\}$；

7）$\hat{\mu}_{S_0}^V = \sum\limits_{s=1}^{S_0} \dfrac{V(s)}{S_0}$；

8）$\hat{\sigma}^V = \sqrt{\sum\limits_{s=1}^{S_0} \dfrac{[V(s) - \hat{\mu}_{S_0}^V]^2}{S_0 - 1}}$，$\hat{\sigma}_{S_0}^V = \dfrac{\hat{\sigma}^V}{\sqrt{S_0}}$；

9）定义 $\mathscr{I}_{S_0}^V = [\hat{\mu}_{S_0}^V - \varGamma\,\hat{\sigma}_{S_0}^V;\ \hat{\mu}_{S_0}^V + \varGamma\,\hat{\sigma}_{S_0}^V]$；

10）设置 $s = S_0$；

11）**while** $(\mathscr{I}_s^M \neq \emptyset\ \text{且}\ \mathscr{I}_s^V \neq \emptyset)$ **do**

（续）

12) 设置 $s = s + 1$；

13) 等待 n 个观测，直到填充新的子序列；

14) 根据式（9.16）从子序列中的观测计算 $M(s)$ 和 $V(s)$；

15) 计算 $\hat{\mu}_s^M = \dfrac{(s-1)\hat{\mu}_{s-1}^M + M(s)}{s}$ 和 $\hat{\sigma}_s^M = \dfrac{\hat{\sigma}^M}{\sqrt{s}}$；

16) 计算 $\hat{\mu}_s^V = \dfrac{(s-1)\hat{\mu}_{s-1}^V + V(s)}{s}$ 和 $\hat{\sigma}_s^V = \dfrac{\hat{\sigma}^M}{\sqrt{s}}$；

17) $\mathscr{I}_s^M = [\hat{\mu}_s^M - \varGamma\,\hat{\sigma}_s^M; \hat{\mu}_s^M + \varGamma\,\hat{\sigma}_s^M] \cap \mathscr{I}_{s-1}^M$；

18) $\mathscr{I}_s^V = [\hat{\mu}_s^V - \varGamma\,\hat{\sigma}_s^V; \hat{\mu}_s^V + \varGamma\,\hat{\sigma}_s^V] \cap \mathscr{I}_{s-1}^V$；

   end

19) 在区间 $[(\hat{s}-1)n+1, \hat{s}n]$，即 $\hat{T} = n\hat{s}$ 内，在 $s = \hat{s}$ 处检测到概念漂移

9.3.2.2 分层 CDT

分层 CDT（H-CDT）是为缓解由 ICI-CDT 带来的结构性误报问题而设计的，ICI-CDT 会随着时间的推移产生误报问题。H-CDT 是一种分层的顺序变化检测测试，结构化为两个处理级别：第一级由 ICI-CDT 测试组成；第二级是验证/拒绝变化假设的统计测试。ICI-CDT 按前面所述顺序操作，并且当其在时间 $\hat{T}$ 检测到序列 $x(t)$ 的变化时，激活上层测试通过检查在估计的时间 $\hat{T}$ 之前和之后的数据集是否与变化假设一致来验证检测。

为了进行这种变化的验证，需要获得一组在 $\hat{T}$ 之后生成的 N 个额外的数据 $O_{\hat{T}} = \{x(t), t = \hat{T}, \cdots, \hat{T} + N\}$，它们被认为是从数据生成过程产生的新状态，即概念漂移之后潜在地生成的。形容词"潜在地"是适当的，因为可能出现误报，并且因此 $O_{\hat{T}}$ 集合中存在的信息与由配置该方法的训练集合 O_{T_0} 提供的信息兼容（T_0 指与训练集相关联的最后时刻）。

注意到，如果估计值 $\hat{T}$ 是高度准确的，则可以期望通过采用整个集合 $\{x(t), t < \hat{T}\}$ 而不是 O_{T_0} 来提高该方法的准确度。最后一个说法背后的原因与如下事实相关：如果 $\hat{T}$ 是对概念漂移时间的一个良好估计，则与 $\{x(t), t < \hat{T}\}$ 中的新状态相关联的数据的存在的可能是可忽略的。在下面的内容中，更倾向于保守地采用 O_{T_0} 而不是整个集合：这种选择也是朝着减少计算负荷的方向进行的，这对于嵌入式系统来说是一个比较关心的问题。

集合 O_{T_0} 和 $O_{\hat{T}}$ 之间的统计相关度应该用适当的统计测试来评估，例如科莫戈罗夫-斯米尔诺夫（Kolmogorov-Smirnov）测试或其他假设测试（见表9.2中给出的）。然而对于不能提供高 MIPS 的一大类嵌入式系统，科莫戈罗夫-斯米尔诺夫测试所需的计算负荷太高并且不可行。将 O_{T_0} 和 $O_{\hat{T}}$ 上的数据分布进行比较的

问题可以方便地简化为通过霍特林（Hotelling）测试比较 O_{T_0} 和 $O_{\hat{T}}$ 的 ICI – CDT 的特征的期望值式（9.16）的问题。

特别地，霍特林测试是多变量假设测试，用它来比较布置在二维向量 $F = [M(s), V(s)]$ 中的特征值式（9.16）。从时间间隔 O_{T_0}（在其上配置 ICI – CDT）和在间隔 $O_{\hat{T}}$（预期描述过程的新状态）上提取这些特征向量。从这些集合中，计算样本均值 $\overline{F}(O_{T_0})$ 和 $\overline{F}(O_{\hat{T}})$ 以及合并样本协方差矩阵。空假设 H_0 被公式化为

$$H_0 : \overline{F}(O_{T_0}) - \overline{F}(O_{\hat{T}}) = \underline{0} \tag{9.21}$$

式中，$\underline{0}$ 表示零元素的二维向量。

最后，霍特林 T^2 测试[241] 可以在一个预定义的置信度 α 执行拒绝空假设。如果霍特林测试拒绝替代假设，则认为改变存在于特征集中，并且 ICI – CDT 提出的改变假设被验证。反过来，分层测试检测概念漂移。

相反，如果没有足够的统计证据来拒绝空假设，则 ICI – CDT 引入误报并且必须在原始稳定状态 O_{T_0} 上重新训练。适用于特征值式（9.16）的霍特林测试为评估由 ICI – CDT 检测到的变化的特别有效的解决方案。

因此，H – CDT 是一种自适应测试，当 ICI – CDT 引入误报时该测试做出反应，并且表明它是用于嵌入式系统的很好的测试。在算法 21 中给出了从高层次的视角描述的 H – CDT 算法。

算法 21：分层变化检测测试 H – CDT。测试最初在训练集 O_{T_0} 上配置。一旦 ICI – CDT 检测到概念漂移，就会激活霍特林测试。如果霍特林测试验证了概念漂移假设，则 H – CDT 产生报警，并验证概念漂移。当 ICI – CDT 检测未被验证时，会发现误报，不会产生概念漂移警报，并且需要在初始训练数据上重新配置 ICI – CDT。

1）在 O_{T_0} 上训练 ICI – CDT；

2）**while**（1）**do**

3）　　从数据流中提取特征 $M(s)$ 和 $V(s)$；

4）　　**if**（ICI – CDT 检测到特征的变化）AND（霍特林测试验证了变化）
　　then

5）　　　　概念偏移 = ture；

6）　　　　在 $O_{T_0} = O_{\hat{T}}$ 上重新训练 ICI – CDT；

　　else

7）　　　　误报：在 O_{T_0} 上重新训练 ICI – CDT；

　　end

　end

有趣的是，如果希望分层测试以顺序方式进行，则在每次变化检测后，要重新训练 ICI – CDT[一]，并且还要更新霍特林测试中使用的参考集 O_{T_0}。实际上，如果在时间 $\hat{T}$ 的变化已被验证，则集合 $O_{\hat{T}}$ 包含与数据生成过程的新状态相关联的实例，从而对概念漂移进行检查。这个算法在算法 22 中得到了总结。

算法 22：主动学习模式中的 H – CDT。当在时间 $\hat{T}$ 验证概念漂移时，重新配置应用并且在新实例上重新训练 H – CDT。

1）在 O_{T_0} 上训练 ICI – CDT；

2）**while**（1）**do**

3）　　从数据流中提取特征 $M(s)$ 和 $V(s)$；

4）　　　**if**（ICI – CDT 检测到特征的变化）AND（霍特林测试验证了变化）
　　then

5）　　　　概念偏移 = ture；

6）　　　　在应用层对概念漂移做出反应；

7）　　　　在 $O_{T_0} = O_{\hat{T}}$ 上重新训练 ICI – CDT；

　　else

8）　　　　误报：在 O_{T_0} 上重新训练 ICI – CDT；

　　end

　end

9.3.2.3　概念漂移检测时间的改进估计

之前描述的 H – CDT 的主要缺点是，在进行变化检测阶段之前，必须等待 $\hat{T}$ 之后的 N 个观测结果。这在在线监测场景中当然没有吸引力，也是因为检测 $\hat{T}$ 通常由结构延迟（由大多数 CDT 提供的正确检测通常在未知变化时间 T^0 时刻之后进行）来表征。因此，一旦检测到变化，就会改进 T^0 的估计，恢复 T^0 和 $\hat{T}$ 之间的部分样本，提高变化检测效率，并对 CDT 进行重新配置。因此用 $\bar{t}$ 表示的 T^0 的改进估计，应该满足 $T^0 \leq \bar{t} \leq \hat{T}$。一旦 $\bar{t}$ 被计算，则可以使用观测值 $\{x(t), t = \bar{t}, \cdots, \hat{T}\}$ 定义 $O_{\hat{T}}$ 而不会延迟验证过程：

$$O_{\hat{T}} = \{x(t), t = \bar{t}, \cdots, \hat{T}\}$$

　㊀　原书为 ICI – ICT，有误，应为 ICI – CDT。

它包含不止 n 个样本，因此提高了在验证和配置过程（与之前描述的方法相关）中的重要性。然而当 ICI－CDT 非常快时，$O_{\hat{T}} = \{x(t), t = \bar{t}, \cdots, \hat{T}\}$ 可能不包含足够的样本，并且在激活变化检测和重新配置过程之前要至少等待 N 个样本。

参考文献［94］中所提出的解决方案的关键点是 ICI－CDT 引入了随时间推移而增加的结构检测延时。可以利用这种不期望的行为来设计一个后检测过程，如算法 23 中所示，从 $\hat{T}$ 开始产生一个更好的估计 $\bar{t}$。

算法 23：变化时间 t 时刻改进估计的细化过程

1）提供 $\hat{T}$;

2）计算 $T_1 = T_0 + (\hat{T} - T_0)/\lambda$;

3）$i = 1$; continue = ture;

4）**while**（continue = ture）**do**

5）　　将 ICI－CDT 应用于 $[0, T_0] \cup [T_i, \hat{T}]$，在 $\hat{T}$ 上检测;

6）　　计算 $T_{i+1} = T_i + (\hat{T} - T_i)/\lambda$;

7）　　定义 $T_{\min} = \min(\hat{T}_j), j = 1, \cdots, i$;

8）　　**if**（$T_{\min} < T_{i+1}$）**then**

9）　　　　continue = false;

　　　　end

10）　　$i = i + 1$;

　　end

11）定义 $\bar{t} = T_{\min}$

算法操作如下：在 $\hat{T}$ 时刻从 ICI－CDT 给出概念漂移检测，将区间 $[T_0, \hat{T}]$ 分割为两个区间 $[T_0, T_1]$ 和 $[T_1, \hat{T}]$，其中根据用户设置参数 $\lambda > 1$（第 2 行）定义 $T_1 = T_0 + (\hat{T} - T_0)/\lambda$。将 ICI－CDT 应用于数据集 $[0, T_0] \cup [T_1, \hat{T}]$（第 5 行），在时间 $\hat{T}_1$ 处进行检测。注意，$\hat{T}_1$ 是变化时间 T_0 的更准确的估计，因为测试在关于提供最初检测 $\hat{T}$ 的那个较短的序列上运行。区间 $[T_1, \hat{T}]$ 进一步分成两个区间 $[T_1, T_2]$ 和 $[T_2, \hat{T}]$，其中 $T_2 = T_1 + (\hat{T} - T_1)/\lambda$（第 6 行）。如果 $T_2 > \hat{T}_1$，程序停止，并且 $\bar{t} = \hat{T}_1$。

否则程序迭代：在第 i 次迭代时，ICI－CDT 在 $[0, T_0] \cup [T_i, \hat{T}]$ 上执行，提

供估计$\hat{T}$（第5行）。那么区间$[T_i,\hat{T}]$由点$T_{i+1}=T_i+\dfrac{\hat{T}-T_i}{\lambda}$（第6行）分割。当$T_{i+1}$大于$T_{\min}$时，程序结束，在程序的迭代期间（第7行）识别出最早的检测。最后，$T_{\min}$是根据该过程可获得的T^o的最佳估计。因此，改进的最终估计为$\bar{t}=T_{\min}$。

细化过程可视化如图9.9所示。

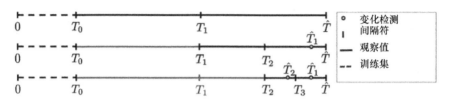

图9.9 基于ICI的时间变化估计细化过程：一个示例，其中$\lambda=2$。最初，（第1行）

ICI – CDT检测到与时间$\hat{T}$相对应的变化，程序开始计算$T_1=T_0+\dfrac{\hat{T}-T_0}{\lambda}$。那么ICI – CDT

在区间$[0,T_0]\cup[T_1,\hat{T}]$上执行，导致在$\hat{T}_1$（第2行）处的检测。该过程通过计算

$T_2=T_1+\dfrac{\hat{T}-T_1}{\lambda}$迭代，并且在区间$[0,T_0]\cup[T_2,\hat{T}]$上执行测试。当$T_3>\hat{T}_2$时，

该过程终止，其中$T_2=\min\{T_j\}$。输出为$\bar{t}=\hat{T}_2$，并且假设$[\hat{T}_2,\hat{T}]$由处于

新状态（即在概念漂移后）的过程产生

注意

由所有ICI – CDT提供的估计$\bar{t}$使得其对于主动（检测和反应）学习框架特别有吸引力，因为它们提供包含与生成数据过程的新状态相关联的实例的集合$O_{\hat{T}}$。除了CDT本身，在数据流域中的这些实例现在可以用于重新配置应用。此外，H – CDT在计算量上比CI – CUSUM[101]更小，在大多数涉及嵌入式系统的应用中应该优先考虑。并且，分层CDT的代码是免费提供的，可以从参考文献[102]中给出的链接下载。

回顾一下，误报的出现引入了一个处理负荷，因为它导致了不必要的重新配置，并且可能降低应用程序的性能。事实上，如果为了误报后的一个新的$O_{\hat{T}}$而错误地放弃先验丰富的训练集O_{T_0}，将最终得到一个一致的具有较小基数的数据集。

同时，漏报的存在也是至关重要的，因为当没有检测到概念漂移时，自适应机制不会被激活。

最后，研究了由渐进性概念漂移产生的影响。预计这种概念漂移将不会在其早期阶段被检测到，但是可能稍后当概念漂移对特征级产生影响时会被检测到。然而检测中的延迟是必须根据渐进性概念漂移而付出的代价。此外，鉴于正在采用的 CDT 类型，一个渐进性概念漂移会导致一系列概念漂移检测（一个具有渐进性概念漂移演进的特征的检测轮廓）。

相关文献提出了专门设计的 CDT，用于在一些关于概念漂移的演进模型的假设下，管理渐进性概念漂移的情况，大多遵循固定阶数的多项式函数。感兴趣的读者可以参见参考文献 [97]。

9.3.3　杏仁体—VM‐PFC：H‐CDT

H‐CDT 是认知机制的一个纯粹的例子。在那里，基于 ICI‐CDT 的低水平认知处理像杏仁体一样快速处理输入的刺激，并提供第一反应结果，检测（自动处理）到威胁（感知到的变化）并且立即采取行动（例如当看到枪朝向自己时立即做出反应，而不管其他额外信息）。然后将情感状态传递给 VM‐PFC 通过更清晰的处理来完善所采取的行动，并以新的控制行为（例如意识到枪确实是由一个孩子持有的假水枪）回到杏仁体。VM‐PFC 的对应体是高水平认知的 H‐CDT，其中霍特林测试验证或拒绝低水平认知 CDT 提出的概念漂移假设。当变化假设被拒绝时，由 ICI‐CDT 调用的动作被中止，状态回退，并且在误报检测之后重新配置 ICI‐CDT。没有证据表明 VM‐PFC 会重新配置杏仁体，即使可能提供负反馈。

9.4　即时学习框架

在顺序框架中 CDT 的可用性允许人们设计由主动学习方式表征的应用程序。所选择的 CDT 检测概念漂移（检测模式），应用通过适应新的状态而相应地做出反应（反应模式）。这种主动学习方式在文献中称为即时（JIT）学习，意味着用于跟踪环境变化的应用程序的重配置将在需要时（与概念漂移检测相对应）被精确激活，与始终启用学习的被动解决方案相反。

将 JIT 机制应用于应用程序以简化表示，并向分类器实例说明其在应用程序中的相关性。在 JIT 分类器中，CDT 识别影响输入数据的概念漂移，而基于分类器的应用程序经过重新配置阶段来跟踪稳态性的变化。与遵循主动学习模式的其他分类器相比，JIT 分类器的一个独特特点是，当没有检测到改变时，分类器继续集成新的监督信息，以提高分类准确度。

在算法 24 中给出了 JIT 自适应分类框架的高水平认知描述。该框架是非常通用的，并且可以承载任何类型的 CDT 和分类器。显然应该采用有效的低复杂度 CDT 和分类器，并将其作为最终目标，即嵌入式系统。

JIT 框架非常通用，可以处理任何类型的概念漂移，从突发性概念漂移到渐进性概念漂移。在突发性的情况下，需要释放用于训练分类器的过时数据，并用表征新操作条件的新型监督实例来替换它们，然后在新训练集上训练分类器，例如参考文献［94］。不同的是，当遇到渐进性概念漂移时，需要涉及训练集的更新和重新训练的频繁管理活动，被看作是继检测机制之后的突发性概念漂移的序列。用于处理渐进性概念漂移的机制的扩展已经在参考文献［97］中提出。

算法 24：JIT 自适应分类器。新数据实例在分类器中集成，直到检测到概念漂移。当 CDT 检测到变化时，与 $O_{\hat{T}}$ 数据集相关联的监督实例被用于重新配置分类器。

1）配置 JIT 分类器和 CDT；
2）**while**（ture）**do**
3）　　**input** 接收到的新数据；
4）　　**if**（CDT 检测到概念偏移）**then**
5）　　　表征新进程状态；
6）　　　在新进程状态上配置 JIT 分类器和 CDT；
　　　else
7）　　　将可用的额外信息集成到 JIT 中；
　　　end
8）　　　分类新的输入样本；
　　end

后面首先重点讨论了核心 JIT 中的突发性概念漂移，然后讨论了渐进性概念漂移的情况。虽然可以采用任意 CDT，但这里使用基于 ICI 的系列作为参考 CDT。

9.4.1　观测模型

为了简单起见，考虑两类分类问题。运行框架可以形式化如下：

令 $x \in X \subset \mathbb{R}^d$ 为独立同分布随机变量，$y \in \{\omega_1, \omega_2\}$ 为相关二分类输出。在 t 时刻输入的概率密度函数：

$$p(x|t) = p(\omega_1|t)p(x|\omega_1, t) + p(\omega_2|t)p(x|\omega_2, t) \tag{9.22}$$

取决于输出的概率密度函数 $p(\omega_1|t)$ 和 $p(\omega_2|t) = 1 - p(\omega_1|t)$，及条件概率分布 $p(x|\omega_1, t)$ 和 $p(x|\omega_2, t)$。一般来说，这些分布是未知的。

令 $O_T = \{x(t), t = 1, \cdots, T\}$ 是在 T 时刻的数据序列，$Z_T = \{x(t), y(t)\}, t \in I_T\}$ 是在 T 时刻分类器的知识库，包含监督对 $(x(t), y(t))$，即 $y(t)$ 是与监督值 $x(t)$ 相关的类别标签，I_T 是包含时间 T 上监督样本的到达时间的集合。

进一步假设在 T_0 之前获得的样本在稳态条件下已经生成。然后使用集合 O_{T_0} 来训练 CDT，而 $Z_0 = \{(x(t), y(t)), t \in I_0\}$ 表示分类器的初始知识库（KB），I_0 是监督样本在 O_{T_0} 中的集合。假设在时刻 $T^\circ > T_0$，稳态的变化随着 x 的分布的变化而变化：变化之后的分布也是未知的。

在 JIT 框架中，CDT 通过对数据序列 O_T 进行操作来检查该过程，并且在一些变型中，还通过利用有监督的样本信息来检查该过程。

9.4.2 JIT 分类器

参考算法 24，每当 CDT 检测到概念漂移时，JIT 分类器经历一个自适应阶段，随时间推移它在训练集中整合可用的新信息以提高分类的准确度。

9.4.2.1 响应变化：更新分类器

重新训练自适应 JIT 分类器需要学习变化后的数据生成过程的模型。因此特征集合 $Z_{s|t > \tilde{t}} = Z_{s|[\tilde{t}, \hat{T}]}$，即在时间区间 $[\tilde{t}, \hat{T}]$ 中的数据观测，表示随概念漂移生成数据的过程的新状态。必须使用这样的实例来重新训练分类器（在时域 t 中）和 ICI – CDT（在 s 域中）。

任何一致的分类器，当其一致性要求的充要条件是模型族是一个通用函数逼近器时，可以在 JIT 框架中采用。但是如果考虑的是嵌入式系统，那么并非所有分类器都同样有效。在设计应用时还必须考虑计算复杂度和存储器使用量，以及能量感知应用对功耗的间接影响。前馈神经网络、kNN 分类器、径向基函数神经网络是一致分类器的示例[100]，而 SVM 和正则化内核分类器是否为一致的分类器要取决于损失函数和实现算法的特定选择[99]。然而训练阶段对于大多数分类器都是成本很高的操作，因此对嵌入式系统来说，特别是在涉及大数据的情况下，很有可能受到限制。如在参考文献 [101] 中所述，kNN 分类器是特别有吸引力的解决方案，因为其训练阶段是即时的，并且可以减少到在以 KB（知识库）表示的分类器表中插入监督对。

回想一下，kNN 分类器为一个新实例提供了一个标签，该实例被归类为 k 个最近实例中的大多数。两个实例之间的相关度评价（主要基于输入空间中的欧几里得距离）对 KB 中的实例的检查以及识别 k 个最近邻元素的分数排序是算法的主要计算要求部分。如果 KB 的基数是 N，则 kNN 分类器是一致的[103]：

$$\frac{k}{N} \to 0 \ \text{当} \ k \to \infty \ \text{时}, \ N \to \infty$$

然而 kNN 分类器是一种对存储器需求很大的解决方案（这是在计算上可以忽略不计的训练阶段所要付出的代价），因为所有 N 个实例需要存储在存储器中，尽管可以设想有效的解决方案来控制内存请求，例如那些基于压缩或编辑技术的解决方案。压缩和编辑技术都旨在降低训练集的基数，同时保持最大的分类准确度。特别地，压缩技术，例如压缩近邻（CNN）[105]，目的是在训练集中只保留那些基本的样本来形成决策边界。不同的是，编辑技术［例如威尔森编辑规则（WER）[106]］对训练集进行干预，去除了有噪声的样本，并要求贝叶斯（Bayes）决策边界是光滑的。

一个更好的解决方案是通过保持最大的 N_M 实例来对 KB 的基数进行阈值化。如果它们处于稳态并且 N 增加，则 N 将被缓冲到 N_M 监督对（例如通过保持最近的 N_M 实例）。一个简单的循环缓冲区可以解决这个问题。

本书详细介绍了基于 kNN 结构和 H–CDT 的 JIT 分类器，参考算法 25。

kNN 分类器的初始知识库是 $Z_0 = \{(x(t), y(t)), t \in I_0\}$（第 1 行），而 k 的值设置为 K_{LOO}，用留一法（LOO）技术评估，应用于 Z_0（第 2 行）。在初始训练集 O_{T_0}（第 3 行）上配置 H–CDT。在这个配置阶段之后，算法通过在即将到来的样本到达时对其进行在线分类，并且每当可用时，在分类器 KB 的知识库中引入新的监督信息$(x(t), y(t))$（第 7 行）。在这种情况下，该算法将接收到样本时的时间 t 时刻存储在 I_t 中（第 8 行），包括 Z_t 中的对$(x(t), y(t))$（第 9 行），更新参数 k 以便保证一致性$^\bigcirc$。读者应该知道随着 N 增加 k 不能随意选择以满足一致性条件；在参考文献［104］中给出了一种有效的计算感知方法来估计适当的 k，并依赖于 LOO 性能评估方法。

在稳态条件下，在运行期间[103]，通过引入额外的监督样本来提高分类准确度，但是当可用的 $x(t)$ 不被监督时，I_t 和 Z_t 集不再被更新（第 11 行和第 12 行）。

当 H–CDT 通知包含 $x(t)$（第 13 行）的子序列中的概念漂移时，细化过程还提供$\hat{t}$信息（第 15 行）。然后在与新状态过程相关联的特征 s 上重新配置 H–CDT，即在时间区间$[\hat{t}, \hat{T}]$（第 16 行）中的那些状态。

$\hat{t}$信息允许 JIT 用于去除在$\hat{t}$之前从 I_t 和 Z_t（第 17 行和第 18 行）采集的那些训练样本。然后通过在新知识库（第 19 行）上的 LOO 过程和对其设置的 k 来估计 k_{LOO} 的新值。最后通过依赖于更新的知识库 Z_t 和 k 的当前值（第 20 行）来对 $x(t)$ 进行分类。

$\bigcirc$　原书中 I_T 和 Z_T 下角为大写，有误，应为小写。——译者注

算法 25：基于 H – CDT 的 JIT 自适应分类器

1) $I_0 = \{1, \cdots, T_0\}, Z_0 = \{(x(t), y(t)), t \in I_0\}, O_{T_0}$；

2) 利用 Z_0 上的 LOO 估计 k_{LOO}，并设置 $k = k_{LOO}$；

3) 使用 O_{T_0} 配置 H – CDT 的 ICI – CDT 部分；

4) $Z_t = Z_0, I_t = I_0, t = T_0 + 1$；

5) **while**（1）**do**

6) 　在时刻 t 采集 $x(t)$；

7) 　**if**（$x(t)$ 上的监督信息 $y(t)$ 是可用的）**then**

8) 　　　$I_t = I_{t-1} \cup \{t\}$；

9) 　　　$Z_t = Z_{t-1} \cup \{x(t), y(t)\}$；

10) 　　　如参考文献［104］中更新 k；

　　else

11) 　　　$I_t = I_{t-1}$；

12) 　　　$Z_t = Z_{t-1}$；

　　end

13) 　**if**（H – CDT 在包含 $x(t)$ 的序列上检测到概念漂移）**then**

14) 　　　令 $\hat{T}$ 为概念漂移检测时间；

15) 　　　从 H – CDT 提取 $\bar{t}$（算法 23）；

16) 　　　在 $[\bar{t}, \hat{T}]$ 上设置 ICI – CDT，并在特征序列 $s \mid t > \bar{t}$ 利用霍特林测试；

17) 　　　$I_t = \{t \in T_t, t > \bar{t}\}$；

18) 　　　$Z_t = \{(x(t), y(t)), t \in I_t\}$；

19) 　　　利用 Z_t 上的 LOO 估计 k_{LOO}，并设置 $k = k_{LOO}$；

　　end

20) 　　将 $x(t)$ 分类为 $kNN(x(t), k, Z_t)$；

21) 　　$t = t + 1$；

　　end

9.4.2.2　示例：在分类系统中的 JIT 学习

该实验涉及一个具有两个等概率类 $\{\omega_1, \omega_2\}$ 的综合一维分类问题，每个类均服从高斯分布 $p(x \mid \omega_1) = \mathcal{N}(0, 4)$ 和 $p(x \mid \omega_2) = \mathcal{N}(2.5, 4)$。实验由 $N = 10000$ 个标量观测组成。突发性概念漂移通过将概率密度函数修改为 $p(x \mid \omega_1) = \mathcal{N}(2, 4)$ 和 $p(x \mid \omega_2) = \mathcal{N}(4.5, 4)$ 来影响在时间 $T^o = 5000$ 的两个类别。图 9.10a 显示了两

个类别随时间变化的数据实例。

采用以下自适应分类框架以供比较：

- 提出的 JIT 分类器（带有方形标记的绿色虚线）。
- 每次提供新的监督对时，对所有可用数据进行训练的分类器（黑色虚线表示）。这种分类器保证了在稳态条件下的最佳性能。
- 在最后 40 个监督样本（具有圆点标记的红色实线）上打开的滑动窗口上训练的短记忆分类器。

所有采用的自适应分类框架都依赖于作为基础分类器的 kNN 分类器。

将 $m = 5$ 个观测值中的监督样本提供给分类器。

无监督样本的分类准确度是用于评估所考虑的自适应分类框架的性能的品质因数。特别地，如图 9.10b 所示，在每个时刻，平均在一个 40 个的样本滑动窗口中 2000 次运行中错误分类样本的百分比。

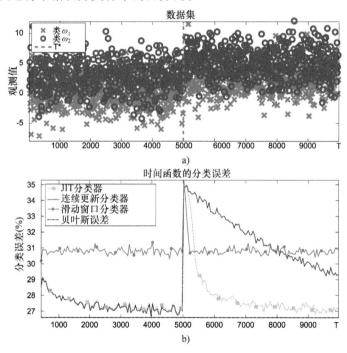

图 9.10 适用于分类器的即时学习机制的示例。与这两个类相关联的数据实例在 $T^o = 5000$ 时受到突发性概念漂移，其影响类 ω_2（图 a）的分布的均值。然后将分类器的分类性能与实现批量在线被动学习机制、JIT 分类器和最佳贝叶斯分类器的短记忆分类器进行了比较（图 b）

JIT 分类器在变化前后都倾向于贝叶斯误差，这是因为它能够在运行期间集成新的监督样本并在检测到变化后移除旧的样本。事实上，在 T^o 之前，JIT 分类器保证与在所有可用数据（即黑线）上训练的分类器所提供的性能一致，它在稳态条件下能够保证最佳性能。

在变化之后，JIT 分类器由于其主动检测/反应方法能够迅速对变化做出反应，并且适应新的工作条件。相反在所有可用数据上训练的分类器需要更多的样本来适应新的工作条件，因为它没有被赋予移除过时样本的机制。

有趣的是，短记忆分类器保证了改变后的最佳性能，因为它能够自然地通过窗口机制去除过时的样本。不幸的是，由于滑动窗口是在固定数量的样本上打开的（并且这不允许基本分类器实现贝叶斯误差），因此不能提高其在稳态条件下的准确度。

9.4.3　渐进性概念漂移

当检测到概念漂移后，JIT 分类器在使用寿命期间通过提供额外的监督样本，提高了分类器的性能，在这种情况下，当生成数据的过程受到一系列突发性概念漂移[84]的影响时，所提出的 JIT 分类器具有渐近最优性。典型的例子是质量检查过程，其中按时间调用管理程序以提供外部质量评估，因其是新的信息（监督对），JIT 得益于从概念漂移自动恢复。显然，如果这个过程是由时间很近的概念漂移序列表征的，则 JIT 的性能可能会维持在低水平，即使 JIT 分类器尽最大努力保持可能的最高准确度与环境兼容。在这种情况下，一种基于被动的分类器，其中 kNN 仅针对最后 N 个固定数据训练，从复杂度的角度看，它可以提供更高的性能和更简单的功能。

这种情况也可能在渐进性概念漂移中出现，很明显，这种情况被看作一系列突发性概念漂移。同样如果概念漂移速度快，且其与随时间变化的梯度相关（高速发展的概念漂移），则被动解决方案可能比自适应解决方案更可取。为了解决渐进性概念漂移，参考文献［97］提出了一种扩展的 JIT 分类器，介绍了：

• 9.3.2 节中概述的 ICI – CDT 的修改版，使得 CDT 能够处理其期望遵循多项式趋势的过程。

• 一种能够处理影响过程期望的渐进性概念漂移的自适应分类器。该分类器集成了一个估计演进动态的指数，以提高分类准确度。

直观地讲，所提出的扩展分类器通过估计概念漂移趋势、降低数据的趋势，从而处理渐进性概念漂移，并认为这个过程现在处于稳定状态。

根据式（9.22）来建立渐进性概念漂移模型。特别地，关注的是渐进性概念漂移，它由一个可能缓慢的时变随机过程表示，其期望 $E[p(x|t)]$ 遵循分段多项式函数 $f_\theta(t)$。$f_\theta(t)$ 的参数描述由 $\{(\theta_i, U_i)\}$ 给出，其中 θ_i 是表征在第 i 个时

间区间 U_i（即连续时刻的子序列）上定义的多项式 $f_{\theta_i}(t)$。条件概率分布的期望可以表示为

$$E\big[p(x|\omega_1,t)\big]=f_{\theta_i}(t)+q_{1,i} \tag{9.23}$$

$$E\big[p(x|\omega_2,t)\big]=f_{\theta_i}(t)+q_{2,i} \tag{9.24}$$

式中，$t\in U_i$；$q_{1,i}$ 和 $q_{2,i}$ 是在稳态条件下两个类 ω_1 和 ω_2 的期望。

在时间 t 产生观测值 $x(t)$ 的过程变为

$$x(t)=\begin{cases} f_{\theta_1}(t)+\phi_{1,i} & y(t)=\omega_1 \\ f_{\theta_2}(t)+\phi_{2,i} & \text{其他} \end{cases} \tag{9.25}^{\ominus}$$

式中，$\phi_{1,i}$ 和 $\phi_{2,i}$ 是由在 $E[\phi_{1,i}]=q_{1,i}$ 和 $E[\phi_{2,i}]=q_{2,i}$ 的稳定条件下表征其各自类 ω_1 和 ω_2 的分布的概率密度函数所规定的随机变量。

进一步假定概率 $p(x|\omega_1,t)$ 和 $p(x|\omega_2,t)$ 在定义分段多项式函数的每个区间内不改变，因此 $x(t)$ 的概率密度函数是

$$p(x|t)=p_i(\omega_1)p(x|\omega_1,t)+p_i(\omega_2)p(x|\omega_2,t),t\in I_i$$

输入的概率密度函数、条件分布和输出分布是未知的。在每个区间 U_i 内的分段多项式函数，即 $f_{\theta_i}(t)$ 也是未知的，但在两个类之间是共同的，如式（9.24）所示。本书认为所采用的框架是传统框架 $[$假设常数 $f_{\theta_i}(t)]$ 的扩展。

9.4.4 渐进性概念漂移的 JIT

所提方法的关键点是通过允许条件概率密度函数的期望作为分段多项式函数随时间演进来扩展传统上在分类问题中假设的观测模型，如式（9.24）所示。在这样的假设下，可以开发一个 CDT 来评估被监测过程的（多项式）趋势的变化，而不是它的期望值的变化。如果测试没有检测到变化，对输入样本执行多项式回归，并使用回归系数在线修改自适应分类器的知识库。不同的是，当检测到变化时，从知识库中移除过时的样本，并重新启动变化检测测试。

由于 ICI – CDT 本质上能够处理在监测过程中的多项式趋势，它可以在特征级别（与9.3.2节提出的有关）中进行轻微的修改，详见参考文献 [97]。

不同的是，kNN 分类器必须稍做修改以紧密地适应渐进性概念漂移。算法26 给出了能够处理渐进性概念漂移的 kNN 分类器。很容易看到，对于传统的 kNN 分类器唯一的区别是输入样本和训练样本之间的距离的计算（第4行）。这里，参数向量 $\hat{\theta}(t)$ 表示在渐进性概念漂移过程中对数据进行最优多项式拟合的系数。这些系数可以使用任意回归技术从观测中估计。

$\ominus$　式中 $f_{\theta_1}(t)$ 的 1 原书为 i，有误，应为 1。——译者注

算法 26：渐进性概念漂移的自适应 kNN 分类器

1）$N = |Z_T|$；

2）$i = 1$；

3）**while** （$i < N$）**do**

4）　$d_i = ((x(t) - f_{\hat{\theta}(t)}(t)) - (x(t_i) - f_{\hat{\theta}(t)}(t_i)))$；

5）　$i = i + 1$；

　end

6）根据距离 $\{d_i\}_{i=1,\cdots,N}$ 确认最近的 k 个训练样本；

7）将 $x(t)$ 分类为 k 个最近训练样本中的大多数标签

多项式拟合表示渐进性概念漂移，并用于修正数据与拟合多项式之间距离函数的每个项。特别地，当前样本 $x(t)$ 和训练样本 $x(t_i)$ 之间的距离的计算，是在减去在其相应的时刻［即 $f_{\hat{\theta}(t)}(t)$ 和 $f_{\hat{\theta}(t)}(t_i)$］中具有系数 $\hat{\theta}(t)$ 的（估计）多项式的值之后进行的。

通过替换 CDT 和 kNN 分类器，然后可以按照算法 25 的类似方案来制定用于渐进性概念漂移的 JIT 分类器。注意，所提出的用于渐进性概念漂移的 JIT 实际上是算法 25 的扩展当渐进性概念漂移不存在时（多项式的高阶系数逼近零且整个 JIT 在稳态条件下运行）。

9.4.5　杏仁体—VM – PFC—LPAC – ACC：JIT 方法

即时学习框架是一个复杂机制的例子，在皮亚杰（Piaget）的儿童学习理论中找到了它的心理学基础。检测概念漂移并对其做出反应，与皮亚杰的人类认知心理学理论是一致的[157]，其中学习被描述为不断努力维持或实现先前的和新的知识之间的平衡。正如参考文献［77］中所指出的，当新的知识由于严重的冲突（即非稳态）而不能适应现有的模式时，需要对应用程序进行重构，以创建新的模式，补充或替换先前的知识库。前一个检测问题由杏仁体—VM – PFC 机制解决，而补充或替换先前的知识库（反应过程）的需要则由 LPAC – ACC 层进行。

第 10 章 故障诊断系统

基于传感器的网络嵌入式系统的出现使得大量数据的实时收集成为可能。然而收集的数据不完整或者由于各种原因没有意义的情况并不少见，因此而引入可能的戏剧性结果影响了从数据中做出决策的正确性。更糟的是，大多数研究不注意这个问题，并且隐含地假定数据在定义上是正确的，并且是"真实的"。结果表明，在对人们的生活产生重大影响的关键任务或应用程序中，应该解决这个不容忽视的问题。

一个例子是落石崩塌或滑坡类型的情况。假设部署了监控系统，一旦运行，就可以提供评估/推断潜在环境风险所需的信息，参见参考文献 [142，143]。

参考在 8.6.5 节中描述的 Rialba 塔应用，如图 10.1 所示用应变仪 4，如果应变仪检测到 3.75mm 的裂缝扩大，应该采取行动吗？可以回答说，它取决于引入的安全阈值。如果阈值设置为 2mm，应该警告附近村庄的村民，因为潜在风险似乎是真实的。如果测量是错误的，由于一个永久突变型的故障，影响了传感器，即读出值带有一个常量分量的错误偏置，怎么办？可以回答说应该看看其他应变仪（见图 10.1 中的应变仪 2 和 3），在所考虑的情况下，这些应变仪没有显示与感知事件一致的任何放大。由于岩石可能会在其运动中出现刚性移位，而其他两个应变仪无法察觉，因此无法对其进行明确的风险评估。马上意识到不能低估这个问题。上面的讨论也带来了传感器部署的问题。传感器在放置时应该牢记这一现象及其预期的演进。尽量避免使用不必要的传感器覆盖环境，更糟糕的是，将它们部署在由于其敏感性难以观测到现象的区域中（由于物理原因，环境的变化很难传播到传感器）。

一般来说，意外的不可预测的情况会影响传感器/执行器系统的结果，或者是被监控环境中的异常表现，可能是永久性的，也可能是暂时的，可能是突发的，也可能是早期的。随着传感/执行系统老化，问题变得更加明显，因为传感器（随着电子链一直到模 - 数转换器）和执行器不再能够提供正确的功能（而校准阶段并不总是能解决这个问题）。

对于涉及决策过程的所有应用，设计能够分析和解释输入数据流的方法是至关重要的，以便尽快检测、隔离和识别故障（从现在起，故障也包括老化效应和温漂），并尽可能根据所携带的信息在做出决策或采取行动之前予以考虑。

尽管硬件解决方案可以部分地缓解这个问题，例如通过重复部署采集硬件的基于模块化冗余的解决方案，但是它们并不总是能够处理传感器可能遇到的所有

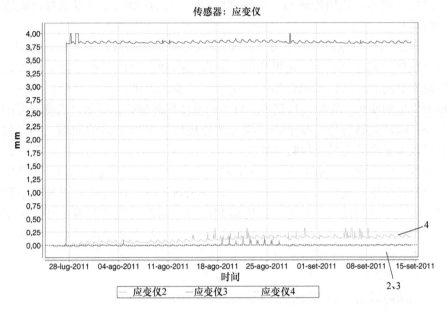

传感器：应变仪

图 10.1　本图显示了与安装在 Rialba 塔上的 3 个应变仪相关的 3 个测量值
（见 8.6.5 节）。应变仪 4 呈现约 3.75mm 的扩大，这可能代表塔稳定性的潜在问题。
可以看到，所有应变仪均对温度敏感，尽管有信号调理和补偿，仍然会在所采集的数据上
引入寄生效应：日夜季节分明。现有的小峰值与读出机制中的暂态故障有关。这就是现实：
故障、温漂、缺失和错误的数据是常态，而不仅仅是在恶劣环境中的异常

类型的故障。虽然通过设置合适的阈值可以容易地检测到影响特定传感器的突发
类型的故障，但漂移类型的故障将影响所有传感器，因此不可能用严格的硬件冗
余模式来检测它。模块化冗余还意味着成本随元件数量呈线性增加，对于集成传
感器可能是可接受的，但对于更准确和更昂贵的传统非硅传感器来说，则不一定
是可以接受的。还应该强调的是，硅集成传感器比其他传感器更容易老化。

故障诊断系统（FDS）是软件应用程序，被设计用于检测潜在的故障（故障
检测）、识别故障（即确定它们的类型和大小）、隔离故障（即将它们在系统内
定位）以及通过 ad-hoc 动作（缓解步骤）来减弱故障的影响（如果可能）。

FDS 的复杂度取决于应用程序所需的功能（例如，可能只对检测故障感
兴趣）和（嵌入式）处理系统提供的计算能力。在最简单的嵌入式系统中，应
该采用一个简单的 FDS，主要基于故障检测方面（例如，检测影响传感器的故
障），并且可能采用一些缓解策略（例如，禁用传感器，启用另一个物理或虚拟
的传感器或者用软件代理尝试重新校准它）。当嵌入式系统可以协同工作时，例
如在传感器网络内，可以设计更复杂的甚至分布式的 FDS。在一些其他情况下，
数据流检查集中在高性能远程处理系统中，其结果是允许向远程嵌入式装置发送

使能操作（例如，禁用传感器、在调理阶段改变滤波器的参数以及修改温度校准曲线等）。

大多数 FDS 通过假定一个关于装置/系统是被监测的假设来运行。例如，可以假设数据生成过程的模型是可用的，并在此基础上设计 FDS 策略，例如通过观察随着时间的推移，可用模型的输出与采样值之间的差异，并应用一些 CDT 来检测发生的变化。先验信息越多，FDS 的整体性能越好，例如，检测故障的延迟越小，隔离就越容易。要全面、深入地处理传统 FDS 背后的问题，感兴趣的读者可以参见参考文献 [144, 145]。

在本章中，专注于基于一种认知方法的更先进的 FDS，通过利用计算智能技术，通过假设没有或很少的先验知识来解决 FDS 问题，因此它们是特别适用于智能嵌入式系统的技术。事实上，认知 FDS 并不对被研究的装置或环境做出强烈的假设（如果有），而是从输入数据学习所需的特性和隐藏的系统行为。显然，这种方法需要一个学习阶段（甚至可能在线执行）来配置 FDS 以及实现那些能够识别和响应环境变化的机制（不要将故障与代表更一般的变化类别的特定实例的故障混淆，例如包括环境变化和模型偏差的故障）。

大多数用于故障诊断的认知方法都是基于数学知识（系统模型）来描述系统的预期行为（名义无故障状态），并且需要学习一些参数，或通过在有限的或根本没有可用的先验知识之下使用机器学习技术。根据系统模型的可用信息，对现有的认知故障诊断方法进行了分类。有两种极端情况：第一种情况是系统模型的描述可用（例如描述装置的方程）；第二种情况是研究当系统模型不可用和唯一信息与采样数据相关联时的诊断问题。

10.1 基于模型的故障检测和隔离

即使假设系统模型是可用的，尽管大多数情况下都满足一些规范形式（例如基于连续或离散状态的描述），也仍存在影响它的未知不确定性，例如，源自系统参数的部分知识、未建模动态性、系统的一些非线性部分的线性化、未知扰动和测量噪声等。

当对系统模型的描述可用时，认知方面主要与特征有关，通过学习，了解影响系统及其动态的不确定性，并且学习允许 FDS 检测、识别和隔离故障的阈值。

这里，不确定性通常被认为是未知但有界的，其特征是设计有效的故障诊断系统的一个基本步骤。特别地，根据可用的信息，需要应用下列方法：

- 滤波技术，用于抑制干扰的影响和测量噪声[148,149]；
- 集合隶属性识别技术，当边界未知时，用于估计参数不确定性的界[150,152]；

- 自适应近似技术，学习建模的不确定性[146,147]。

然后通过检查边界违反情况来执行故障检测，即检查新的数据是否与已识别的边界内或外部的特征相关联，这些特征描述了名义无故障的行为。在有界不确定性的情况下和在名义无故障条件下，自适应阈值可以被设计为边界残差，即用系统模型获得的数据与来自测量传感器的数据之间的差异[149,153]，凸集设计用于可行参数集的外边界[151]，区间约束是由某些变量所满足的关系和这些变量的域确定的[152]，预测区间被计算为输出数据可以假定的有界值[150]。

基于模型的遵循边界方法的认知故障诊断方法对不确定性具有鲁棒性（当边界表示可靠信息时确保零误报），但可能受到漏报的影响（存在的故障没有被该方法检测到）。

用于进行故障检测的认知算法的规范（例如，系统配置、已知/训练的模型、有界/随机的不确定性等）也用于故障隔离。这里有必要提及的是，在可能受多个故障影响的非结构化、开放式环境中的大规模复杂系统中追求故障隔离是一个困难的问题，可能需要额外的先验知识来学习解决故障诊断问题。

10.2　无模型故障检测和隔离

在许多应用，特别是那些关于系统的唯一信息是由采集数据构成的应用中，系统模型的可用性是一个强有力的假设。在这些情况下，需要创建充分的认知机制来处理故障诊断。要设计的 FDS 的性能取决于系统的复杂性、预期故障的类型、所选择的 FDS 策略以及关于系统和故障类别的先验信息的可用性。例如人们可能知道数据流已经通过时不变过程生成（或者时不变性是一段时间内很好的近似），不同的数据流是相互依赖的，并且噪声通过加法或者乘法模型影响数据流（这些概念在第 5 章中给出，其中故障代表特定类型的扰动）。每个假设都可以帮助 FDS 改进其性能。主旨总是相同的：可用的信息越多，性能越好；人们期望一个设计良好的 FDS。事实上，不同的解决方案都可能利用先验信息来提高可检测性，减少检测中的时延和/或误报/漏报率。

一些方法，例如利用传感器数据流之间存在的空间和时间关系[156]（预期故障会改变那些关系），其他或在设计阶段通过利用故障实例[154]的可用情况建立包含故障特征的故障字典（库），或在线而不假定这种可用性[155]来检测/分类所发生的故障。

遵循这些方法，包括故障字典的认知故障隔离算法的结构可以根据输入的新知识进行修改，即每当检测到新故障时将新故障添加到故障字典，或者基于新故障实例进行改进（新的故障标识被添加到字典）。当检测到故障并且嵌入式系统可以继续运行时，可以在考虑了故障调节阶段以减轻/减少故障的影响之后，需要激活新的训练阶段，因为系统运行在与上一种状态不同的状态。因此，组成无模型 FDS 的所有模块都需要相应地重新配置。

图 10.2 给出了无模型 FDS 背后的通用概念框架。构成 FDS 的关键要素是名义概念、变化检测和认知故障分析模块。所有模块接收通过处理原始数据获得的信息或特征 φ。特征为决策和进一步处理提供了信息的紧凑表示。名义概念模块包含一个名义无故障状态的描述，该状态是从可用特性直接增量构建的。从给定时刻的原始数据提取的特征构成了学习阶段使用的训练集（即图 10.2 中的黄色竖线之前的数据），以创建表示名义条件的标识/模型。

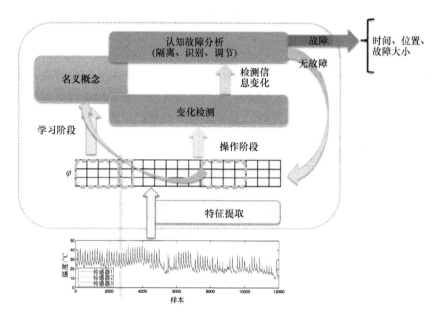

图 10.2　一个无模型的认知 FDS。通过在输入信号上加滑动窗口（可能不重叠）提取的特征被用于生成特征。反过来，当前可用特征用于评估它们与名义概念模块中表示的名义无故障状态的相干性。如果检测到变化，则认知级被激活，并且在评估了变化之后，执行故障隔离、识别和调节过程。如果变化未被认知分析及验证，则系统可能通过以新实例（由于检测到故障）重新训练名义概念模块和变化检测模块继续其运行模式

在运行过程中，提取特征并且激活变化检测模块以检查在特征数据流中打开的滑动窗口（在特征上打开的绿色框）。变化检测方法验证当前特征是否与存储和管理知识的名义概念模块中存在的模型/标识相一致。如果答案是肯定的，则没有检测到变化，并且当前特征属于名义状态（因此，在产生这些特征的原始信号中没有发生故障）。不同的是，如果检测到变化，认知故障分析模块被激活。认知故障分析模块利用变化检测模块检测到变化的时间，并且利用关于变化

和与名义概念相关联的知识的附加信息验证变化。如果变化被验证并且与故障相关联，则进入隔离、识别和调节阶段，并且提供故障发生的时刻、位置和大小。应当注意，识别故障类型可能需要由主管（例如操作人员）进行外部评估，并在个人检查后标记故障类型。当可以执行该操作时，可以根据操作人员分配的特征实例标签在线创建字典。显然如果故障字典可用，则认知故障分析模块可以利用它并且将当前特征标识与故障字典中存在的那些特征标识进行比较以进行故障类型识别。如果变化无效，则检测与误报检测相关联（例如由于名义概念的表征中的不确定性），并且系统保持其运行模式，而名义概念模块和变化检测模块可以在新数据实例上重新训练。

3 种完整的用于故障检测的认知方法将在后面介绍：第一种作用在传感器级别；第二种利用两个传感器之间的关系；第三种利用传感器网络中的空间和时间关系。所有这些方法都可以在嵌入式系统中实现。第一种情况限于安装在嵌入式系统上的传感器，第二种假设嵌入式系统已经安装了至少两个传感器，第三种方法需要一个多传感器的完整平台。有趣的是，多个传感器可以连接到单个嵌入式系统，也可以作为更复杂的分布式传感器网络的一部分。分析同样是方法论的，因此技术是独立的。

10.2.1 FDS：传感器级情况

采用一个未知过程产生数据 $y = g(x, \eta)$，提供时间序列 $y(1), y(2), \cdots,$ $y(i), \cdots$，其中 $y(i) \in Y \subset \mathbb{R}$ 是在时间 i 获得的受未知扰动 η 影响的数据，$x \in X \subset \mathbb{R}^l$ 是输入。单传感器级设计的 FDS 几乎无效，除非对产生信号的过程做出强假设。

在生成数据的过程是时不变（没有环境变化）的情况下，总结最相关的情况，因此故障是过程中引起变化的唯一外部原因。

- 对原始数据的独立同分布假设。当测量遵循独立同分布时，可以采用 CDT 以检查数据流中的变化，如第 9 章中提出的。例如，如果系统模型为 $y = \bar{x} + \eta$，则假设成立，其中假定 $\bar{x}$ 为常数值，η 为独立同分布随机噪声。它还在质量分析应用中成立，对于每个生成/产生的项目，进行了一组独立同分布测量并描述项目（例如 A 类鸡蛋的重量和大小）。

- 独立同分布特征假设。一般来说，不能假设传感器数据是独立的。因此构造 FDS 的传统方法需要特征提取步骤，随后对特征空间中的名义状态进行表征。偏离名义状态将被视为需要进一步研究的有征兆的情况。为了确定有效性，与名义状态相关联的特征必须构成特征空间中的邻域（或有限的邻域集合），并且与故障状态相关联的特征必须分散开，否则可能聚合在一起构成一个与名义邻域不同的邻域。如果是这种情况，即名义和故障状态不重叠（或者为弱重叠，如果不能提供完美的解耦），故障检测是通过检查特征并发现当前的特征实例不属于名义状态来进行的（确定性的或概率上的）。通过识别聚类特征来实现故障识别和隔离。

- 完全模型假设和突发类型的故障。采用特征方法的一个有趣的例子是，其中的特征是模型的参数，近似于在信号上打开的运行窗口中的数据。通过利用数据窗口中的数据来学习/识别的每个参数向量 $\hat{\theta}$ 提供了模型 $f(\hat{\theta}, x)$。在假设故障是突发类型并且模型是线性和时不变（LTI）的前提下，有与模型建模相关的参数向量，故障数据和无故障数据分别覆盖了参数空间 $citeBasseville 的不同区域。然而该方法背后隐含的强假设是没有模型偏差（完全模型假设），即在信号加噪声模型（其他模型不考虑）内 $g(x, \eta) = f(\theta^o, x) + \eta$。例如，如果使用 LTI 模型来描述数据流，则系统模型也必须由用于模型近似的相同族的 LTI 系统生成。

- 完全模型假设：预测形式。在完全模型假设 $g(x, \eta) = f(\theta^o, x) + \eta$ 下，可以建立一个近似下一时间实例 $y(t)$ 的预测模型。由于近似模型提供估计 $\hat{y}(t) = f(\hat{\theta}, x)$，使 x 是回归向量（例如用于 τ 长窗口的自回归模型 $x = [y(t-1), \cdots, y(t-\tau)]$ 的情况），可以计算残差序列 $\varepsilon(t) = y(t) - \hat{y}(t)$。如果 $\hat{\theta}$ 是 θ^o 的良好估计（见 3.4.1 节和 3.4.5 节），则残差为独立同分布，CDT 可用于检查由故障引起的变化。在这种情况下，由故障引起的时间方差通过检查稳态变化的方法来检测。

必须注意的是，所有上述方法都存在误报和漏报的问题。除非假设进一步的假设，否则这里不能做多少事。应该绝对清楚的是，对于上述每个方法，如果不满足假设，则不可能区分：

- 环境的变化。不满足稳态/时不变假设。

- 存在近似风险（模型偏差）。如果模型系列不完整，因为它不包含系统模型，那么模型偏差不可忽略，可能会产生误报。

- 所选方法的固有误报。

我们强烈建议读者注意上述问题，因为可能犯简单的概念性错误和出现错误的描述。

图 10.3 更详细地描述了图 10.2 中描绘的一般框架。特别是，与框架相关的 3 个基本元素被具体化以便于理解，并涵盖上面列出的一些有趣的案例。具体描述如下：

- 特征提取阶段。如前所述，特征的作用是以压缩的方式表示由信号（或通过在其上加的窗口）承载的信息。特征可以用于不同的抽象级别。根据应用和作者的专业判断，为不同的问题选择不同的特征。数据空间级的特征是原始观测，可能被校准和补偿。当转到特征空间时，根据函数将呈现给指定时间窗口的

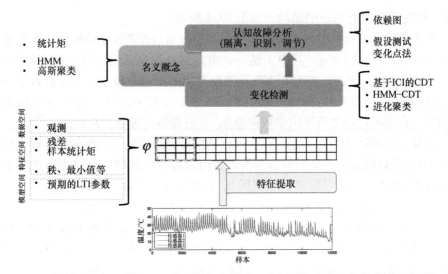

图 10.3 一种认知 FDS, 对图 10.2 进行详细的描述。给出了构成 FDS 的元素的一些可能实例

输入数据集转换为特征向量 x。特征的示例可以是预测/重建残差、样本统计矩、快速傅里叶变换（FFT）的系数、互相关矩阵的秩、在每个传感器窗口内假设的最小值等。例如，在模型空间一级，特征是用于预测下一个预期样本的 LTI 动态模型（例如 ARX、ARMAX 等）的系数。随着时间的推移，生成一系列特征向量 x, 与采用的窗口中的信号的局部模型的系数一致。

- 名义概念模块。描述系统的名义无故障状态的名义概念可以被建模为与名义状态相关联的一组特征向量。描述名义无故障状态的特征、高斯聚类或 HMM 的统计矩是其他描述机制。很明显，这里的目标是以某种方式描述系统的名义状态。因此，任何一致的表示都可以正常工作。

- 变化检测模块。变化检测的目的在于评估当前获取的特征向量和无故障名义概念之间的相关性。可以构建 kNN 分类器（或其他分类器）以评估与当前特征向量最接近的标识。如果两者之间的距离低于阈值，则将当前特征分配给名义状态（并且可以说系统正确运行）。在一些其他情况下，则采用统计的和 CDT 测试方法，例如基于 CUSUM、ICI 规则或在第 9 章中提出的 HMM – CDT，可用于评估稳态/时间方差的变化。

- 认知故障分析。在认知水平上，可以采用不同的方法来验证稳态的变化，并且决定变化是否与环境中的故障、模型偏差或时间方差相关。基于依赖图或假设测试的方法可以用来解决此问题。

10. 2. 1. 1 示例：一个基于残差检测的 FDS

该示例假定给定信号 $y(t)$ 可以用 LTI 预测模型逼近，并且完全模型假设成立（即模型和实际数据之间的差异可以表示为独立同分布信号，这里是白噪声）。将在下面讨论 FDS 的结构，如图 10.4 所示。

如上所述，完全模型框架假定生成数据的未知过程遵循系统模型，这里重写为 $y(t) = f(\theta^{o}, x(t)) + \eta$，其中 x 是一些由自然属性驱动的不可控的未知输入，η 是未知的高斯白噪声。信号用 LTI 预测模型 $\hat{y}(t, \theta)$ 建立模型，$x(t)$ 是对于一个特定时间滞后 τ 的回归特征向量 $x(t = k) = [y(k-1), \cdots, y(k-\tau)]$，$\theta$ 是模型参数向量。在学习过程之后导出参数向量 θ，并获得特定模型 $f(\hat{\theta}, x(t))$。

例如，在预测残差 $e(t) = y(t) - \hat{y}(t)$ 是白噪声的情况下，预测模型假设自回归（AR）函数族提供完全的可预测性。若给定模型线性度，可以用经典最小二乘法（图 10.4 中的学习阶段）来识别 $\hat{\theta}$，预测模型采用以下形式：

$$\hat{y}(t, \hat{\theta}) = \hat{\theta}^{T} x(t), x(t = k) = [y(k-1), \cdots, y(k-\tau)]$$

导出残差序列$\cdots, e(t-2), e(t-1), e(t)$。考虑在残差序列上打开的大小为 S_0 的不重叠窗口。窗口 $M_w(s), s = 1, \cdots, S_0$ 的通用实例重新定位在 $e(t)$ 上，使得第 w 个窗口的 $M_w(s)$ 满足 $M_w(s) = e((w-1)S_0 + s), s = 1, \cdots, S_0, w = 1, 2, \cdots$。

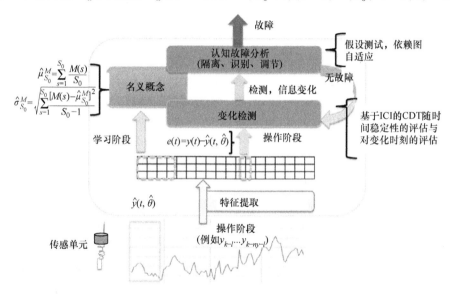

图 10.4 FDS 检查与特定传感器相关的数据流。特征是随着时间的推移构成
一个序列的残差近似误差。CDT 通过提取另外的特征（例如，用于
执行变化检测阶段的加窗残差的样本均值和方差）来操作

从残差序列抽取的用于变化检测的特征向量 $\varphi_w = [\hat{\mu}_w^M, \hat{\sigma}_w^M]$ 是在第 w 个窗口估计的样本平均值和样本标准差，为

$$\hat{\mu}_w^M = \frac{1}{S_0} \sum_{s=1}^{S_0} M_w(w) \tag{10.1}$$

$$\hat{\sigma}_w^M = \sqrt{\frac{1}{S_0 - 1} \sum_{s=1}^{S_0} (M_w(s) - \hat{\mu}_w^M)^2} \tag{10.2}$$

现在可以采用基于 ICI 的 CDT，例如在第 9 章中给出的简单的 CDT。如果未检测到变化，则重复该过程：随着时间推移，生成新特征并检查潜在变化。相反，如果在给定时刻检测到变化，则激活认知故障分析模块，其作用是验证/拒绝由变化检测级做出的变化建议，并且去发现变化是否与一个变化相关联。假设认知故障分析级是用假设测试来实现的，例如基于霍特林测试。在这种情况下，变化检测和认知故障分析模块表现为分层 CDT，详见第 9 章。

即使变化由认知故障分析模块验证，通过检查单个传感器，也不能声明变化与故障相关，是因为环境的变化和可能会发生误报。然而如上所述，可以利用由相关传感器提供的额外信息，例如存在于多个传感器嵌入式系统或传感器网络中的信息。这里通过检查与现有传感器相关联的依赖图，可以对那些最终变为故障的变化进行分类。这些方面将在 10.2.2 节中讨论。

10.2.2 FDS：传感器 – 传感器关系的变化

发现两个传感器之间存在依赖关系的情况并不罕见，这种依赖可以是直接或间接的。当传感器打开不同的视图观测相同的现象时，有直接的依赖关系。例如部署在一定距离的两个热传感器很可能是相互依赖的，函数依赖关系可以表示为将两者连接在一起的传递函数。然而可能（如在现实生活中）两个看起来无关的传感器之间会有间接关系，例如如果有两个应变仪安装在两个不同的桥梁，期望它们是不相关的，然而函数关系独立只是针对理想的传感器而言。正如在第 2 章中看到的，传感器经常受温度影响。因此如果应变仪传感器提供测量值 $y_1(t)$ 和 $y_2(t)$，$T(t)$ 是温度值，则存在函数约束：

$$f(y_1(t - \tau_1), y_2(t - \tau_2), T(t)) = 0$$

式中，τ_1 和 τ_2 表示了传导温度对传感器读数的影响可能存在的延时。

这种约束引入了可以由任何认知 FDS 利用的一种间接关系，例如通过图 10.4 的认知故障诊断级别，它可以将存在于传感器集合之间的约束整合在一起。结果给出了两种认知 FDS 不同的设计方法。

10.2.2.1 演进的全认知方法

在参考文献 [155] 中提出了一个有趣的解决方案，假设环境最初是时不变的，并且故障是突发性的（突然的变化在受影响实例中从一个值跳变到另一个值）。更具体地说，提出了一种用于在 LTI 预测近似模型（这个问题需要识别与故障相关的时间方差）的参数空间中工作的非线性动态系统的故障诊断的无模型算法。它表明，在对数据生成过程动态特性的合理假设下，LTI 模型参数在参数空间中的分布为高斯分布。因此，特征与 LTI 模型参数一致，并且名义概念可以由高斯分布引入的聚类来描述。

更详细地，并且遵循 10.3 节的一般框架，当数据随时间而输入时，在传感器数据流 $y_1(t)$ 和 $y_2(t)$ 上同步打开的独立 N 个数据窗口上构建 LTI 模型。例如，采用外源输入自回归（ARX）模型作为参考的 LTI 预测模型族，其应用于不重叠窗口序列，提供参数特征序列：

$$\hat{\theta}_0, \hat{\theta}_1, \cdots, \hat{\theta}_w, \cdots$$

它识别参数空间并且必须检查故障检测，其中 w 是窗口的编号。该方法在线操作：当传感器数据来到并完成全 N 实例窗口时，为第 w 个数据窗口生成相应的参数向量 $\hat{\theta}_t$。变化检测和故障分析模块将其分类为属于以下类中的一个：

• 名义类。参数向量 $\hat{\theta}_w$ 属于给定置信度下的名义无故障类。换句话说，参数向量 $\hat{\theta}_w$ 由变化检测模块检查，该模块决定它是否属于名义概念。由于名义概念基于高斯分布，因此一旦设置了置信度，就会检查 $\hat{\theta}_w$ 是否属于这种分布。

• 故障类。实例 $\hat{\theta}_w$ 属于给定置信度的故障类别。检测到变化，并且认知故障分析模块向参数分配其所属的类的标签。

• 异常类。实例 $\hat{\theta}_w$ 既不属于名义类，也不属于给定置信度的故障类。

该算法需要一个训练阶段，在训练阶段假定数据流是时不变的。在训练阶段期间生成的参数向量集合用于生成系统的名义（高斯）状态，适当地插入到名义概念模块中。由于名义状态是一个聚类（或者一组聚类，如果传感器与传感器之间的关系可以在不同的名义状态下工作，每个状态都由一个独立的高斯聚类描述），平均向量和协方差矩阵充分描述该状态。

请注意，对于这两个数据流之间的线性关系，没有做出任何假设：即使这种关系是非线性的，参数向量的高斯分布也是成立的。当检测到与名义条件的偏差时，在当前实例不属于名义类的情况下，将参数向量移动到异常值集合。定期检查异常值集合以查看是否存在组合在一起的实例提供足够的统计证据以产生与名义值不同的新类别。如果是这样，则生成第一个故障状态，并可能加上标记，例如利用用户或自动决策系统提供的信息来标记。

图 10.5 给出了一个例子，它给出了 3 个聚类：一个名义聚类和两个故障聚类。

故障聚类事实上构成故障字典。开始时，没有给出故障字典，随着故障发生，算法通过跟随发展机制自动地随时间建立故障字典。从现在起，异常值被当作单独的实例对待，直到有足够的置信度将它们中的一些集成到现有类中或者提升到新的故障类为止。

该方法是纯粹认知的，因为所有需要的结构都直接从提供数据流的传感器构建。

示例：传感器－传感器关系的改变

下面给出一个综合的例子描述演进中的 FDS 方法。假设两个传感器之间的关系是非线性的，如系统模型所述：

$$y_1(t) = \sin(\theta^T x) + \eta \qquad (10.3)$$

式中，$x = [y_1(t-1), y_1(1-2), y_2(t-1)]$；$\theta$ 和 x 都是列向量，$\theta = [0.1, 0.2, -0.1]$，$\eta \approx \mathcal{N}(0, 10^{-4})$，并且输入传感器（在这里表现为用于第二传感器的外源输入）由随机游走模型生成：

$$y_2(t) = 0.4 y_2(t-1) + \varepsilon(t) \qquad (10.4)$$

$\varepsilon(t) \approx \mathcal{N}(0,1)$。通过使用上述系统模型产生 80405 个样本的数据集，并且在前 16086 个无故障样本上训练 FDS。然后将两个故障注入剩余数据中，其效应引起参数

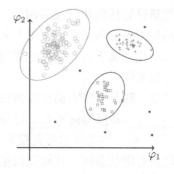

图 10.5　在二维参数空间中与名义概念模块相关的知识，存在 3 个聚类。第一个是名义上的，与名义无误差聚类相关的实例是圆圈。然后有与两个故障类相关的两个聚类（分别用方框和十字表示）。星号指的是异常值集合中存在的元素

向量中的突变 δ。采用乘法微扰模型，使得参数的新配置变为 $\theta_\delta = (1+\delta)\theta$。

第一个故障的特征是 $\delta = 0.05$，并且影响系统中的采样间隔 $[32166, 48246]$。在采样间隔 $[64326, 80405]$ 中注入的第二个故障表征为 $\delta = -0.5$。首先，名义概念模块仅由名义无误差状态组成。在数据集结束时，名义概念包含无误差状态，并且两种不同的故障状态构建了可用的知识库。为了模拟 $y_1(t)$ 和 $y_2(t)$ 之间的关系，采用了 ARX 模型，其中自回归部分和外生部分的顺序分别是 2 和 1。

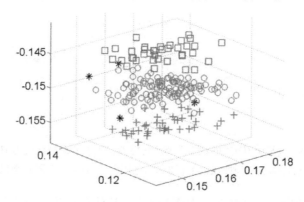

图 10.6　圆圈表示属于名义状态的估计参数向量 $\hat{\theta}_w$，方框和十字表示与两个故障状态相关联的那些参数向量。黑色星号是异常值，并组成异常值集。坐标轴代表近似 LTI 参数向量 $\hat{\theta}$ 的 3 个分量

在演进算法的执行结束时参数空间中的参数的配置在图 10.6 中给出。圆圈表示的聚类表示名义概念。属于名义集合的实例在训练期间生成，并且在系统运行期间在找到属于名义状态的实例时更新。两个方框和十字表示的聚类与两个故障条件相关联。

10.2.2.2 基于 HMM 的认知方法

传感器与传感器的关系变化也可以通过采用不同的机制来解决。例如参考文献［156］通过用隐马尔可夫模型（HMM）进行建模来解决这个问题，HMM 是一种随机有限状态机，其状态数量的学习，就像用转换矩阵一样。以这种方式，关系中存在的季节性问题可以通过机器学习来建模，对在重叠或非重叠的数据窗口上生成的序列 $\hat{\theta}$ 进行训练。学习机器背后的原理是，传感器与传感器之间的关系可以通过在模型空间中工作的概率机器来建模。认知 FDS 框架如图 10.7 所示。

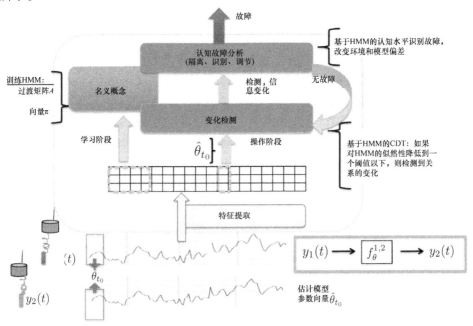

图 10.7　基于 HMM 的认知 FDS。传感器之间的关系被建模为 HMM，
它将函数依赖性建模为在模型空间中工作的概率有限状态机

在这个框架内，名义概念由 HMM 描述，其状态和转换矩阵的数量在训练期间被学习。每当当前模型 $\hat{\theta}_w$ 和先前模型不能由学习的 HMM 机器解释时，通过检查似然函数中下降的变化检测模块来检测变化。当似然性低于阈值时，暗示当前模型被认为不属于所学习的名义无故障情形的概率很高，此时检测到变化。所需的阈值在训练阶段学习。

应该指出的是，上述方法（演进的方法和基于 HMM 的方法）不能区分系统中的时间方差、模型偏差或故障的发生：实际上没有足够的先验知识或信息可用于解决这个问题，解决方案需要一个更结构化的算法，见 10.2.3 节。

10.2.3　FDS：多传感器案例

已经看到，通过对传感器 - 传感器节点对的建模，引入了一种关系，即连接两个传感器数据流的函数约束。如果一个多传感器平台附接到嵌入式系统或一个传感器嵌入式系统网络（传感器网络）可用，则可以对所有传感器对重复该过程。整个过程的起始点是构建依赖图，其中每个节点代表现有的传感器，并且弧线表示传感器之间的关系（直接或间接）。因为必须使数据之间的因果关系保持成立，所以弧线是有方向的。

图 10.8 中给出了 8.6.5 节中提出的 Rialba 塔部署的依赖图的示例。6 个传感器包括 3 个高分辨率倾角传感器和 3 个外部温度传感器，测量倾角仪的温度（而不是外部环境温度）。因果关系适用于所有关系，因此关系是双向的：如果考虑两个与数据流 $y_1(t)$ 和 $y_2(t)$ 相关的一对传感器，存在两个关系 $f_\theta^{1,2}$ 和 $f_\theta^{2,1}$。

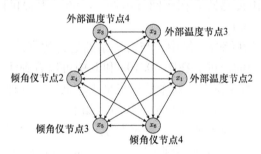

图 10.8　Rialba 塔部署的函数依赖图。6 个传感器分别为倾角仪内部的倾角传感器和外部温度传感器。所有的传感器都是相关的，要么因为它们测量相同的实体（尽管在不同的地方）直接相关，要么通过由温度引入的寄生效应间接相关

由于每个关系均提供了约束，则可以使用这种可能冗余的信息，并利用现有的依赖图来构建认知 FDS。

利用认知故障分析模块中的可用信息，解决了环境的时间方差、故障、模型偏差三者之间的类等效性问题。更详细地，基于 HMM 似然的 CDT 检测模型参数流的变化。当在变化检测模块处检测到变化时，触发警报系统，认知级被激活，并且当前的似然性与提供给认知故障分析模块的依赖图互相关联。认知级作为一个整体访问依赖图，并且基于函数拓扑和集合似然，做出消除等值问题歧义的决策。如果依赖图很差，不能用可用的传感器平台创建足够的函数约束，那么等效

问题就无法解决。

示例：认知故障分析模块。综合多传感器平台案例

考虑由 6 个传感器组成的嵌入式系统（或传感器网络）的多传感器平台，其函数图如图 10.9 所示。实线箭头表示存在于一对传感器之间的函数关系，其基于类似在 10.2.2.2 节中描述的 ARX 预测模型的 HMM 建模。虚线弧是指间接函数关系。由装置 1 和 4 产生的数据流来自与实验式（10.4）中使用的类似的随机游走随机过程。其他数据流是用与式（10.3）中随机生成的 θ 向量相同的系统模型创建的。

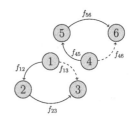

图 10.9 综合网络函数关系的表示。函数图是不相交的，由两个独立的子图组成。关系 f_{13} 和 f_{46} 是间接关系，其他关系是直接关系

对于每对传感器，根据上述机制生成由 8165 个样本组成的数据流。在前 4085 个无故障数据的基础上，ARX 模型的估计参数被用于配置 HMM。

然后通过产生相对于传感器 1 和 2 之间的函数关系 f_{12} 的参数向量 θ_{12} 的突然扰动，将故障注入由传感器 2 在区间 $[6126, 8166]$ 上提供的测量值中，使得 $\theta'_{12} = (1 + \delta) \theta_{12}, \delta = 0.1$。

图 10.10 给出了在综合实例中，与对关系 f_{ij} 进行建模的估计 ARX 参数相关的对数似然性随时间的演进。在图 10.10a 和 b 中可以看到注入的故障对传感器 2 测量的影响：似然性下降并且整个数据集呈现较低值，其他关系不受影响。可以得出结论，而且从认知 FDS 做出最终决策，如下：

1）影响似然性下降的唯一关系是与 f_{12} 和 f_{23} 相关的关系。传感器编号（1，2）和（2，3）之间的交叉得到了编号 2。因此，可以声明传感器 2 受到概念漂移的影响。

2）所有其他关系不受似然性下降的影响，因此声明接收的参数与经过 HMM 训练的机器是一致的。

3）传感器 2 的变化不能与环境的变化相关联。事实上，关系 f_{13} 没有检测到变化：期望环境的变化应该被所有相关关系感知。

如果假设一个模型偏差/误报一次会影响一个关系，那么与围绕时间值 7400 的关系 f_{45}、围绕时间值 4100 的关系 f_{46} 和围绕时间值 5200 的关系 f_{56} 一致的事件要么是误报，要么是模型偏差。

该示例给出了故障分析模块背后规则的直观原理。然而在真实的更复杂的情况下，通过检查与不同关系相关联的似然性而对变化进行分类是复杂的操作。认知 FDS 做出的最终决策取决于通过更复杂的认知水平与一些拓扑信息集成的似然性提供的值，这里直观地展示在了这个简单的综合示例中。

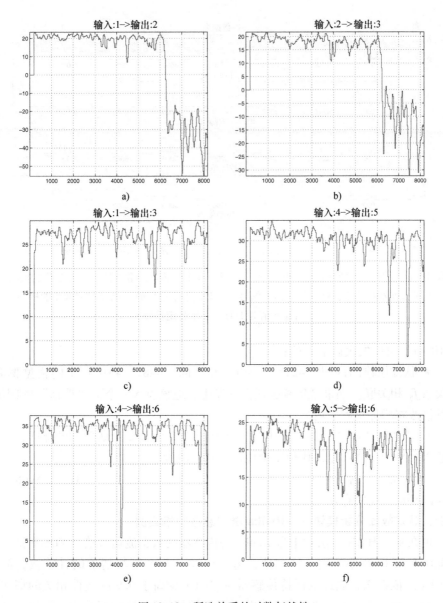

图 10.10　所选关系的对数似然性

a）似然 f_{12}　　b）似然 f_{23}　　c）似然 f_{13}

d）似然 f_{45}　　e）似然 f_{46}　　f）似然 f_{56}

在参考文献［156］中详细介绍了分区依赖图与区分模型偏差、传感器故障与基于似然值环境变化的逻辑。

通过在这个实验上运行认知 FDS，获得了图 10.11 所示的结果。通过查看

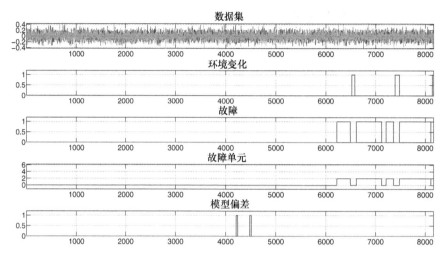

图 10.11　综合网络实验的认知级。从上到下：6 个传感器的数据流、环境变化的检测、
传感器故障的检测、故障传感器的编号（－1 代表不适用的）以及模型偏差的检测。
当检测值为 1 时，发生特定检测

图 10.11，可以发表以下评论：

· 认知层检测区间［4211，4240］和区间［4481，4510］中的模型偏差，
与关系 f_{56} 相关联。如果希望减少误报的发生，应该引入一个更"严格"的阈值。
这种修改将增加检测延迟。

· 认知级从样本 6221 开始检测影响传感器 2 的故障：如预期的那样，系统
能够以合理的检测延迟为代价正确地检测感应故障。

· 认知级检测与区间［6521，6580］、［7391，7480］和［8141，8165］相
对应的环境变化的存在。

示例：认知故障分析模块——Rialba 塔传感器网络案例

现在基于 HMM 方法对来自 Rialba 塔传感器的数据流运行整个 FDS 算法，其
依赖图在图 10.8 中给出。特别地，为了控制由 FDS 算法请求的计算量，简化
图 10.8 的依赖图，通过仅保持传感器对之间至少高于 0.9 的线性相关的那些关
系（以这种方式，相同的现有双向关系可能被精简）。这种相关的硬阈值允许保
持最相关的弧，并得到图 10.12 给出的简化的依赖图。但是如果计算资源不是问
题，应该保留整个依赖图。

基于 HMM 方法的认知 FDS 的最终结果与图 10.13 给出的指数的演进相关。
可以观测到：

· 在区间［1321，1365］中感知到环境变化。更具体的分析表明，检测到
的事件不仅与环境变化有关，而且与同时影响网络的所有装置的通信故障有关。

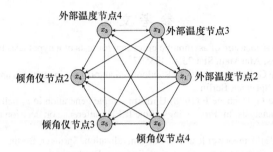

图 10.12　图 10.8 的函数依赖图的简化图。仅保持以高于 0.9 的线性相关系数为特征的
传感器对之间的关系。简化的依赖图降低了 *FDS* 执行其任务所请求的计算复杂度负荷

鉴于设计的规则，事件被认为是环境变化，因为它影响所有传感器与传感器的关系。然而这种情况可以简单地通过检查远程通信链路是否正常工作来检测。

- 模型偏差和影响第 2 个传感器的故障发生在区间 ［2250，2491］中。

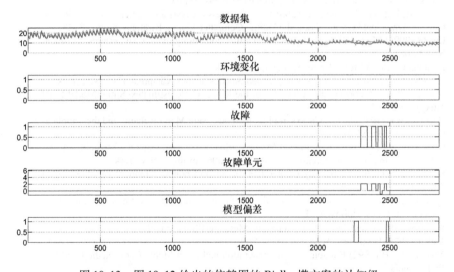

图 10.13　图 10.12 给出的依赖图的 Rialba 塔方案的认知级

10.3　杏仁体和 VM – PFC：多传感器级 FDS

认知 FDS 的行为类似于杏仁体和 VM – PFC 的认知机制。在本章中，已经看到在处理输入数据流之后，检测到潜在的故障（该操作类似于由杏仁体执行的操作），并且认知层被激活（如同 VM – PFC 发生的那样），通过检查依赖图和相关的似然性，提供更精准的控制动作。如果检测到误报，则低水平认知进行在线学习，从而对结构参数进行修正，以逐步提高检测水平的效率。

参 考 文 献

1. Chernoff H (1952) A measure of asymptotic efficiency for tests of a hypothesis based on the sum of observations. Ann Math Stat 23(4):493507
2. Tempo R, Calafiore G, Dabbene F (2005) Randomized algorithms for analysis and control of uncertain systems. Springer, Berlin
3. Tempo R, Calafiore G, Dabbene F (1998) Uniform sample generation in l_p balls for probabilistic robustness analysis. In: Proceedings of the IEEE conference on decision and control, Tampa, Florida
4. Vidyasagar M (1997) A theory of learning and generalization, Springer, Berlin
5. Marwedel P (2011) Embedded systems design, Springer, Dordrecht
6. Tempo R, Dabbene F (2001) Perspectives in robust control, vol 268. Springer, Berlin/Heidelberg, pp 347–362
7. Chen X, Zhou R (1998) Order statistics and probabilistic robust control. Syst Control Lett 35:175–182
8. Metropolis N, Ulam SM (1949) The Monte Carlo method. J Am Stat Assoc 44:335–341
9. Bai EW, Tempo R, Fu M (1998) Worst-Case properties of the uniform distribution and randomized algorithms for Robustness analysis. Math Control, Signal Syst 11:183–196
10. Barmish BR, Lagoa CM (1997) The uniform distribution: A Rigorous justification for its use in Robustness analysis. Math Control, Signals Systems 10:203–222
11. Tempo R, Dabbene F (1999) Probabilistic Robustness analysis and design of uncertain systems, in dynamical systems. Control, Coding, Computer Vision, Birkhauser, pp 263–282
12. Liu JS (2001) Monte Carlo strategies in scientific computing dynamical systems. Springer, New York
13. Fishman G (1995) Monte Carlo. Springer, New York
14. Sen PK, Singer JM (1993) Large sample methods in statistics. Chapman Hall, New York
15. Ata MY (2007) A convergence criterion for the Monte Carlo estimates. Simul Model Pract Theory 15:237–246
16. Hastings WK (1970) Monte Carlo sampling methods using Markov chains and their applications. Biometrika 57:97–109
17. Giles MB (2007) Improved multilevel Monte Carlo convergence using the Milstein scheme, in Monte Carlo and Quasi-Monte Carlo Methods 2006. Springer, New York
18. Hoeffding W (1963) Probability inequalities for sums of bounded random variables. J Am Stat Assoc 58(301):1330
19. Spall JC (2003) Introduction to stochastic search and optimization estimation, simulation, and control. Wiley, Hoboken NJ
20. Rudin W (1974) Real and complex analysis. McGrawHill, NewYork
21. Jech T (1978) Set theory. Academic, New York
22. Niederreiter H (1992) Random number generation nad quasi Monte Carlo methods. SIAM, Philadelphia
23. Cobham A (1965) The Intrinsic Computational difficulty of function. In: Proceedings of methodology and philosophy of science, vol 2. North-Holland, Amsterdam, p 2430
24. Knuth D (1998) The art of computer programming. Addison-Wesley, Reading
25. Garey MlR, Johnson DS (1990) Computers and intractability; a guide to the theory of NP-completeness. W. H. Freeman & Co., New York, NY, USA
26. Grinstead CM, Snell JL (2006) Introduction to probability. American Mathematical Society, Providence
27. Mallet Y, Coomans D, Kautsky J, De Vel O (1997) Classification using adaptive wavelets for feature extraction. IEEE Trans Pattern Anal Mach Intell 19:10581066
28. Dawid H, Meyr H (1996) The differential CORDIC algorithm: constant scale factor redundant implementation without correcting iterations. IEEE Trans Comput 45:307318
29. Hen Y, Hu H, Chern HM (1996) A novel implementation of CORDIC algorithm using backward angle recoding (BAR). IEEE Trans Comput 45:13701378

30. Boashash B (2003) Time-frequency signal analysis and processing a comprehensive reference. Elsevier Science, Oxford
31. Mallat S (1999) A wavelet tour of signal processing, 2nd edn. Academic Press, San Diego
32. Harris FJ (2004) Multirate signal processing for communication systems. Prentice Hall PTR, Upper Saddle River, NJ
33. Farrell JA, Polycarpou MM (2006) Adaptive approximation based control. Wiley, New York
34. Alippi C, Piuri V (1999) Neural modeling of dynamic systems with nonmeasurable state variables. IEEE-Trans Instrum Meas 48(6):1073–1080 Piscataway (NJ), USA
35. Billingsley P (1995) Probability and measure. Wiley, New York
36. Alippi C (1999) FPE-based criteria to dimension feedforward neural networks. IEEE Trans Circuits Syst: Part I, Fund Theory Appl 46:8:962–973
37. Alippi C, Briozzo L (1998) Accuracy versus precision in digital VLSI architectures for signal processing. IEEE Trans Comput 47(4):472–477
38. Bishop CM (1995) Neural networks for pattern recognition. Clarendon, London, U.K.
39. Hastie T, Tibshirani R, Friedman J (2009) The elements of statistical learning. Springer, New York
40. Wang Z, Bovik AC (2009) Mean squared error: love it or leave it? IEEE Signal Mag 1:98–117
41. Pappas TN, Safranek RJ, Chen J (2005) Perceptual criteria for image quality evaluation. In: Bovik AC (ed) Handbook of image and video processing, 2nd edn. Academic Press, New York
42. Wang Z, Bovik AC (2006) Modern image quality assessment. Morgan and Claypool, San Rafael, CA
43. Kullback S, Leibler RA (1951) On information and sufficiency. Ann Math Stat 22(1):7986
44. Kullback S (1959) Information theory and statistics. Wiley, New York
45. Mallela S, Dhillon IS, Kumar R (2003) A divisive information-theoretic feature clustering algorithm for text classification. J Mach Learn Res 3:12651287
46. Weinstein E, Feder M, Oppenheim A (1990) Sequential algorithms for parameter estimation based on the Kullback-Leibler information measure. IEEE Trans Acoust Speech Signal Process 38(9):1652–1654
47. Moreno PJ, Ho PP, Vasconcelos N (2004) A Kullback-Leibler divergence based kernel for SVM classification in multimedia applications. Hewlett-Packard Company Report
48. Prez-Cruz F (2008) Kullback-Leibler divergence estimation of continuous distributions. In: Proceedings of the IEEE international symposium on information theory
49. Gray RM (1990) Entropy and information theory. Springer, New York
50. Alippi C (2002) Selecting accurate, robust, and minimal feedforward neural networks. IEEE Trans Neural Netw 49(12):1799–1810
51. Stewart GW, Sun J (1990) Matrix perturbation theory. Academic, New York
52. Rauth DA, Randal VT (2005) Analog-to-digital conversion. part 5. IEEE Instrum Meas Mag 8(4):44–54
53. Kim N, Choi S, Cha H (2008) Automated sensor-specific power management for wireless sensor networks. In: Proceedings on IEEE MASS, 305–314
54. Anastasi G, Conti M, Di Francesco M, Passarella A (2009) Energy conservation in wireless sensor networks. Ad Hoc Netw 7:537568
55. Alippi C, Anastasi G, Di Francesco M, Roveri M (2009) Energy management in wireless sensor networks with energy-hungry sensors. IEEE-Instrum Meas Mag 2(2):16–23
56. Singh A, Budzik D, Chen W, Batalin MA, Stealey M, Borgstrom H, Kaiser WJ (2006) Multiscale sensing: a new paradigm for actuated sensing of high frequency dynamic phenomena. In: Proceedings on IEEE/RSJ IROS, pp 328–335
57. Tseng Y-C, Wang YC, Cheng K-Y, Hsieh Y-Y (2007) iMouse: an integrated mobile surveillance and wireless sensor system. IEEE Comput 40:60–66
58. Okabe A, Boots B, Sugihara K, Nok Chiu S (2000) Spatial Tessellations: concepts and applications of Voronoi diagrams, Wiley series in probability and statistics
59. Alippi C, Anastasi G, Galperti C, Mancini F, Roveri M (2007) Adaptive sampling for energy conservation in wireless sensor networks for snow monitoring applications. In: Proceedings

of the IEEE MASS, pp 1–6
60. Alippi C, Anastasi G, Di Francesco M, Roveri M (2010) An adaptive sampling algorithm for effective energy management in wireless sensor networks with energy-hungry sensors. IEEE-Trans Instrum Meas 59(2):335–344
61. Zhou J, De Roure D (2007) FloodNet: coupling adaptive sampling with energy aware routing in a flood warning system. J Comput Sci Technol 22(1):121–130
62. Willett R, Martin A, Nowak R (2004) Backcasting: adaptive sampling for sensor networks. In: Proceedings of the IPSN, pp 124–133
63. Vuran MC, Akyildiz IF (2006) Spatial correlation-based collaborative medium access control in wireless sensor networks. IEEE/ACM Trans Netw 14(4):316–329
64. Rahimi M, Hansen M, Kaiser WJ, Sukhatme GS, Estrin D (2005) Adaptive sampling for environmental field estimation using robotic sensors. In: Proceedings of the IEEE/RSJ IROS, pp 3692–3698
65. Rahimi M, Baer R, Iroezi O, Garcia J, Warrior J, Estrin D, Srivastava MB (2005) Cyclops. In Situ Image Sensing and Interpretation. In: Proceedings of the SenSys 2005, pp 192–204
66. Kansal A, Hsu J, Zahedi S, Srivastava M (2007) Power management in energy harvesting sensor networks. ACM Trans Embed Comput Syst 43(4):1–38
67. Vigorito C, Ganesan D, Barto A (2007) Adaptive Control of duty-cycling in energy-harvesting wireless sensor networks. In: Proceedings of the IEEE SECON, pp 21–30
68. Deshpande A, Guestrin C, Madden S, Hellerstein JM, Hong W (2004) Model-driven data acquisition in sensor networks. In: Proceedings of the VLDB, pp 588–599
69. Ottman GK, Hofmann HF, Bhatt AC, Lesieutre GA (2002) Adaptive piezoelectric energy harvesting circuit for wireless remote power supply. IEEE Trans Power Electron 17(5):669776
70. Joseph AD (2005) Energy harvesting projects. IEEE Pervasive Comput 4(1):6971
71. Paradiso JA, Starner T (1827) Energy scaveging for mobile and wireless electronics. IEEE Pervasive Comput 4(1):2005
72. Roundy S, Leland ES, Baker J, Carleton E, Reilly E, Lai E, Otis B, Rabaey JM, Wright PK, Sundararajan V (2005) Improving power output for vibration-based energy scavengers. IEEE Pervasive Comput 4(1):2836
73. Raghunathan V, Kansal A, Hsu J, Friedman J, Srivastava M (2005) Design considerations for solar energy harvesting wireless embedded systems. In: Proceedings of IEEE international conference on information processing for sensor, networks, p 457462
74. Markvart T (1994) Solar electricity. Wiley, New York
75. Lim YH, Hamill DC (2001) Synthesis, simulation and experimental verification of a maximum power point tracker from nonlinear dynamics. In: Proceedings of the IEEE 32nd annual power electron. Specialists Conference, p 199204
76. Alippi C, Galperti C (2008) An adaptive system for optimal solar energy harvesting in wireless sensor network nodes. IEEE Trans Circuits Syst I: Regul Pap 55(6):1742–1750
77. Elwell R, Polikar R (2011) Incremental learning of concept drift in nonstationary environments. IEEE Trans Neural Netw 22(10):15171531
78. Manly BFJ, MacKenzie DI (2000) A cumulative sum type of method for environmental monitoring. Environmetrics 11:151–166
79. Kendall M (1975) Rank correlation methods, 4th edn. Griffin, London, U.K.
80. Chernoff H, Lehmann EL (1954) The use of maximum likelihood estimates in chi-square tests for goodness of fit. Ann Math Stat 25(3):579586
81. Gordon L, Pollak M (1994) An efficient sequential nonparametric scheme for detecting a change of distribution. Ann Stat 22(2):763–804
82. Alippi C, Boracchi G, Roveri M (2011) A hierarchical, nonparametric sequential change-detection test. In: Proceedings of IJCNN 2011, the international joint conference on neural networks
83. Alippi C, Boracchi G, Roveri M (2010) Change detection tests using the ICI rule. In: Proceedings of IEEE IJCNN 2010—International joint conference on neural networks
84. Alippi C, Roveri M (2008) Just-in-time adaptive classifiers. Part I. detecting non-stationary changes. IEEE Trans Neural Netw 19(7):1145–1153

85. Tartakovsky AG, Rozovskii BL, Blazek RB, Kim H (2006) Detection of intrusions in information systems by sequential change-point methods. Stat Method 3(3):252–293
86. McGilchrist CA, Woodyer KD (1975) Note on a distribution-free CUSUM technique. Technometrics 17(3):321–325
87. Basseville M, Nikiforov IV (1993) Detection of abrupt changes: theory and application. Prentice-Hall, Englewood Cliffs, N.J.
88. Wald A (1945) Sequential tests of statistical hypotheses. Ann Math Stat 16(2):117186
89. Mood AM, Graybill FA, Boes DC (1974) Introduction to the theory of statistics, 3rd edn. McGraw-Hill, New York
90. Massey FJ Jr (1951) The Kolmogorov-Smirnov test for goodness of fit. J Am Stat Assoc 46(253):68–78
91. Kruskal WH, Wallis WA (1952) Use of ranks in one-criterion variance analysis. J Am Stat Assoc 47(260):583–621
92. Johnson RA (1998) Applied multivariate statistical analysis. In: Wichern DW (ed). Prentice Hall, Englewood Cliffs
93. Ross GJ, Asoulis DKT, Adams NM (2011) Nonparametric monitoring of data streams for changes in location and scale. Technometrics 53(4):379389
94. Alippi C, Boracchi G, Roveri M (2011) A just-in-time adaptive classification system based on the intersection of confidence intervals rule. Neural Netw 24:791–800
95. Mudholkar GS, Trivedi MC (1981) A Gaussian approximation to the distribution of the sample variance for nonnormal populations. J Am Stat Assoc 76(374):479–485
96. Goldenshluger A, Nemirovski A (1997) On spatial adaptive estimation of nonparametric regression. Math Meth Stat 6:135–170
97. Alippi C, Boracchi G, Roveri M (2011) An effective just-in-time adaptive classifier for gral concept drifts. In: Proceedings of the 2011 International Joint Conference on Neural Networks (IJCNN), pp 1675–1682
98. Alippi C, Boracchi G, Ditzler G, Polikar R, Roveri M (2013) Adaptive Classifiers for Non-stationary Environments. IEEE/Wiley Press Book Series, Contemporary Issues in Systems Science and Engineering
99. Stenwart I (2005) Consistency of support vector machines and other regularized kernel classifier. IEEE Trans Inf Theory 51(1):128–142
100. Hastie T, Tibshirani R, Friedman J (2009) The elements of statistical learning. Springer, New York
101. Alippi C, Bu DL, Zhao D (2013) Detecting and reacting to changes in sensing units: the active classifier case. IEEE Trans Syst Man Cybern—Part A: Syst Hum (To appear).
102. http://www.i-sense.org/open_library.html
103. Fukunaga K (1972) Introduction to statistical pattern recognition. Academic, New York
104. Alippi C, Roveri M (2008) Just-in-time adaptive classifiers. Part II. Designing the classifier. IEEE Trans Neural Netw 19(12):2053–2064
105. Gates GW (1972) The reduced nearest neighbor rule. IEEE Trans Inf Theory 18(3):431–433
106. Wilson D (1972) Asymptotic properties of nearest neighbor rules using edited data. IEEE Trans Syst Man Cybern 2(3):408–421
107. Rauth DA, Randal VT (2005) Analog-to-digital conversion. IEEE Instrum Meas Mag 8:4454
108. Fowler KR, Schmalzel JL (2004) Sensors: the first stage in the measurement chain. IEEE Instrum Meas Mag 7:60–66
109. Ferrero A, Salicone S (2006) Measurement uncertainty. IEEE Instrum Meas Mag 9(3):44–51
110. Schmalzel JL, Rauth DA (2005) Sensors and signal conditioning. IEEE Instrum Meas Mag 8(2):48–53
111. Fowler KR (2003) Analog-to-digital conversion in real-time systems. IEEE Instrum Meas Mag 6:58–64
112. Lindley D (2008) Uncertainty: Einstein. Bohr, and the struggle for the soul of science, Anchor, Heisenberg
113. Stewart CV (1997) Bias in robust estimation caused by disconti- nuities and multiple structures. IEEE Trans Pattern Anal Mach Intell 19(8):818–833

114. Dutt S, Assaad FT (1996) Mantissa-preserving operations and robust algorithm-based fault tolerance for matrix computations. IEEE Trans Comput 45(4):408–424
115. Saab YG (1995) A fast and robust network bisection algorithm. IEEE Trans Comput 44(7):903–913
116. Gu D, Petkov PH, Konstantinov MM (2013) Robust control design with MATLAB. Springer, London
117. Holt J, Hwang J (1993) Finite precision error analysis of neural network hardware implementations. IEEE Trans Comput 42:281290
118. Dundar G, Rose K (1995) The effects of quantization on multilayer neural networks. IEEE Trans. Neural Networks 6(11):14461451
119. Edwards PJ, Murray AF (1998) Fault tolerance via weight noise in analog VLSI implementations of MLPsA case study with EPSILON. IEEE Trans Circuits Syst II 45(9):12551262
120. Buckingham MJ (1983) Noise in electronic devices and systems. Ellis Horwood, Chichester
121. Seber G Wild C (1989) Nonlinear regression, Wiley, New york
122. Murata N, Yoshizawa S, Amari S (1994) Network information criterion determining the number of hidden units for an artificial neural network model. IEEE Trans Neural Networks 5(11):865872
123. Alippi C (1999) FPE-based criteria to dimension feedforward neural topologies. IEEE Trans Circuits Syst I 46(8):962973
124. Levin AU, Leen TK, Moody JE (1994) Fast pruning using principal components, In: Paper presented at the Proceedings of the 6th NIPS, vol 6, p 3542
125. Nocedal J, Wright SJ (2006) Numerical optimization, 2nd edn. Springer, New York
126. Dugunji J (1966) Topology. Allyn and Bacon, Boston
127. Alippi C (2002) Randomised algorithms: a system-level. Poly-time analysis of robust computation. IEEE Trans Comput 51(7):740–749
128. Alippi C (2002) Application-level robustness and redundancy in linearsystems. IEEE Trans Circuits Syst Part I Fundam Theory Appl 49(7):1024–1027
129. Saltelli A, Ratto M, Andres T, Campolongo F, Cariboni J, Gatelli D, Saisana M, Tarantola S (2008) Global sensitivity analysis: the primer. John Wiley and Sons, New Jersey
130. Ljung L (1999) System identification. Wiley Online Library, New York
131. Cybenko G (1989) Approximation by superpositions of a sigmoidal function. Math Contr Signals Syst 2:303314
132. Vapnik V (1995) The nature of statistical learning theory. Springer- Verlag, New York
133. Vapnik V (1998) Statistical learning theory. Wiley, New York
134. Vapnik V (1999) An overview of statistical learning theory. IEEE Trans Neural Networks 10(5):988999
135. Alippi C, Braione P (2006) Classification methods and inductive learning rules: what we may learn from theory. IEEE Trans Syst Man Cybern Part C Appl Rev 36(5):649–655
136. Ljung L, Caines PE (1978) Asymptotic normality of prediction error estimators for approximate system models. In: paper presented at the IEEE conference on decision and control symposium on adaptive processes, vol 17, p 927932
137. Ljung L (1978) Convergence analysis of parametric identification methods. IEEE Trans Autom Control 23(5):770783
138. Gupta Rupa, Koscik Timothy R, Bechara Antoine, Tranel Daniel (2011) The amygdala and decision making. Neuropsychologia 49(4):760766
139. Gupta Rupa, Duff Melissa C, Denburg Natalie L, Cohen Neal J, Bechara Antoine, Tranel Daniel (2009) Declarative memory is critical for sustained advantageous complex decision-making. Neuropsychologia 47(7):1686–1693
140. Ochsner K, Barret L (in press) A multiprocess perspective on the neuroscience of emotion. In: Mayne T, Bonnano G (eds) Emotion: current issues and future directions, Guilford Press, New York
141. Bechara A, Damasio H, Damasio A R, Lee GP (1999) Different contributions of the human amygdala and ventromedial prefrontal cortex to decision-making. J Neurosci 19(13):54735481

142. Alippi C, Camplani R, Galperti C, Marullo A, Roveri M (2013) A high frequency sampling monitoring system for environmental and structural applications. Part A ACM Trans Sens Netw (accepted for publication)

143. Alippi C, Camplani R, Roveri M. Viscardi G (2012) NetBrick: a high-performance, low-power hardware platform for wireless and hybrid sensor network. In: paper presented at the 9th IEEE international conference on mobile Ad hoc and sensor systems, Las Vegas, USA, 8–11 October 2012 (accepted for publication at IEEE MASS 2012)

144. Isermann R (2006) Fault-diagnosis systems: an introduction from fault detection to fault tolerance. Springer Verlag, Berlin

145. Basseville M, Nikiforov I et al (1993) Detection of abrupt changes: theory and application, vol. 15. Prentice Hall Englewood Cliffs, New Jersey

146. Reppa V, Polycarpou M, Panayiotou CG (2012) A distributed architecture for sensor fault detection and isolation using adaptive approximation, In: paper presented at Proceedings of the IEEE world congress on computational intelligence, 2012, Brisbane, Australia, p 23402347

147. Reppa V, Polycarpou M, Panayiotou CG (2014) Adaptive approximation for multiple sensor fault detection and isolation of nonlinear uncertain systems. IIEEE Trans Neural Networks and Learn Syst 25(1):1–10

148. Keliris C, Polycarpou M, Parisini T (2012) A distributed fault detection filtering approach for a class of interconnected input-output nonlinear systems. In: paper presented at the European control conference (ECC2012), Zurich, Switzerland

149. Keliris C, Polycarpou M, Parisini T (2013) A distributed fault detection filtering approach for a class of interconnected continuous-time nonlinear systems, IEEE Trans Autom Control 58(8):2032–2047

150. Blesa J, Puig V, Saludes J (2012) Robust identification and fault diagnosis based on uncertain multiple inputmultiple output linear parameter varying parity equations and zonotopes. J Process Control (article in press)

151. Blesa J, Puig V, Saludes J (2012) Robust fault detection using polytope-based set-membership consistency test. IET Control Theory Appl 111(10):104910

152. Tornil-Sin S, Ocampo-Martinez C, Puig V, Escobet T (2013) Robust fault diagnosis of nonlinear systems using interval constraint satisfaction and analytical redundancy relations. IEEE Trans Syst Man Cybern Part A Syst Hum 44(1):18–29 (accepted)

153. Puig V, Oca S, Blesa J (2012) Adaptive threshold generation in robust fault detection using interval models: time-domain and frequency-domain approaches. Int J Adapt Control Signal Process 26(3):258–283

154. Chen H, Tino P, Yao X, Rodan A (2014) Learning in the model space for fault diagnosis. IEEE Trans Neural Networks Learn Syst 25(1):124–136

155. Alippi C, Roveri M, Trovo F (2012) A learning from models cognitive fault diagnosis system. In: paper presented at the artificial neural networks and machine learning (ICANN 2012), p 305313

156. Alippi C, Ntalampiras S, Roveri M (2013) A cognitive fault diagnosis system for sensor networks. IEEE Trans Neural Networks Learn Syst 24(8):1213–1226

157. Flavell H (1996) Piagets legacy. Psychol. Sci. 7(4):200203

158. Esmaeilzadeh H, Sampson A, Ceze L, Burger D (2013) Neural acceleration for general purpose approximate programs. In: paper presented at 46th annual IEEE/ACM international symposium on microarchitecture (MICRO 2013), pp 16–21

159. Mudge T (2001) Power: a first-class architectural design constraint. Computer 34(4):52–58

160. Pillai P, Shin KG (2001) Real-time dynamic voltage scaling for low-power embedded operating systems. In: paper presented at proceedings of the eighteenth ACM symposium on operating systems principles, pp 89–102

161. Shirako J et al (2006) Compiler control power saving scheme for multi core processors. In: paper presented at languages and compilers for parallel computing—lecture notes in computer science, Springer

162. Hsu CH, Kremer U (2003) The design, implementation, and evaluation of a compiler algorithm for CPU energy reduction. SIGPLAN 38(5):38–48

163. Talpes E, Marculescu D (2005) Toward a multiple clock/voltage island design style for power-aware processors. IEEE Trans Very Large Scale Integr VLSI Syst 13(5):539–552

164. Wu Q, Juang P, Martonosi M, Clark DW (2004) Formal online methods for voltage/frequency control in multiple clock domain microprocessors. SIGOPS Oper Syst Rev 38(5):248–259

165. Magklis G, Chaparro P, Gonzalez J, Gonzalez A (2006) Independent front-end and back-end dynamic voltage scaling for a GALS microarchitecture. In: Proceedings of the 2006 international symposium on low power electronics and design, 2006. ISLPED'06, pp 49–54

166. Moeng M, Melhem R (2010) Applying statistical machine learning to multicore voltage and frequency scaling. In: Proceedings of the 7th ACM international conference on computing frontiers (CF '10)

167. Lamport L (1978) Time, clocks, and the ordering of events in a distributed system. Commun ACM 21(7):558–565

168. Vasanthavada N, Marinos PN (1988) Synchronization of fault-tolerant clocks in the presence of malicious failures. IEEE Trans Comput 37(4):440–448

169. Olson A, Shin KG (1994) Probabilistic clock synchronization in large distributed systems. IEEE Trans Comput 43(9):1106–1112

170. van Greunen J, Rabaey J (2003) Lightweight time synchronization for sensor networks. In: Proceedings of the 2nd ACM international conference on wireless sensor networks and applications (WSNA '03), pp 11–19

171. Elson J, Girod L, Estrin D (2002) Fine-grained network time synchronization using reference broadcasts. In: Proceedings of the 5th symposium on operating systems design and implementation

172. Marti M, Kusy B, Simon G, Ldeczi A (2004) The flooding time synchronization protocol. In: Proceedings of the 2nd international conference on embedded networked sensor systems (SenSys '04), pp 39–49

173. Wu YC, Chaudhari Q, Serpedin E (2011) Clock synchronization of wireless sensor networks. Sig Process Mag IEEE 28(1):124–138

174. IEEE Standard for a Precision Clock Synchronization Protocol for Networked Measurement and Control Systems (2008) IEEE Std 1588–2008 (Revision of IEEE Std 1588–2002). doi:10.1109/IEEESTD.2008.4579760

175. Noh K, Chaudhari QM, Serpedin E, Suter BW (2007) Novel clock phase offset and skew estimation using two-way timing message exchanges for wireless sensor networks. IEEE Trans Commun 55(4):766–777

176. Mills DL (1991) Internet time synchronization: the network time protocol. IEEE Trans Commun 39(10):1482–1493

177. Kim H, Ma X, Hamilton BR (2012) Tracking low-precision clocks with time-varying drifts using Kalman filtering. IEEE/ACM Trans Netw 20(1):257–270

178. Bletsas A (2003) Evaluation of Kalman filtering for network time keeping. In: Proceedings of the first IEEE international conference on pervasive computing and communications (PERCOM '03), pp 1452–1460

179. Auler LF, D'Amore R (2007) Adaptive Kalman filter for time synchronization over packet-switched networks: an heuristic approach. In: 2nd international conference on communication systems software and middleware COMSWARE 2007, pp 7–12

180. ISO guide 99

181. ISO guide 98

182. Doebelin E (1990) Measurement systems: application and design. McGraw-Hill, New York

183. Hawkins DM, Qiu P, Kang CW (2003) The changepoint model for statistical process control. J Qual Technol 35(4):355–366

184. Ross GJ Sequential change detection in R: the cpm package. J Stat Softw (Forthcoming)

185. Ross GJ, Tasoulis DK, Adams NM (2011) Nonparametric monitoring of data streams for changes in location and scale. Technometrics 53(4):379–389

186. Mann HB, Whitney DR (1947) On a test of whether one of two random variables is stochastically larger than the other. Ann Math Stat 18(1):50–60

187. Mood AM (1954) On the asymptotic efficiency of certain nonparametric two-sample tests. Ann Math Stat 25(3):514–522

188. Lepage Y (1974) A combination of Wilcoxon's and Ansari-Bradley's statistics. Biometrika 58(1):213–217
189. Pettitt AN (1979) A non-parametric approach to the change-point problem. Appl Stat 28(2):126–135
190. Ross G, Adams NM (2012) Two nonparametric control charts for detecting arbitrary distribution changes. J Qual Technol 44(22):102–116
191. Anderson TW (1962) On the distribution of the two-sample Cramer-von Mises criterion. Ann Math Stat 33(3):1148–1159
192. Zamba KD, Hawkins DM (2006) A multivariate change-point model for statistical process control. Technometrics 48(4):539–549
193. Gustafsson F (2000) Adaptive filtering and change detection. Wiley, New York
194. Alippi C, Vanini G (2004) Wireless sensor networks and radio localization: a metrological analysis of the MICA2 received signal strenght indicator. In: Proceedings of the first IEEE workshop on embedded networked sensors
195. Alippi C, Vanini G (2006) A RSSI-based and calibrated centralized localization technique for wireless sensor networks. In: Proceedings of the second IEEE international workshop on sensor networks and systems for pervasive computing, pp 1–5
196. Morelli C, Nicoli M, Rampa V, Spagnolini U, Alippi C (2006) Particle filters for RSS-based localization in wireless sensor networks: an experimental study. In: Proceedings of ICASPS, pp 957–960
197. Patwari N, Ash JN, Kyperountas S, Hero AO, Moses RL, Correal NS (2005) Locating the nodes: cooperative localization in wireless sensor networks. Sig Process Mag IEEE 22(4):54–69
198. Mao G, Fidan B, Anderson BDO (2007) Wireless sensor network localization techniques. Comput Netw 51(10):2529–2553
199. Maung Maung NA, Kawai M (2012) Hybrid RSS-SOM localization scheme for wireless ad hoc and sensor networks. In: 2012 international conference on indoor positioning and indoor navigation (IPIN), pp 1–7
200. Kaune R (2012) Accuracy studies for TDOA and TOA localization. In: 2012 15th international conference on information fusion (FUSION), pp 408–415
201. Dardari D, Conti A, Ferner U, Giorgetti A, Win MZ (2009) Ranging with ultrawide bandwidth signals in multipath environments. Proc IEEE 97(2):404–426
202. Galler S, Gerok W, Schroeder J, Kyamakya K, Kaiser T (2007) Combined AOA/TOA UWB localization. In: International symposium on communications and information technologies, ISCIT '07, pp 1049–1053
203. Römer K (2003) The lighthouse location system for smart dust. In: Proceedings of MobiSys 2003 (ACM/USENIX conference on mobile systems, applications, and services), pp 15–30
204. Alippi C, Boracchi G, Roveri M (2013) Ensembles of change-point methods to estimate the change point in residual sequences. Soft Comput 17(11):1971–1981
205. Hawkins DM, Zamba KD (2005) A change-point model for a shift in variance. J Qual Technol 37(1):21–31
206. Hamacher V, Vranesic Z, Zaky S (1997) Computer organization. Mc Graw Hill, New York
207. Piche SW (1995) The selection of weights accuracies for madalines. IEEE Trans Neural Netw 6(2):432–445
208. Salivahanan S, Vallavaraj A (2010) Digital signal processing, 2nd edn. Mc Graw Hill, New York
209. Cormen TH, Leiserson CE, Rivest R, Stein C (2001) Introduction to algorithms. Mc Graw Hill, New York
210. Lieberherr KJ, Palsberg J (1993) Engineering adaptive software. Project Proposal. ftp://ftp.ccs.neu.edu/pub/people/lieber/proposal.ps
211. Kephart JO, Chess DM (2003) The vision of autonomic computing. Computer 36(1):41–50
212. Murphy KP (2012) Machine learning a probabilistic perspective. MIT press, Cambridge
213. Walsh WE, Tesauro G, Kephart JO, Das R, Utility functions in autonomic systems. In: Proceedings of the international conference on autonomic computing, pp 70–77
214. Tesauro G (2007) Reinforcement learning in autonomic computing: a manifesto and case

studies. IEEE Internet Comput 11(1):22–30

215. Sutton RS, Barto AG (1998) Reinforcement learning: an introduction. MIT press, Cambridge

216. Antola A, Marullo A, Mezzalira L, Roveri M (2014) GINGER: a novel reprogramming paradigm for distributed sensor networks, in PerCom 2014. Internal report Politecnico di Milano

217. Schwartz A (1993) A reinforcement learning method for maximizing undiscounted rewards. In: Proceedings of the tenth international conference on machine learning, pp 298–305

218. Alippi C, Camplani R, Roveri M, Viscardi G (2012) NetBrick: a high-performance, low-power hardware platform for wireless and hybrid sensor network. In: 9th IEEE international conference on mobile ad hoc and sensor systems (IEEE MASS 2012)

219. Alippi C, Camplani R, Galperti C, Marullo A, Roveri M (2013) A high-frequency sampling monitoring system for environmental and structural applications. ACM Trans Sen Netw 9(4):41:1–41:32

220. Kandel ER, Schwartz JH, Jessell TM, Siegelbaum SA, Hudspeth AJ (2013) Principles of neural science, 5th edn. Mc Graw-Hill, New York

221. Nunez R, Freeman WJ (eds) (2000) Reclaiming cognition: the primacy of action, intention and emotion. Imprint Academic, Thorverton

222. Salehie M, Tahvildari L (2009) Self-adaptive software: landscape and research challenges. ACM Trans Auton Adapt Syst 4(2):14:1–14:42

223. An X, Rutten E, Diguet J, Le Griguer N, Gamatie A (2013) Autonomic management of reconfigurable embedded systems using discrete control: application to FPGA, INRIA research report RR-8308

224. Sironi F, Triverio M, Hoffmann H, Maggio M, Santambrogio MD (2010) Self-aware adaptation in FPGA-based systems. In: International conference on field programmable logic and applications (FPL), pp 187–192

225. Majer M, Teich J, Ahmadinia A, Bobda C (2007) The Erlangen slot machine: a dynamically reconfigurable FPGA-based computer. J VLSI Signal Process Syst 47(1):15–31

226. Allan DW, Ashby N, Hodge CC (1997) The science of timekeeping. Hewlett Packard Application Note 1289

227. Ramus R (1989) Alpha quartz. IEEE Potentials 8(4):9

228. ENEA (1999) http://clisun.casaccia.enea.it/pagine/tabelleradiazione.htm. In Tabella della Radiazione So- lare, ENEA—Italian national agency for new technologies, Energy and sustainable economic development

229. Ongaro F, Saggini S, Giro S, Mattavelli P (2010) Two-dimensional MPPT for photovoltaic energy harvesting systems. In: IEEE 12th workshop on control and modeling for power electronics (COMPEL), pp 1–5

230. Alippi C, Camplani R, Galperti C, Marullo A, Roveri M (2013) A high frequency sampling monitoring system for environmental and structural applications. ACM Trans Sen Netw 9(4):1–32 (Article 41)

231. Cassandras CG, Lafortune S (2008) Introduction to discrete event systems. Springer, New York

232. Morelli C, Nicoli M, Rampa V, Spagnolini U, Alippi C (2006) Particle filters for RSS-based localization in wireless sensor networks: an experimental study. In: Proceedings of ICASPS, Toulouse, pp IV-957–IV-960 14–19 May 2006

233. Thrun S, Burgard W, Fox D (2005) Probabilistic robotics. MIT Press, Cambridge

234. Di Francesco M, Anastasi G, Conti M, Das S, Neri V (2011) Reliability and energy efficiency in IEEE 802.15.4/ZigBee sensor networks: a cross-layer approach. In: IEEE J Sel Areas Commun 29(8):1508–1524

235. Brienza S, De Guglielmo D, Alippi C, Anastasi G, Roveri M (2013) A Learning-based algorithm for optimal MAC parameters setting in IEEE 802.15.4 wireless sensor networks. In: Proceedings of ACM international symposium on performance evaluation of wireless ad hoc, sensor, and ubiquitous networks ACM PE-WASUN, Barcelona, pp 3–7

236. Efron B, Tibshirani RJ (1998) An introduction to the bootstrap. Chapman and Hall/CRC, Boca Raton

237. Bickel PJ, Gotze F, van Zwet W (1997) Resampling fewer than n observations: gains, losses, and remedies for losses. Statistica Sinica 7:1–31
238. Bickel PJ, Sakov A (2002) Extrapolation and the bootstrap. Sankhya Indian J Stat 64:640–652
239. Kleiner A, Talwalkar A, Sarkar P, Jordan M (2012) The big data bootstrap. In: Proceedings of the 29th international conference on machine learning, Edinburgh, pp 1–8
240. Zhou ZH (2012) Ensemble methods: foundations and algorithms. Chapman and Hall/CRC, Boca Raton
241. Johnson RA, Wichern DW (2002) Applied multivariate statistical analysis. Prentice Hall, New Jersey
242. Bocca M, Eriksson LM, Mahmood A, Jantti R, Kullaa J (2011) A synchronized wireless sensor network for experimental modal analysis in structural health monitoring. Comput Aided Civil Infrastruct Eng 26(7):483–499
243. Rappaport TS (1996) Wireless communications: principles and practice. Prentice-Hall Inc., New Jersey
244. Vallet J, Kaltiokallio O, Myrsky M, Saarinen J, Bocca M (2012) Simultaneous RSS-based localization and model calibration in wireless networks with a mobile robot. In: International workshop on cooperative robots and sensor networks (RoboSense 2012), pp 1106–1113
245. Vallet J, Kaltiokallio O, Myrsky M, Saarinen J, Bocca M (2013) On the sensitivity of RSS based localization using the log-normal model: an empirical study. In: 10th workshop on positioning, navigation and communication 2013 (WPNC'13), Dresden, 20–21 March 2013
246. Ganeriwal S, Kumar R, Srivastava MB (2003) Timing-sync protocol for sensor networks. In: First international conference on embedded networked sensor systems, pp 138–149
247. Graybiel AM (1990) Neurotransmitters and neuromodulators in the basal ganglia. Trends Neurosci 13(7):244–254
248. Graybiel AM et al (1994) The basal ganglia and adaptive motor control Science 265(5180):1826–1831
249. Graybiel AM (1998) The basal ganglia and chunking of action repertoires. Neurobiol Learn Mem 70(1):119–136
250. Squire LR (1992) Memory and the hippocampus: a synthesis from findings with rats, monkeys, and humans. Psychol Rev 99(2):195–231

图书在版编目（CIP）数据

嵌入式系统智能：一种方法论的方法/（意）凯撒·阿利皮（Cesare Alippi）著；张永辉等译. —北京：机械工业出版社，2020.11（2021.10重印）

书名原文：Intelligence for Embedded Systems：A Methodological Approach

ISBN 978-7-111-66358-4

Ⅰ.①嵌…　Ⅱ.①凯…②张…　Ⅲ.①微型计算机 - 系统开发 - 高等学校 - 教材　Ⅳ.①TP360.21

中国版本图书馆 CIP 数据核字（2020）第 158693 号

机械工业出版社（北京市百万庄大街22号　邮政编码100037）

策划编辑：朱　林　责任编辑：朱　林

责任校对：梁　倩　封面设计：王　旭

责任印制：常天培

固安县铭成印刷有限公司印刷

2021 年 10 月第 1 版第 2 次印刷

169mm×239mm·15.5 印张·301 千字

1 001—1 500 册

标准书号：ISBN 978-7-111-66358-4

定价：129.00 元

电话服务　　　　　　　　　网络服务

客服电话：010-88361066　　机 工 官 网：www.cmpbook.com

　　　　　010-88379833　　机 工 官 博：weibo.com/cmp1952

　　　　　010-68326294　　金 书 网：www.golden-book.com

封底无防伪标均为盗版　机工教育服务网：www.cmpedu.com